大数据应用人才能力培养

新形态系列

U0685920

Python

大数据分析与挖掘实战

微课版｜第2版

黄恒秋 莫洁安

谢东津 柳雪飞 张良均◎编著

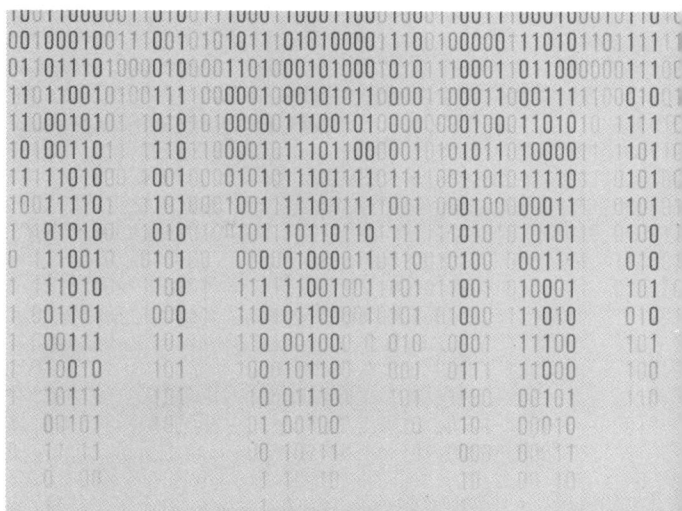

人民邮电出版社

北 京

图书在版编目（CIP）数据

Python 大数据分析与挖掘实战：微课版 / 黄恒秋等编著. -- 2 版. -- 北京：人民邮电出版社，2025.（大数据应用人才能力培养新形态系列）. -- ISBN 978-7-115-66574-4

I. TP312.8

中国国家版本馆 CIP 数据核字第 2025M6D514 号

内 容 提 要

本书以应用为导向，将理论与实践相结合，深入浅出地介绍了利用 Python 进行大数据分析与挖掘的基础知识，以及如何将其应用到具体领域的方法。

本书分为基础篇、案例篇和附录三个部分。基础篇（第 1～8 章）主要介绍了 Python 基础知识及其应用于科学计算、数据处理、数据可视化、特征工程、机器学习、集成学习、深度学习等方面的基础知识；案例篇（第 9～14 章）主要介绍了利用 Python 进行金融、地理信息、交通、文本分析、图像识别等领域大数据分析与挖掘的案例，以及前沿大模型的应用开发案例；附录介绍了如何开展线上实验教学的方法及应用举例，以帮助读者提高应用能力。本书提供课件 PPT、案例数据和程序代码、微课视频、实验内容、线上实验教学平台和线下实验教学资源等丰富的配套资源。

本书可作为普通高等院校数据科学与大数据技术、数学、计算机、经济管理等专业相关课程的教材，也可作为数据分析从业人员及数据挖掘爱好者的参考书。

◆ 编　著　黄恒秋　莫洁安　谢东津　柳雪飞　张良均
　　责任编辑　许金霞
　　责任印制　胡　南

◆ 人民邮电出版社出版发行　　北京市丰台区成寿寺路 11 号
　　邮编　100164　电子邮件　315@ptpress.com.cn
　　网址　https://www.ptpress.com.cn
　　北京市艺辉印刷有限公司印刷

◆ 开本：787×1092　1/16
　　印张：16.75　　　　　　　　　　2025 年 6 月第 2 版
　　字数：458 千字　　　　　　　　2025 年 6 月北京第 1 次印刷

定价：59.80 元

读者服务热线：(010)81055256　印装质量热线：(010)81055316
反盗版热线：(010)81055315

前　言

　　随着人工智能与大数据时代的到来，Python 以其丰富的资源库、超强的可移植性和可扩展性，已成为数据科学与机器学习工具及语言的首选。如何利用 Python 进行大数据分析与挖掘，不仅是广大初学者或对数据挖掘技术感兴趣的读者非常关心的问题，也是高校众多专业学生需要学习和掌握的专业技能。本书以应用为导向，在介绍 Python 基础及其应用于数据处理、数据可视化、机器学习、集成学习和深度学习等方面的基础知识后，通过 Python 在金融、地理信息、交通、文本分析、图像识别、大模型应用开发等具体领域的实践案例，帮助广大读者较好地掌握相关知识和技能，并建立大数据分析与挖掘的思维。

　　为了使读者能够系统地学习相关知识并提高应用能力，本书分为基础篇、案例篇和附录三个部分。

　　基础篇为第 1~8 章。第 1 章主要介绍 Python 的基本知识，包括 Python 发行版本 Anaconda 的安装方法、Spyder 的界面和使用方法、Python 的基本数据类型及使用方法、条件语句、循环语句、函数定义等基本编程方法；第 2 章和第 3 章介绍了 Python 用于科学计算与数据处理非常有用的两个包，即 NumPy 和 Pandas。利用这两个包，可以对数据进行读取、加工、清洗、集成及相关的计算，为后续的数据分析与挖掘做准备；第 4 章介绍了 Python 用于数据可视化的包 Matplotlib，主要讲解常用的图形绘制，包括散点图、线性图、柱状图、直方图、饼图、箱线图和子图；第 5 章介绍了数据预处理与特征工程相关的内容，包括重复数据处理、数据合并与关联、时间格式处理与日期元素提取、映射与离散化、滚动计算与分组统计计算、样本均衡处理、缺失值处理、数据规范化、特征组合与特征选择等；第 6 章介绍了 Python 机器学习包 scikit-learn 及相关模型的实现方法，主要包括线性回归、逻辑回归、神经网络、支持向量机、K 均值聚类等；第 7 章介绍了集成学习的主要模型与算法，包括随机森林、AdaBoost、GBDT、XGBoost 等；第 8 章介绍了深度学习的基本知识，包括深度学习基本原理、多层神经网络、卷积神经网络、循环神经网络，以及 TensorFlow 2.x 的安装和案例实现等。

案例篇为第 9~14 章。第 9~13 章每章对应一个综合案例，覆盖金融、地理信息、交通、文本分析、图像识别 5 个领域的典型应用案例，即基于财务与交易数据的量化投资分析、众包任务定价优化方案、地铁站点日客流量预测、微博文本情感分析、基于水色图像的水质评价。为了与实战应用紧密结合，每个综合案例均给出了具体的案例背景、实现思路、计算流程、数据挖掘模型和程序实现等。在每章的最后还附有练习题或基于案例的拓展练习。通过对每个案例的学习，读者可以全面掌握应用 Python 进行具体领域的数据分析与挖掘的方法。第 14 章为大模型技术及应用案例，重点介绍 BERT 中文版本在特征提取、文本相似度计算和分类任务方面的应用，以及热门的 DeepSeek-V3/R1 百度千帆大模型平台的调用实例，最后介绍了基于大模型技术的 Streamlit Web 应用开发案例。

附录介绍了线上实验指导的使用方法。本书配有若干实验关卡内容，线上基于头歌实践教学平台，集电子资料、视频、实验、在线编程环境、教学与实验管理于一体。实验采用游戏式闯关设计，可自动测评并收集详细的实验行为数据，支持手机、计算机等终端，可用于混合式或 SPOC 课堂等形式的创新教学。

《Python 大数据分析与挖掘实战（微课版 第 2 版）》与前一版的区别主要包括三个方面：增加了数据预处理与特征工程、集成学习与实现、大模型技术与应用案例三个章节；程序代码进行了兼容性处理，以 Anaconda3-2023.09-0-Windows-x86_64.exe（Python 3.11.5）为基础，尽量兼容其他版本；增加了大量标准化、可线上自动测评的实验，不仅有在线实验教学平台支持，也可线下开展便捷的实验教学，轻松解决了实践教学不足的问题。

本书的出版得到了广西高等教育本科教学改革工程项目（编号：2019JB378）的资助。书中所有案例数据、程序代码、课件、实训课题指导和视频，读者可登录人邮教育社区（www.ryjiaoyu.com）下载。虽然我们力求尽善尽美，但书中难免会有不足之处，还请广大读者批评指正，并将意见反馈至编者邮箱：hengqiu0417@163.com。

编者

2025 年 4 月

目录

基础篇

第1章　Python 基础 ······2

1.1　Python 概述 ············2
1.2　Python 安装及启动 ········2
　1.2.1　Python 安装 ········2
　1.2.2　Python 启动及界面认识 ···4
　1.2.3　Python 安装扩展包 ····8
1.3　Python 基本数据类型 ······9
　1.3.1　数值的定义 ·······9
　1.3.2　字符串的定义 ······9
　1.3.3　列表的定义 ·······10
　1.3.4　元组的定义 ·······10
　1.3.5　集合的定义 ·······10
　1.3.6　字典的定义 ·······10
　1.3.7　列表、元组、集合与字典之间的比较 ······11
1.4　Python 相关的公有方法 ····11
　1.4.1　索引 ···········11
　1.4.2　切片 ···········12
　1.4.3　求长度 ·········12
　1.4.4　统计 ···········13
　1.4.5　成员身份确认 ······13
　1.4.6　变量删除 ········13
1.5　列表、元组与字符串方法 ···13

　1.5.1　列表方法 ········13
　1.5.2　元组方法 ········15
　1.5.3　字符串方法 ·······16
1.6　字典方法 ············17
　1.6.1　创建字典：dict() ····17
　1.6.2　获取字典值：get() ···17
　1.6.3　字典赋值：setdefault() ···17
1.7　条件语句 ············18
　1.7.1　if…语句 ········18
　1.7.2　if…else…语句 ·····18
　1.7.3　if…elif…else…语句 ···18
1.8　循环语句 ············19
　1.8.1　while 语句 ·······19
　1.8.2　for 循环 ········19
1.9　函数 ··············20
　1.9.1　无返回值函数的定义与调用 ·······20
　1.9.2　有返回值函数的定义与调用 ·······20
　1.9.3　有多个返回值函数的定义与调用 ·····21
本章小结 ···············21
本章练习 ···············21

第2章　科学计算包 NumPy ·······23

2.1　NumPy 简介 ·····················23
2.2　创建数组 ·························24
　　2.2.1　利用 array() 函数创建数组 ····24
　　2.2.2　利用内置函数创建数组 ·······25
2.3　数组尺寸 ·························25
2.4　数组运算 ·························26
2.5　数组切片 ·························27
　　2.5.1　常见的数组切片方法 ·······27
　　2.5.2　利用 ix_() 函数进行数组
　　　　　切片 ·····················28
2.6　数组连接 ·························29
2.7　数据存取 ·························29
2.8　数组形态变换 ···················30
2.9　数组排序与搜索 ·················31
2.10　矩阵与线性代数运算 ···········31
　　2.10.1　创建 NumPy 矩阵 ·········32
　　2.10.2　矩阵的属性和基本运算 ····32
　　2.10.3　线性代数运算 ···········33
本章小结 ·····························35
本章练习 ·····························35

第3章　数据处理包 Pandas ·····36

3.1　Pandas 简介 ·····················36
3.2　序列 ·····························37
　　3.2.1　序列创建及访问 ···········37
　　3.2.2　序列属性 ···············37
　　3.2.3　序列方法 ···············38
　　3.2.4　序列切片 ···············39
　　3.2.5　序列聚合运算 ···········40
3.3　数据框 ···························40
　　3.3.1　数据框创建 ···········40
　　3.3.2　数据框属性 ···········41
　　3.3.3　数据框方法 ···········41
　　3.3.4　数据框切片 ···········44
3.4　外部文件读取 ···················45

　　3.4.1　Excel 文件读取 ···········45
　　3.4.2　TXT 文件读取 ···········46
　　3.4.3　CSV 文件读取 ···········47
本章小结 ·····························47
本章练习 ·····························48

第4章　数据可视化包 Matplotlib ·····49

4.1　Matplotlib 绘图基础 ············49
　　4.1.1　Matplotlib 图像构成 ·······49
　　4.1.2　Matplotlib 绘图基本流程 ···49
　　4.1.3　中文字符显示 ···········51
　　4.1.4　坐标轴字符刻度标注 ·······52
4.2　Matplotlib 常用图形绘制 ········54
　　4.2.1　散点图 ···············54
　　4.2.2　线性图 ···············55
　　4.2.3　柱状图 ···············56
　　4.2.4　直方图 ···············57
　　4.2.5　饼图 ·················58
　　4.2.6　箱线图 ···············58
　　4.2.7　子图 ·················59
本章小结 ·····························62
本章练习 ·····························62

第5章　数据预处理与 特征工程 ·····63

5.1　重复数据处理 ···················63
5.2　数据的合并与关联 ···············63
　　5.2.1　基于数据框的合并 ·········63
　　5.2.2　基于数据框的关联 ·········64
5.3　时间格式处理与日期元素
　　提取 ···························65
　　5.3.1　时间处理函数 ···········65
　　5.3.2　时间元素提取 ···········65
5.4　映射与离散化 ···················66
5.5　滚动计算与分组统计计算 ·······68
　　5.5.1　滚动计算 ···············68
　　5.5.2　分组统计计算 ···········68

5.6 样本均衡处理 ·················70
   5.6.1 过抽样 ·················70
   5.6.2 欠抽样 ·················71
5.7 缺失值处理 ·················71
   5.7.1 单变量插值填充 ·······72
   5.7.2 多变量插值填充 ·······73
   5.7.3 K 最近邻插值填充 ·····74
5.8 数据规范化 ·················76
   5.8.1 均值-方差规范化 ·····76
   5.8.2 极差规范化 ···········77
5.9 特征组合与特征选择 ·······78
   5.9.1 基于主成分分析的特征
       组合 ·················78
   5.9.2 特征选择 ·············83
本章小结 ·······················88
本章练习 ·······················88

第6章 机器学习与实现 ···90

6.1 线性回归 ···················90
   6.1.1 一元线性回归 ·········90
   6.1.2 多元线性回归 ·········91
   6.1.3 Python 线性回归应用
       举例 ·················93
6.2 逻辑回归 ···················94
   6.2.1 逻辑回归模型 ·········94
   6.2.2 Python 逻辑回归模型应用
       举例 ·················95
6.3 神经网络 ···················96
   6.3.1 神经网络模拟思想 ·····96
   6.3.2 神经网络结构及数学
       模型 ·················97
   6.3.3 Python 神经网络分类应用
       举例 ·················98
   6.3.4 Python 神经网络回归应用
       举例 ·················99
6.4 支持向量机 ················100
   6.4.1 支持向量机原理 ······100
   6.4.2 Python 支持向量机应用
       举例 ················101
6.5 K-均值聚类 ················102

   6.5.1 K-均值聚类的基本原理 ···103
   6.5.2 Python K-均值聚类算法
       应用举例 ············105
6.6 关联规则 ··················107
   6.6.1 关联规则概念 ········108
   6.6.2 布尔关联规则挖掘 ····109
   6.6.3 一对一关联规则挖掘及
       Python 实现 ·········109
本章小结 ······················111
本章练习 ······················111

第7章 集成学习与实现 ···115

7.1 集成学习的概念 ············115
   7.1.1 集成学习的基本原理 ···115
   7.1.2 个体学习器对集成学习
       模型性能的影响 ······116
   7.1.3 集成学习的结合策略 ···117
   7.1.4 集成学习的类型 ······117
7.2 Bagging 算法 ··············118
   7.2.1 Bagging 算法的基本
       原理 ················118
   7.2.2 Bagging 算法的 Sklearn
       实现 ················118
   7.2.3 Bagging 算法的应用
       举例 ················118
7.3 随机森林算法 ··············120
   7.3.1 随机森林算法的基本
       原理 ················120
   7.3.2 随机森林算法的 Sklearn
       实现 ················120
   7.3.3 Python 随机森林算法的
       应用举例 ············121
7.4 Boosting 算法 ·············122
7.5 AdaBoost 算法 ············122
   7.5.1 AdaBoost 算法的基本
       原理 ················122
   7.5.2 AdaBoost 算法的 Sklearn
       实现 ················123
   7.5.3 AdaBoost 算法的应用
       举例 ················124

7.6　GBDT 算法·············125
　　7.6.1　GBDT 算法的基本原理·····125
　　7.6.2　GBDT 算法的 Sklearn
　　　　　 实现···············126
　　7.6.3　GBDT 算法的应用
　　　　　 举例···············126
7.7　XGBoost 算法·············128
　　7.7.1　XGBoost 算法的基本
　　　　　 原理···············128
　　7.7.2　XGBoost 算法的 Sklearn
　　　　　 实现···············128
　　7.7.3　XGBoost 算法的应用
　　　　　 举例···············128
本章小结··················130
本章练习··················130

8.3　TensorFlow 基础···········132
　　8.3.1　TensorFlow 安装·········132
　　8.3.2　TensorFlow 命令简介······133
　　8.3.3　TensorFlow 案例·········135
8.4　多层神经网络·············137
　　8.4.1　多层神经网络结构及
　　　　　 数学模型···········138
　　8.4.2　多层神经网络分类问题
　　　　　 应用举例···········139
　　8.4.3　多层神经网络回归问题
　　　　　 应用举例···········143
8.5　卷积神经网络·············148
　　8.5.1　卷积层计算···········149
　　8.5.2　池化层计算···········150
　　8.5.3　全连接层计算·········151
　　8.5.4　CNN 应用案例·········152
8.6　循环神经网络·············156
　　8.6.1　RNN 结构及数学模型·····156
　　8.6.2　长短期记忆网络·······157
　　8.6.3　RNN 应用案例·········158
本章小结··················160
本章练习··················160

第8章　深度学习与实现·······131

8.1　深度学习···············131
8.2　深度学习框架·············131
　　8.2.1　PyTorch 框架··········132
　　8.2.2　PaddlePaddle 框架·······132
　　8.2.3　TensorFlow 框架········132

案例篇

第9章　基于财务与交易数据
的量化投资分析·······162

9.1　案例背景···············162
9.2　案例目标及实现思路·······162
9.3　基于总体规模与投资效率
　　 指标的上市公司综合评价···163
　　9.3.1　指标选择············163
　　9.3.2　数据获取············164
　　9.3.3　数据处理············165
　　9.3.4　主成分分析·········165
　　9.3.5　综合排名·········165
9.4　技术分析指标选择与计算···166
　　9.4.1　移动平均线指标·······166

　　9.4.2　指数平滑异同平均线
　　　　　 指标···············167
　　9.4.3　随机指标···········167
　　9.4.4　相对强弱指标·······168
　　9.4.5　乖离率指标·········168
　　9.4.6　能量潮指标·········169
　　9.4.7　涨跌趋势指标·······169
　　9.4.8　计算举例···········170
9.5　量化投资模型与策略实现···172
　　9.5.1　投资组合构建·······172
　　9.5.2　基于逻辑回归的量化投资
　　　　　 策略实现···········172
本章小结··················175
本章练习··················175

第10章　众包任务定价优化
方案 ··········176

10.1　案例背景 ···········176
10.2　案例目标及实现思路 ···177
10.3　数据获取与探索 ·······177
　10.3.1　Folium 地理信息可视化包
　　　　安装 ··········177
　10.3.2　数据读取与地图
　　　　可视化 ·······177
10.4　指标计算 ···········178
　10.4.1　指标设计 ·······178
　10.4.2　指标计算方法 ····179
　10.4.3　程序实现 ·······179
10.5　任务定价模型构建 ·····184
　10.5.1　指标数据预处理 ···184
　10.5.2　多元线性回归模型 ··186
　10.5.3　神经网络模型 ····187
10.6　方案评价 ···········187
　10.6.1　任务完成增量 ····187
　10.6.2　成本增加额 ·····188
　10.6.3　完整实现代码 ····188
本章小结 ·················190
本章练习 ·················190

第11章　地铁站点日客流量
预测 ··········191

11.1　案例背景 ···········191
11.2　案例目标及实现思路 ···192
11.3　数据获取与探索 ·······192
　11.3.1　二分法查找思想 ···193
　11.3.2　每日数据索引范围
　　　　提取 ·······193
11.4　指标计算 ···········194
　11.4.1　指标设计 ·······194
　11.4.2　指标计算方法 ····194
　11.4.3　程序实现 ·······194
11.5　数据可视化 ·········197

11.6　因素分析 ···········200
　11.6.1　非节假日——三次指数
　　　　平滑 ·········200
　11.6.2　工作日——三次指数
　　　　平滑 ·········202
　11.6.3　因素分析结果 ····205
11.7　神经网络预测模型的建立 ···206
　11.7.1　示例站点客流量预测 ···206
　11.7.2　全部站点客流量预测 ···207
　11.7.3　模型预测结果分析 ·······208
本章小结 ·················209
本章练习 ·················209

第12章　微博文本情感
分析 ··········210

12.1　案例背景 ···········210
12.2　案例目标及实现思路 ···210
12.3　数据预处理过程 ·······211
　12.3.1　数据读取 ·······211
　12.3.2　分词 ··········211
　12.3.3　去停用词 ······212
　12.3.4　词向量 ·······213
　12.3.5　划分数据集 ····215
12.4　朴素贝叶斯分类模型 ···215
12.5　随机森林模型 ·······216
12.6　梯度提升决策树模型 ···216
12.7　基于 LSTM 网络的分类
模型 ·············217
本章小结 ·················219
本章练习 ·················219

第13章　基于水色图像的
水质评价 ······220

13.1　案例背景 ···········220
13.2　案例目标及实现思路 ···220
13.3　数据获取与探索 ·······221
13.4　支持向量机分类识别模型 ···222

　　13.4.1　颜色特征计算方法………222
　　13.4.2　自变量与因变量计算……223
　　13.4.3　模型实现………224
13.5　卷积神经网络分类识别模型：
　　　灰图………225
　　13.5.1　数据处理………225
　　13.5.2　模型实现………226
13.6　卷积神经网络识别模型：
　　　彩图………228
　　13.6.1　数据处理………228
　　13.6.2　模型实现………230
本章小结………231
本章练习………231

第 14 章　大模型技术与应用案例………232

14.1　大模型基本认识………232
14.2　大模型开发环境搭建：
　　　基于 Python 和 TensorFlow……233
14.3　大模型基础知识：基于 BERT
　　　开源大语言模型………234
　　14.3.1　BERT 基本概念………234
　　14.3.2　BERT 输入………235
　　14.3.3　BERT 输出………236
　　14.3.4　BERT 特征提取与文本
　　　　　相似度计算………237
　　14.3.5　BERT 下游微调任务之
　　　　　分类………237
　　14.3.6　BERT 下游微调任务之
　　　　　问答………238
　　14.3.7　BERT 下游微调模型保存
　　　　　与加载………239
14.4　应用案例 1：基于 BERT
　　　模型的上市公司新闻标题
　　　情感分类………239
　　14.4.1　案例介绍………239
　　14.4.2　BERT 模型输入参数及
　　　　　分类标签构造………240

14.4.3　BERT 微调模型的训练集、
　　　　验证集和测试集构造……241
14.4.4　BERT 微调模型编译、
　　　　训练与保存………241
14.4.5　BERT 微调模型加载及
　　　　应用………242
14.5　应用案例 2：DeepSeek−V3/R1
　　　应用实例………242
　　14.5.1　DeepSeek Python SDK 与
　　　　　OpenAI 接口包安装………242
　　14.5.2　DeepSeek-V3 调用实例……243
　　14.5.3　DeepSeek-R1 调用实例……244
14.6　应用案例 3：百度千帆大模型平
　　　台及应用实例………244
　　14.6.1　千帆平台 Python SDK
　　　　　安装………245
　　14.6.2　千帆平台安全认证 AK/SK
　　　　　鉴权………245
　　14.6.3　文心大语言模型应用
　　　　　实例………245
　　14.6.4　千帆平台接入的 Fuyu-8B
　　　　　模型应用实例：图生文……246
　　14.6.5　千帆平台接入的 Stable-
　　　　　Diffusion-XL 模型应用
　　　　　实例：文生图………247
14.7　应用案例 4：基于大模型的
　　　AI 作画与 Streamlit Web 可视化
　　　应用开发………247
　　14.7.1　Streamlit 开发环境
　　　　　搭建………247
　　14.7.2　主体页面设计………248
　　14.7.3　主体页面程序实现………249
　　14.7.4　绘图事件函数定义………250
　　14.7.5　本地开发………251
　　14.7.6　Streamlit Web 应用
　　　　　部署………252
本章练习………254

附录　线上实验指导………255

参考文献………258

基础篇

第 1 章 Python 基础

如果您之前没有学习过 Python 或对 Python 了解甚少，或者想再复习一遍 Python 的基本知识，请认真学习本章内容。本章首先介绍 Python 及其发行版 Anaconda 的安装与启动、Spyder 开发工具的使用和 Python 扩展包的安装方法；其次介绍 Python 基本语法和数据结构；最后介绍 Python 在金融大数据领域中的应用。

1.1 Python 概述

Python 是一种面向对象的脚本语言，由荷兰程序员 Guido van Rossum 于 1989 年发明，并于 1991年公开发布第一个版本。由于 Python 功能强大且采用开源方式发行，其发展迅猛，用户越来越多，逐渐形成了一个强大的社区。如今，Python 已成为深受欢迎的程序设计语言之一。随着人工智能与大数据技术的不断发展，Python 的使用率在不断上升。

Python 因其简单易学、开源、解释性、面向对象、可扩展性和丰富的支持库等特点，被广泛应用于科学计算、数据处理与分析、图形图像与文本处理、数据库与网络编程、网络爬虫、机器学习、多媒体应用、图形用户界面、系统开发等方面。目前，Python 虽然有 Python 2 和 Python 3两个版本，但它们之间不能完全兼容。Python 3 功能更加强大，代表了 Python 的未来，建议使用 Python 3。

Python 开发环境众多，不同的开发环境其配置难度与复杂度也不尽相同，比较常用的有PyCharm 和 Spyder。特别是 Spyder，它在成功安装 Python 的集成发行版本 Anaconda 之后也会被自动安装，并且界面友好。初学者或不想在环境配置方面花太多时间的读者，可以选择安装Anaconda。

1.2 Python 安装及启动

1.2.1 Python 安装

这里推荐使用 Python 的发行版本 Anaconda，它集成了众多 Python 常用包，并自带简单易学且界面友好的集成开发环境 Spyder。Anaconda 安装包可以从官方网站或清华镜像站点下载。下面介绍如何从清华镜像站点获取安装包并进行安装。

首先登录清华镜像网站，如图 1-1 所示。

从图 1-1 中可以看出，Anaconda 有众多版本，并支持常见的操作系统。本书选择 Anaconda3-2023.09-0-Windows-x86_64.exe 这个版本（64 位操作系统）。然后对下载成功的安装包进行安装。双击下载成功的安装包，在弹出的安装向导界面中单击"Next"按钮，如图 1-2 所示。

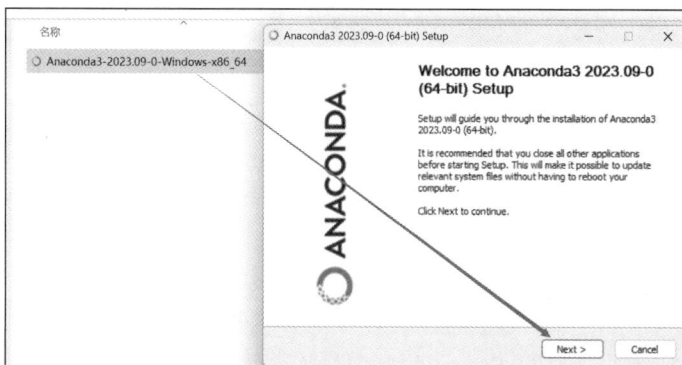

图 1-1

图 1-2

根据安装向导，单击"I Agree"按钮同意安装协议，选择安装类型"All Users"，并设置好安装路径。

继续单击"Next"按钮，进入如图 1-3 所示的界面。在该界面中有两个选项，安装向导默认选择第二个选项，即向 Anaconda 系统中安装 Python 的版本（图 1-3 显示的是 3.11 版本）。第一个选项为可选项，即向安装的计算机系统中添加 Anaconda 环境变量，建议读者选择该选项。选中这两个选项后，单击"Install"按钮即可进入安装进程。

安装进程动态显示当前的安装进度。安装完成后，单击"完成"按钮，关闭安装向导相关的界面即可完成对 Anaconda 的安装。可以在计算机"开始"菜单栏中查看，如图 1-4 所示。

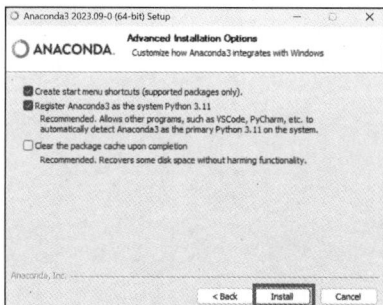

图 1-3

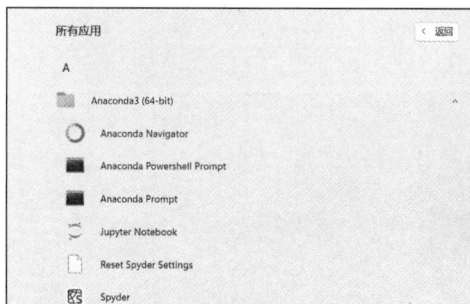

图 1-4

图 1-4 显示计算机成功安装了 Anaconda3（64 位操作系统）。它类似于一个文件夹，其中包含两个常用的组件：Anaconda Prompt 和 Spyder。其中，Anaconda Prompt 是用于管理 Anaconda 安装的包或查看系统集成包的常用界面；Spyder 是 Anaconda 的集成开发环境，1.2.2 小节将详细介绍如何使用 Spyder 进行 Python 程序编写。前面已经提到，Anaconda3 集成了大部分常用的 Python 包，可以通过打开 Anaconda Prompt 界面并输入"conda list"命令进行查看。如图 1-5 所示，Anaconda Prompt 界面类似于传统的计算机 DOS 操作界面，"conda list"命令也类似于 DOS 操作命令。

输入 conda list 命令后按 Enter 键，即可查看 Anaconda 集成了哪些 Python 包，以及这些包对应的版本号，如图 1-6 所示。

图 1-5

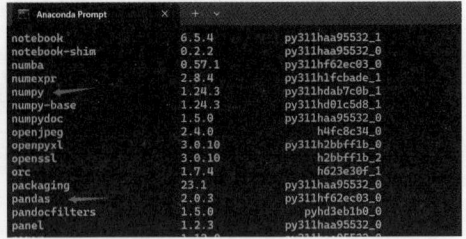

图 1-6

通过滑动图 1-6 中的滚动条，可以发现 NumPy、Pandas、Matplotlib、Scikit-learn 这些包均已存在，无须单独安装，它们也是数据分析与挖掘中经常用到的包。

1.2.2　Python 启动及界面认识

Spyder 是 Python 发行版本 Anaconda 的集成开发环境，其简单易学且界面友好。本书所有的 Python 程序编写及执行均在 Spyder 中完成。Spyder 的启动非常简单，在开始菜单"所有程序"中找到 Anaconda 的安装文件夹，如图 1-7 所示，单击 Spyder 图标即可启动。

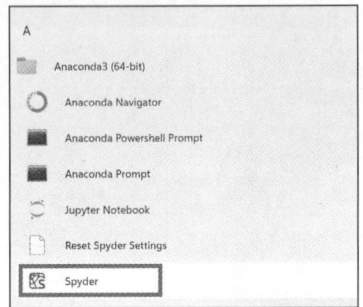

图 1-7

Spyder 启动完成后，即可进入默认界面，如图 1-8 所示。

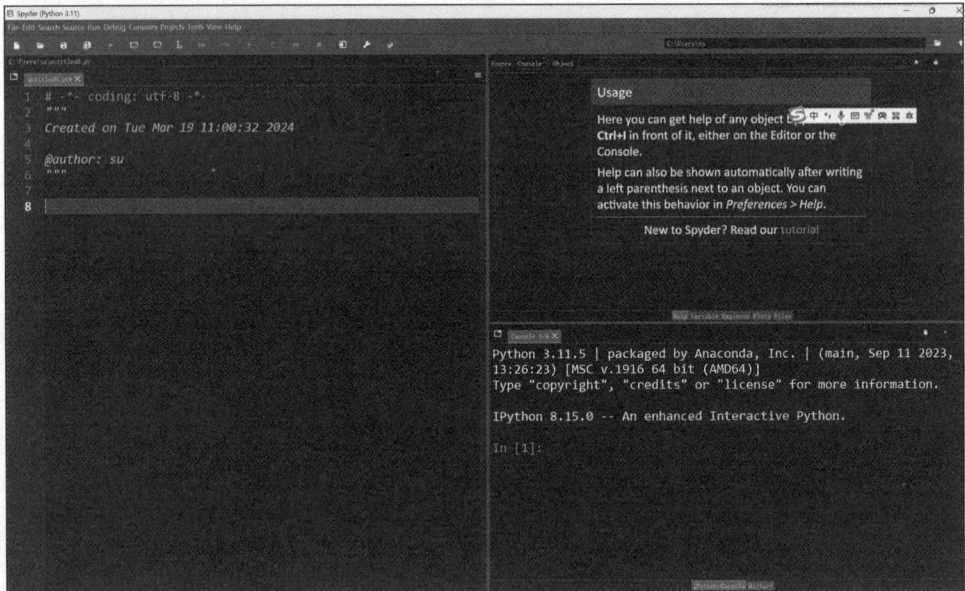

图 1-8

有些熟悉 Matlab 或 R 语言系统开发界面的读者，可以将 Python 界面的布局设置为 Matlab 开发界面或 R 语言系统开发界面的风格。例如，按照 Matlab 开发界面进行布局，可以在默认界面的任务栏中单击视图"View"，并在弹出的菜单中选择窗体布局"Window layouts"下的"Matlab layout"选项，如图 1-9 所示。最终可以得到类似于 Matlab 开发界面的布局，如图 1-10 所示。

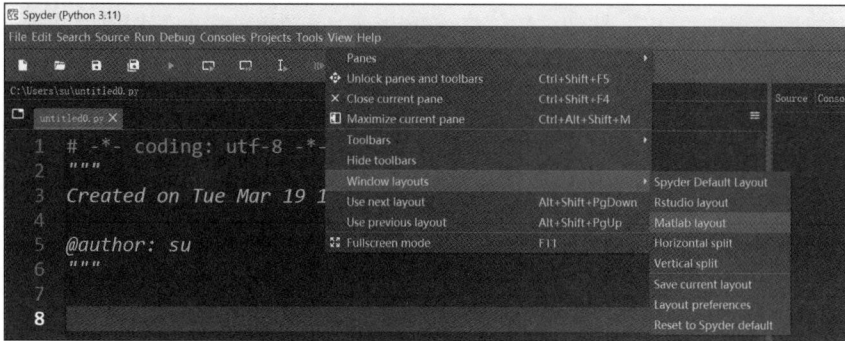

图 1-9

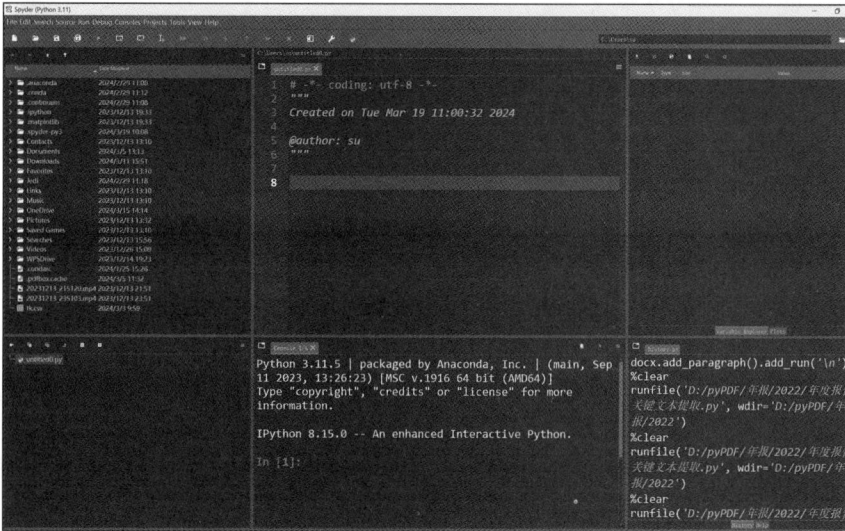

图 1-10

如果读者有 Matlab 的使用经验，就可以按照 Matlab 的一些使用习惯进行 Python 程序开发。如果读者没有 Matlab 的使用经验也没关系，下面就介绍如何在这个界面上编写 Python 程序。在编写程序之前，可以先对界面偏好进行设置，如背景、字体大小等。比如设置 Spyder 的明亮背景和字体为 15，可以通过"Tools"子菜单"Preferences"弹出的界面"Appearance"选项页来设置，如图 1-11 所示。

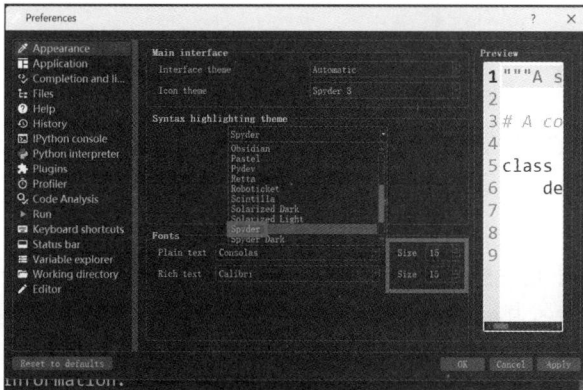

图 1-11

设置完成后，单击"OK"按钮，软件将重新启动。重新启动后的编程界面背景为明亮的颜色，如图 1-12 所示。

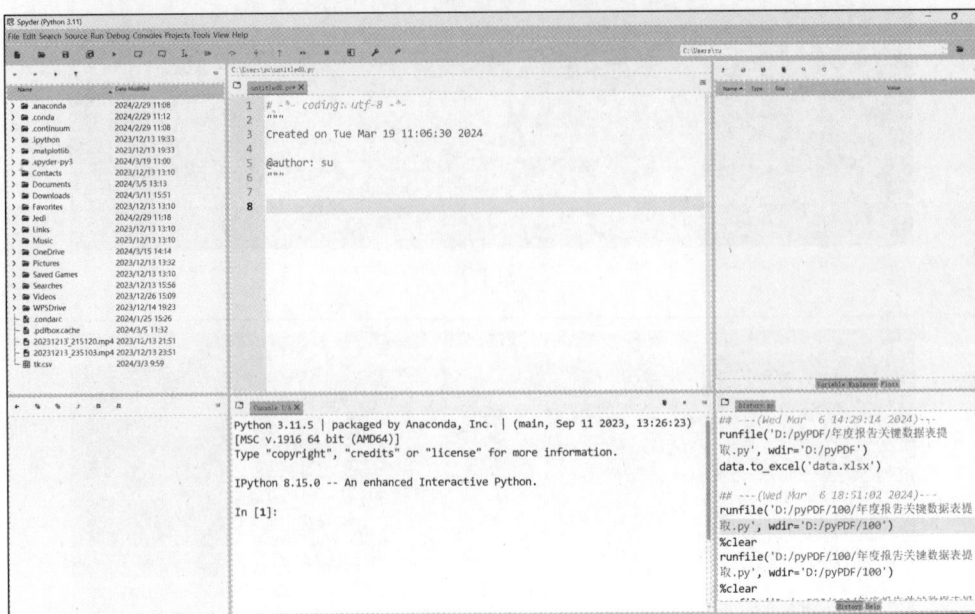

图 1-12

在编写程序之前，我们先创建一个空文件夹，称为工作文件夹，并将该文件夹设置为 Python 当前文件夹。例如，在桌面上创建一个名为"mypython"的空文件夹，其文件夹路径为 D:\Users\su\Desktop\mypython，将该文件夹路径复制至 Spyder 中的文件路径设置框中并按 Enter 键，即可完成设置，如图 1-13 所示。

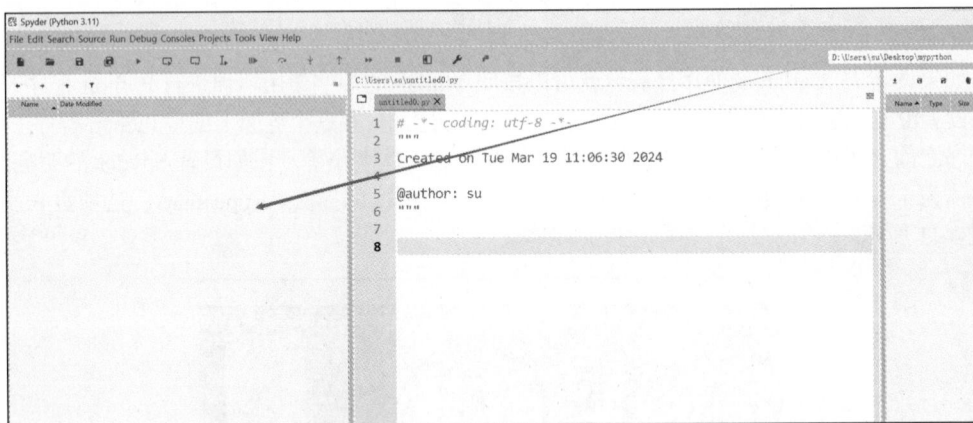

图 1-13

设置好 Python 当前文件夹后，就可以进行 Python 程序编写了。本书主要介绍在 Python 脚本中编写程序。Python 脚本是一种 Python 文件，后缀名为.py。例如，创建一个 Python 脚本文件，编写程序代码并保存，命名为 test1.py，如图 1-14 所示。单击 Spyder 界面菜单栏最左边的按钮 ，即可弹出脚本程序编辑器，在此输入两行 Python 程序，然后单击菜单栏中的保存按钮 ，在弹出的"Savefile"对话框中输入文件名 test1 并单击"保存"按钮进行保存，即可完成 Python 脚本文件的编写。

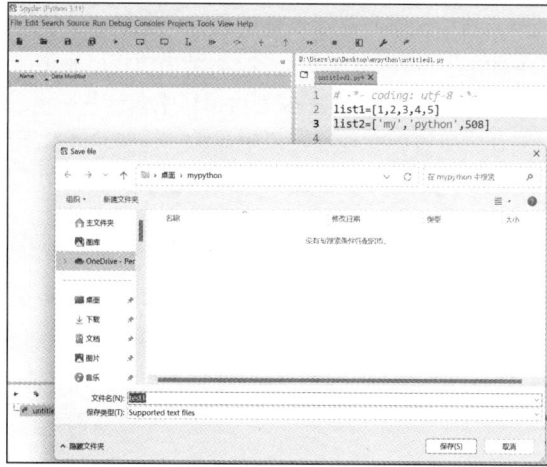

图 1-14

保存完成后，Python 当前文件夹中就会显示刚才创建的脚本文件 test1.py，如图1-15 所示。那么如何执行该脚本程序呢？有两种方法：一种是在脚本文件上单击右键，在弹出的快捷菜单中选择"Run"选项；另一种是双击脚本文件并打开，这时打开的脚本文件名及内容在右边以高亮状态显示，单击菜单栏中的 ▶ 按钮即可运行。

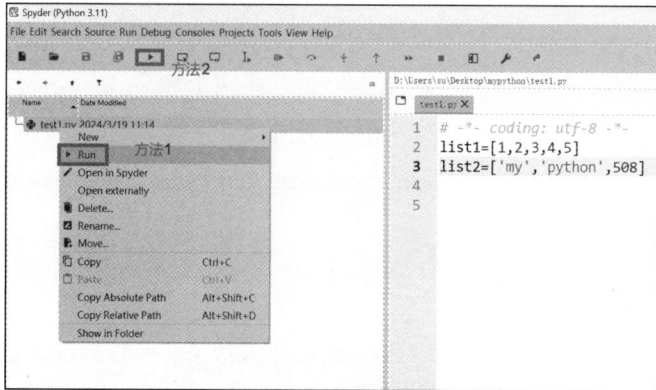

图 1-15

执行完毕后，可以在 Spyder 最右边的变量资源管理器窗口（Variable Explorer）查看脚本程序中定义的相关变量结果，包括变量名称、数据类型及详细信息，如图1-16 所示。

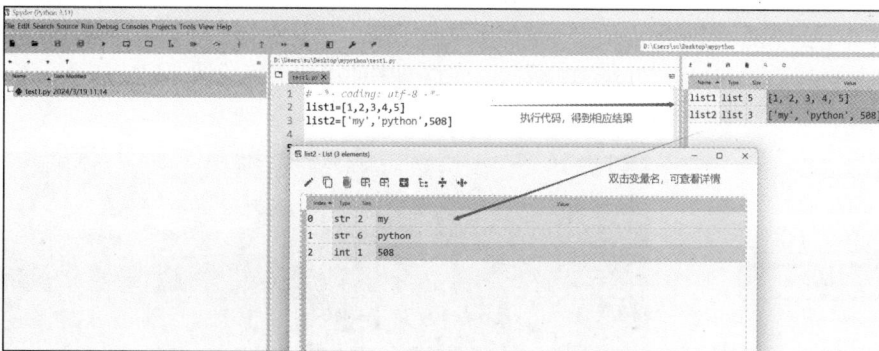

图 1-16

Spyder 变量资源管理器窗口中通常只显示变量的名称、类型、尺寸及部分值结果。如果变量数据较大，需要了解数据的详细信息，可以双击变量名，其结果值将以表格的形式展示出来，如图 1-16 所示。这些变量属于全局变量，既可以在 Python 控制台窗口中对这些变量进行操作，也可以在 Python 控制台窗口中定义变量，并在变量资源管理器窗口中显示。这些功能及应用技巧在程序开发过程中往往起到重要作用。例如，程序计算逻辑是否正确、变量结果测试等均可以通过 Python 控制台窗口进行查看。

如图 1-17 所示，Python Console 所在的区域就是 Python 控制台窗口。In[3]中的程序命令是对变量资源管理器窗口中的 list1 变量进行求和操作，并将求和结果赋值给变量 s1。按 Enter 键即可执行，执行完毕后可以在变量资源管理器窗口中看到变量 s1 的结果。In[4]和 In[5]分别定义了一个元组 t 和一个字符串 str1，执行完毕后也可以在变量资源管理器窗口中查看。

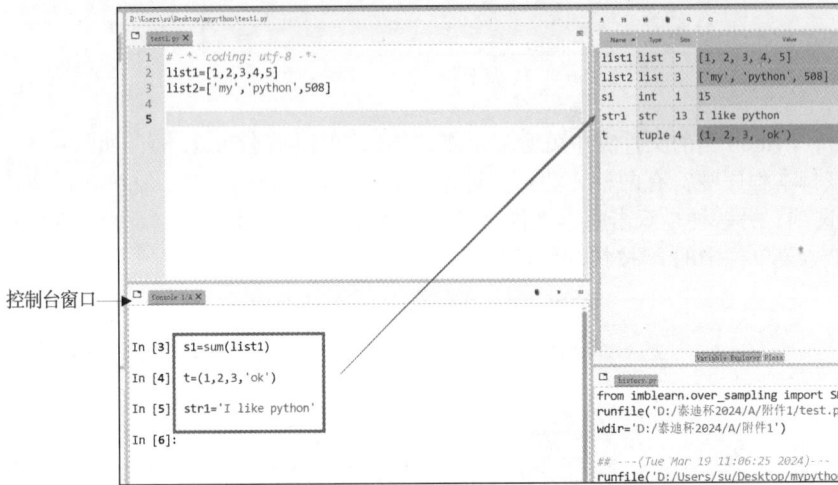

图 1-17

1.2.3　Python 安装扩展包

事实上，作为 Python 的发行版本，Anaconda 已经集成了众多的 Python 包，基本能满足大部分的应用，但是仍然有部分专用包没有集成进去。如果在应用中需要用到某个 Python 包，但是 Anaconda 没有集成进来，这时就需要安装其扩展包了。首先查看 Anaconda 中是否集成了所需的扩展包（可以参考第 1.2.1 小节中的内容），然后选择 Anaconda 安装文件夹下的 Anaconda Prompt 命令，在打开的命令窗口中输入安装命令：pip install +安装包名称并按 Enter 键。

下面以安装文本挖掘专用包 "jieba" 为例，介绍安装 Python 扩展包的方法。首先选择 Anaconda 安装文件夹下的 Anaconda Prompt 命令，如图 1-18 所示，然后在打开的 Anaconda Prompt 命令窗口中输入：pip install jieba，如图 1-19 所示。注意图中使用的清华镜像源安装路径，下载速度会很快。

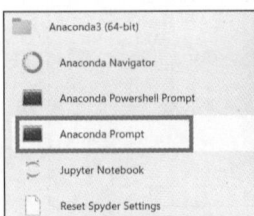

图 1-18

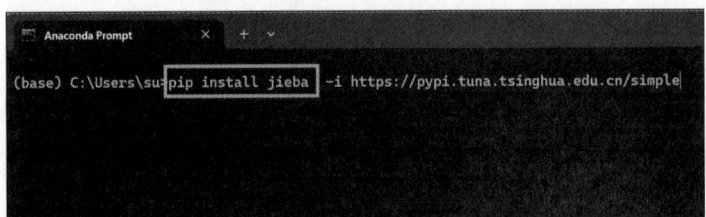

图 1-19

图 1-19 中框起来的内容是安装 jieba 包的命令，按 Enter 键即可开始安装 jieba 包的过程，如图 1-20 所示。

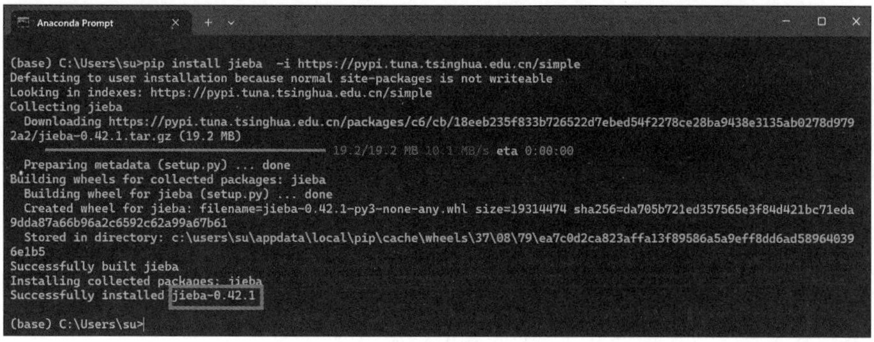

图 1-20

图 1-20 中框起来的内容显示成功安装了 jieba 包，其版本号为 0.42.1。

1.3 Python 基本数据类型

Python 基本数
据类型与基本
数据结构

Python 基本数据类型包括数值、字符串、列表、元组、集合、字典。其中列表、元组、集合和字典有时也称为数据容器或数据结构，可以通过数据容器或数据结构将数据按照一定的规则存储起来。程序的编写或应用，就是通过操作数据容器中的数据来实现的，如通过数据容器本身的方法，利用顺序、条件、循环语句或者程序块、函数等形式，实现数据的处理、计算，最终达到应用的目的。本节将主要介绍这些数据类型的定义，其相关的公有方法和特定数据类型的私有方法，将在第 1.4 节~第 1.6 节分别介绍。

1.3.1 数值的定义

数值在现实应用中较为广泛，常见的数值包括整型数据和浮点型数据。整型数据常用来表示整数，如 0、1、2、3、1002 等；浮点型数据用来表示实数，如 1.01、1.2、1.3 等。布尔型数据可以看成是一种特殊的整型数据，只有 True 和 False，分别对应整型的 1 和 0。示例代码如下：

```
n1=2            #整型
n2=1.3          #浮点型
n3=float(2)     #转换为浮点型
t=True          #布尔真
f=False         #布尔假
n4=t==1
n5=f==0
```

执行结果如图 1-21 所示。

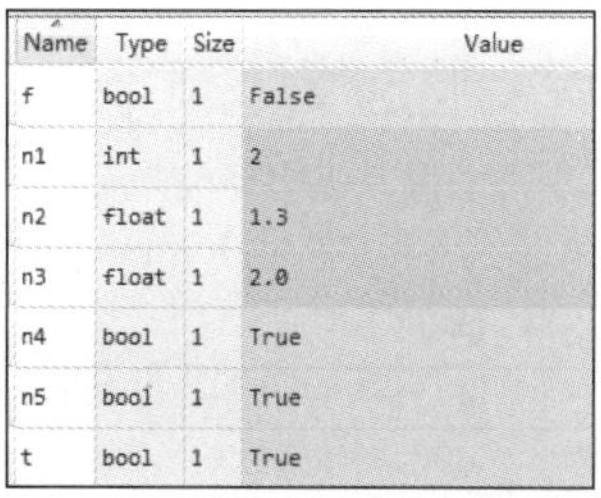

1.3.2 字符串的定义

字符串主要用来表示文本数据类型。字符串中的字符可以是数字、ASCII 字符、各种符号等。字符串采用一对单引号、一对双引号或一对三引号括起来进行定义。示例代码如下：

```
s1='1234'
s2='''Hello World!'''
s3='I Like Python'
```

Name	Type	Size	Value
f	bool	1	False
n1	int	1	2
n2	float	1	1.3
n3	float	1	2.0
n4	bool	1	True
n5	bool	1	True
t	bool	1	True

图 1-21

执行结果如图 1-22 所示。

1.3.3　列表的定义

列表作为 Python 中的一种数据结构,可以存放不同类型的数据。列表采用中括号括起来进行定义。示例代码如下:

```
L1=[1,2,3,4,5,6]
L2=[1,2,'HE',3,5]
L3=['KJ','CK','HELLO']
```

执行结果如图 1-23 所示。

1.3.4　元组的定义

元组与列表类似,也是 Python 中一种常用的数据结构;不同之处在于元组中的元素不能被修改。元组使用圆括号括起来进行定义。示例代码如下:

```
t1=(1,2,3,4,6)
t2=(1,2,'kl')
t3=('h1','h2','h3')
```

执行结果如图 1-24 所示。

1.3.5　集合的定义

集合是 Python 中的一种数据结构,用于存储不重复的元素序列。集合采用大括号括起来进行定义。示例代码如下:

```
J1={1,'h',2,3,9}
J2={1,'h',2,3,9,2}
J3={'KR','LY','SE'}
J4={'KR','LY','SE','SE'}
print(J1)
print(J2)
print(J3)
print(J4)
```

执行结果如下:

```
{1, 2, 3, 'h', 9}
{1, 2, 3, 'h', 9}
{'LY', 'SE', 'KR'}
{'LY', 'SE', 'KR'}
```

从执行结果可以看出,集合保持了元素的唯一性,对于重复的元素只取一个。

1.3.6　字典的定义

字典是 Python 中一种按键值定义的数据结构,其中键必须唯一,但值不必。字典采用大括号括起来进行定义。字典中的元素由键和值两部分组成,键在前,值在后,键和值之间用冒号(:)来区分,元素之间用逗号隔开。键可以是数值、字符;值可以是数值、字符或其他 Python 数据结构(如列表、元组等)。示例代码如下:

```
d1={1:'h',2:[1,2,'k'],3:9}
d2={'a':2,'b':'ky'}
d3={'q1':[90,100],'k2':'kkk'}
```

执行结果如图 1-25 所示。

Name ▲	Type	Size	Value
s1	str	4	1234
s2	str	12	Hello World!
s3	str	13	I Like Python

图 1-22

Variable explorer

Name	Type	Size	Value
L1	list	6	[1, 2, 3, 4, 5, 6]
L2	list	5	[1, 2, 'HE', 3, 5]
L3	list	3	['KJ', 'CK', 'HELLO']

图 1-23

Variable explorer

Name	Type	Size	Value
t1	tuple	5	(1, 2, 3, 4, 6)
t2	tuple	3	(1, 2, 'kl')
t3	tuple	3	('h1', 'h2', 'h3')

图 1-24

Name	Type	Size	Value
d1	dict	3	{1:'h', 2:[1, 2, 'k'], 3:9}
d2	dict	2	{'a':2, 'b':'ky'}
d3	dict	2	{'q1':[90, 100], 'k2':'kkk'}

图 1-25

1.3.7　列表、元组、集合与字典之间的比较

一般而言，单个数值和字符串可以理解为构成数据的基本单元。那么，多个数值或字符串如何有效地组织、存储和操作，就是我们前面介绍的列表、元组、集合和字典等数据结构需要解决的问题。它们之间有何区别呢？又该如何选择合适的数据结构呢？本小节我们就来讨论这个问题。如图1-26所示，这几个数据结构的细节一目了然。

从图1-26中可以看出，列表和元组对每个元素都进行了编号，称之为索引（index），从0开始依次递增。这种编号方式是系统默认的，不可以更改。从数据的存储上来看，它们没有本质的区别，但在操作上有区别：列表的元素可以修改，例如执行L2[1]=100时，原来值为2的元素会成功修改为100；而若执行T2[1]=100，则会报错，说明元组具有"写保护"的功能，而列表则没有。字典的编号方式更灵活，可以进行个性化设置，比如既可以用整数来编号，也可以用字符串来编号，并且这个编号要求具有唯一性，即"键"。集合数据结构没有索引，仅保持了元素的唯一性。如果是集合之间的运算（如交集、并集、差集等），那么建议使用这个数据结构，否则不建议使用。

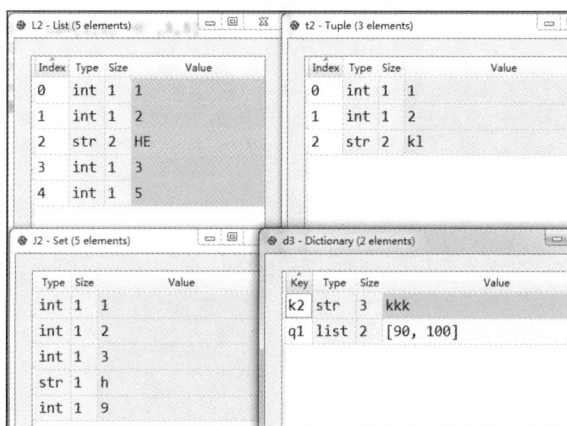

图 1-26

1.4　Python 相关的公有方法

Python 公有方法

Python 的公有方法是指 Python 中大部分的数据结构均可以通用的一种数据操作方法。下面主要介绍索引、切片、求长度、统计、成员身份确认、变量删除等在程序编写过程中经常使用的数据操作方法。

1.4.1　索引

索引即通过下标位置来访问指定数据类型变量的值。示例代码如下：

```
s3='I Like Python'
L1=[1,2,3,4,5,6]
t2=(1,2,'kl')
d1={1:'h',2:[1,2,'k'],3:9}
d3={'q1':[90,100],'k2':'kkk'}
print(s3[0],s3[1],L1[0],t2[2],d1[3],d3['k2'])
print('-'*40)
```

执行结果如下：

```
I  1 kl 9 kkk
----------------------------------------
```

事实上，字符串、列表、元组均可以通过其下标的位置访问元素，注意下标是从 0 开始。字典是通过其键来访问元素的。上面代码中，print('-'*40)表示输出 40 个 "-" 符号，print 函数输出内容要用小括号括起来。需要说明的是，集合类型数据结构不支持索引访问。

1.4.2　切片

切片是指通过指定索引位置，对数据进行分块访问或提取的一种数据操作方式，在数据处理中具有广泛的应用。下面简单介绍字符串、列表和元组的切片方法，示例代码如下：

```
s2='''Hello World!'''
L2=[1,2,'HE',3,5]
t2=(1,2,'kl')
s21=s2[0:]
s22=s2[0:4]
s23=s2[:]
s24=s2[1:6:2]
L21=L2[1:3]
L22=L2[2:]
L23=L2[:]
t21=t2[0:2]
t22=t2[:]
print(s21)
print(s22)
print(s23)
print(s24)
print(L21)
print(L22)
print(L23)
print(t21)
print(t22)
```

执行结果如下：

```
Hello World!
Hell
Hello World!
el
[2, 'HE']
['HE', 3, 5]
[1, 2, 'HE', 3, 5]
(1, 2)
(1, 2, 'kl')
```

字符串的切片是针对字符串中的每个字符进行操作，列表和元组的切片是针对其中的元素。切片为开始索引位置到结束索引位置+1。注意，开始索引是从 0 开始，如果省略开始索引位置或结束索引位置，就默认为 0 或最后的索引位置。

1.4.3　求长度

字符串的长度为字符串中所有字符的个数，空格也算一个字符；列表、元组、集合的长度为元素的个数；字典的长度为键的个数。求变量数据的长度在程序编写中经常用到，Python 中提供了一个函数 len()来实现，示例代码如下：

```
s3='I Like Python'
L1=[1,2,3,4,5,6]
t2=(1,2,'kl')
J2={1,'h',2,3,9}
```

```
d1={1:'h',2:[1,2,'k'],3:9}
k1=len(s3)
k2=len(L1)
k3=len(t2)
k4=len(J2)
k5=len(d1)
```

k1	int	1	13
k2	int	1	6
k3	int	1	3
k4	int	1	5
k5	int	1	3

图 1-27

输出结果如图 1-27 所示。

1.4.4　统计

统计包括求最大值、最小值、求和等，可以用于列表、元组、字符串。示例代码如下：

```
L1=[1,2,3,4,5,6]
t1=(1,2,3,4,6)
s2='''Hello World!'''
m1=max(L1)
m2=max(t1)
m3=min(L1)
m4=sum(t1)
m5=max(s2)
```

执行结果如图 1-28 所示。

其中，字符串求最大值时，返回排序靠后的字符。

1.4.5　成员身份确认

成员身份的确认是使用 in 命令，用来判断某个元素是否属于指定的数据结构变量。示例代码如下：

m1	int	1	6
m2	int	1	6
m3	int	1	1
m4	int	1	16
m5	str	1	w

图 1-28

```
L1=[1,2,3,4,5,6]
t1=(1,2,3,4,6)
s2='''Hello World!'''
J2={1,'h',2,3,9,'SE'}
z1='I' in s2
z2='kj' in L1
z3=2 in t1
z4='SE' in J2
```

执行结果如图 1-29 所示。

返回结果用 True、False 表示，其中 False 表示假，True 表示真。

1.4.6　变量删除

程序运行过程中存在大量的中间变量，这些变量不仅占用空间，还会影响可读性。这时可以利用 del 命令删除不必要的中间变量。示例代码如下：

z1	bool	1	False
z2	bool	1	False
z3	bool	1	True
z4	bool	1	True

图 1-29

```
a=[1,2,3,4];
b='srt'
c={1:4,2:7,3:8,4:9}
del a,b
```

执行该程序代码后，删除了 a、b 两个变量，只保留了变量 c。

1.5　列表、元组与字符串方法

Python 基本数据
结构方法

1.5.1　列表方法

这里主要介绍列表中一些常用的方法，包括空列表的创建、向列表中添加元素、列表扩展、列表中元素的统计、返回列表中元素的索引下标、删除列表元素、对列表元素进行排序等。为方便说

明相关方法的应用，下面定义几个列表，示例代码如下：

```
L1=[1,2,3,4,5,6]
L2=[1,2,'HE',3,5]
L3=['KJ','CK','HELLO']
L4=[1,4,2,3,8,4,7]
```

1．创建空列表：list()

在 Python 中，常用 list 函数创建空的列表，也可以用"[]"来定义。在程序编写过程中，预定义变量是常见的，其中列表就是一种常见的方式。示例代码如下：

```
L=list()    #产生空列表 L
L=[]        #也可以用[]来产生空列表
```

执行结果如图 1-30 所示。

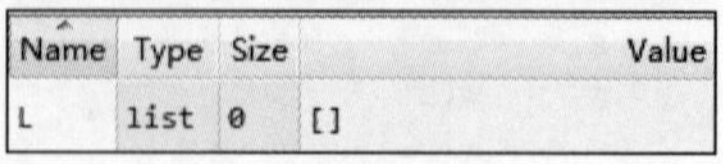

Name	Type	Size	Value
L	list	0	[]

图 1-30

2．添加元素：append()

可以利用 append 函数依次向列表中添加元素。示例代码如下：

```
L1.append('H')          #向 L1 列表增加元素<H>
print(L1)
for t in L2:            #利用循环,将 L2 中的元素依次顺序添加到前面新建的空列表 L 中
    L.append(t)
print(L)
```

执行结果如下：

```
[1, 2, 3, 4, 5, 6, 'H']
[1, 2, 'HE', 3, 5]
```

3．扩展列表：extend()

与 append 函数不同，可以利用 extend 函数在列表后面添加整个列表。示例代码如下：

```
L1.extend(L2)   # 在前面的 L1 基础上,添加整个 L2 至其后面
print(L1)
```

执行结果如下：

```
[1, 2, 3, 4, 5, 6, 'H', 1, 2, 'HE', 3, 5]
```

4．元素计数：count()

可以利用 count 函数统计列表中某个元素出现的次数。示例代码如下：

```
print('元素 2 出现的次数为：',L1.count(2))
```

执行结果如下：

```
元素 2 出现的次数为：2
```

需要说明的是，这里的 L1 是在添加了 L2 列表之后更新的列表。

5．返回下标：index()

在列表中，可以利用 index 函数返回元素的下标。示例代码如下：

```
print('H 的索引下标为：',L1.index('H'))
```

执行结果如下：

```
H 的索引下标为：6
```

6．删除元素：remove()

在列表中，可以利用 remove 函数删除某个元素。示例代码如下：

```
L1.remove('HE') #删除 HE 元素
print(L1)
```

执行结果如下：

```
[1, 2, 3, 4, 5, 6, 'H', 1, 2, 3, 5]
```

7. 元素排序: sort ()

可以利用 sort 函数对列表元素进行排序，按升序排序。示例代码如下：

```
L4.sort()
print(L4)
```

执行结果如下：

```
[1, 2, 3, 4, 4, 7, 8]
```

特别说明的是，列表中的元素可以修改，元组中的元素不能修改。示例代码如下：

```
L4[2]=10
print(L4)
```

执行结果如下：

```
[1, 2, 10, 4, 4, 7, 8]
```

以下示例程序会报错：

```
t=(1,2,3,4)
t[2]=10          #报错
```

1.5.2 元组方法

元组作为 Python 的一种数据结构，与列表有相似之处，其最大的区别就是列表的元素可以修改，而元组中的元素不能修改。本小节主要介绍元组中几个常用的方法，包括空元组的创建、元组中元素的统计、返回元组中元素的索引下标和元组的连接。下面通过定义两个元组 T1 和 T2，对元组中的常用方法进行说明。

```
T1=(1,2,2,4,5)
T2=('H2',3,'KL')
```

1. 创建空元组: tuple ()

可以利用 tuple 函数创建空元组。示例代码如下：

```
t1=tuple()      #产生空元组
t=()            #产生空元组
```

执行结果如图 1-31 所示。

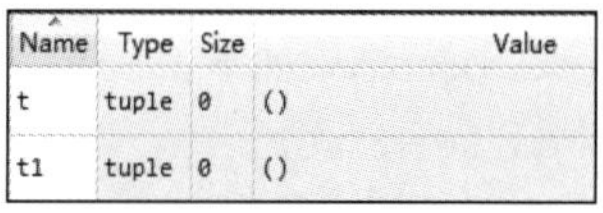

2. 元素计数: count ()

可以利用 count 函数统计元组中某个元素出现的次数。示例代码如下：

```
print('元素 2 出现的次数为: ',T1.count(2))
```

Name	Type	Size	Value
t	tuple	0	()
t1	tuple	0	()

图 1-31

执行结果如下：

```
元素 2 出现的次数为: 2
```

3. 返回下标: index ()

与列表类似，可以利用 index 函数，返回元组中某个元素的索引下标。示例代码如下：

```
print('KL 的下标索引为: ',T2.index('KL'))
```

执行结果如下：

```
KL 的下标索引为: 2
```

4. 元组连接

可以直接使用 "+" 号来完成两个元组的连接。示例代码如下：

```
T3=T1+T2
print(T3)
```

执行结果如下：

```
(1, 2, 2, 4, 5, 'H2', 3, 'KL')
```

1.5.3 字符串方法

字符串作为 Python 中基本的数据类型，也可以看作是一种特殊的数据结构。对字符串的操作，是数据处理、编程过程中必不可少的环节。下面介绍几种常见的字符串处理方法，包括空字符串的创建、字符串的查找、字符串的替换、字符串的连接和比较。

1. 创建空字符串: str()

可以利用 str()函数创建空字符串。示例代码如下：

```
S=str()      #产生空字符串
```

执行结果如图 1-32 所示。

2. 查找子串: find()

可以利用 find()函数查找子串出现的起始索引位置，如果没有找到，则返回-1。示例代码如下：

Name	Type	Size	Value
S	str	1	

图 1-32

```
st='Hello World!'
z1=st.find('he',0,len(st)) #返回包含子串的开始索引位置,否则-1
z2=st.find('he',1,len(st))
print(z1,z2)
```

执行结果如下：

```
0 -1
```

其中，find 函数的第一个参数为需要查找的子串；第二个参数是待查字符串的起始位置；第三个参数为指定待查字符串的长度。

3. 替换子串: replace()

可以利用 replace 函数替换指定的子串。示例代码如下：

```
stt=st.replace('or','kl') #原来的 st 不变
print(stt)
print(st)
```

执行结果如下：

```
Hello World!
Hello World!
```

其中，replace 函数的第一个参数为被替换的子串；第二个参数为替换后的子串。

4. 字符串连接

可以利用 "+" 来实现字符串的连接。示例代码如下：

```
st1='joh'
st2=st1+' '+st
print(st2)
```

执行结果如下：

```
joh Hello World!
```

5. 字符串比较

字符串的比较也很简单，可以直接通过等号（==）或不等号（!=）来进行判断。示例代码如下：

```
str1='jo'
str2='qb'
```

```
str3='qb'
s1=str1!=str2
s2=str2==str3
print(s1,s2)
```

执行结果如下：

```
True True
```

1.6 字典方法

字典作为 Python 中非常重要的一种数据结构，在编程中应用极为广泛。本小节主要介绍字典中常用的几个方法，包括字典的定义、字典取值和字典赋值。

1.6.1 创建字典：dict()

可以利用 dict 函数创建字典，也可以将嵌套列表转换为字典。示例代码如下：

```
d=dict()    #产生空字典
D={}        #产生空字典
list1=[('a','ok'),('1','lk'),('001','lk')]    #嵌套元素为元组
list2=[['a','ok'],['b','lk'],[3,'lk']]         #嵌套元素为列表
d1=dict(list1)
d2=dict(list2)
print('d=: ',d)
print('D=: ',D)
print('d1=: ',d1)
print('d2=: ',d2)
```

执行结果如下：

```
d= {}
D= {}
d1= {'a': 'ok', '1': 'lk', '001': 'lk'}
d2= {'a': 'ok', 'b': 'lk', 3: 'lk'}
```

1.6.2 获取字典值：get()

可以利用 get 函数获取对应键的值。示例代码如下：

```
print(d2.get('b'))
```

输出结果如下：

```
l
```

1.6.3 字典赋值：setdefault()

可以利用 setdefault 函数对预定义的空字典进行赋值。示例代码如下：

```
d.setdefault('a',0)
D.setdefault('b',[1,2,3,4,5])
print(d)
print(D)
```

执行结果如下：

```
{'a': 0}
{'b': [1, 2, 3, 4, 5]}
```

1.7 条件语句

条件判断语句是指在满足某些条件时才能执行某件事情，而在不满足条件时则不允许执行。条件语句在各类编程语言中均作为基本的语法或基本语句使用，Python 语言也不例外。这里主要介绍 if…、if…else…、if…elif…else…3 种条件语句形式。

1.7.1 if…语句

条件语句 if…的使用方式如下：

```
if 条件:
    执行代码块
```

注意条件后面的冒号为英文格式输入，同时执行代码块均需要缩进并对齐。示例代码如下：

```
x=10
import math                  #导入数学函数库
if x>0:                      #冒号
    s=math.sqrt(x)           #求平方根,缩进
    print('s= ',s)           #打印结果,缩进
```

执行结果如下：

```
s= 3.1622776601683795
```

1.7.2 if…else…语句

条件分支语句 if…else…的使用方式如下：

```
if 条件:
    执行语句块
else:
    执行语句块
```

同样需要注意冒号及缩进对齐的语法。示例代码如下：

```
x=-10
import math                  #导入数学函数库
if x>0:                      #冒号
    s=math.sqrt(x)           #求平方根,缩进
    print('s= ',s)           #打印结果,缩进
else:
    s='负数不能求平方根'        #提示语,缩进
    print('s= ',s)           #打印结果,缩进
```

执行结果如下：

```
s= 负数不能求平方根
```

1.7.3 if…elif…else…语句

条件分支语句 if…elif…else…的使用方式如下：

```
if 条件:
    执行语句块
elif 条件:
```

```
    执行语句块
else:
    执行语句块
```

同样需要注意冒号及缩进对齐语法。示例代码如下：

```
weather = 'sunny'
if weather =='sunny':
    print ("shopping")
elif weather =='cloudy':
    print ("playing football")
else:
    print ("do nothing")
```

执行结果如下：

```
shopping
```

1.8 循环语句

循环语句是循环地执行某一个过程或一段程序代码的语句。与其他语言类似，Python 语言主要有 while 和 for 两种循环语句方式。而与其他语言不同的是，Python 的循环语句是通过缩进语法来区分执行的循环语句块。

1.8.1 while 语句

循环语句 while 的使用方式如下：

```
while 条件:
    执行语句块
```

注意执行语句块中的程序均要缩进并对齐。一般 while 循环需要预定义条件变量，当满足条件时，循环执行语句块的内容。以求 1～100 的和为例，采用 while 循环实现，示例代码如下：

```
t = 100
s = 0
while t:
    s=s+t
    t=t-1
print ('s= ',s)
```

执行结果如下：

```
s= 5050
```

1.8.2 for 循环

循环语句 for 的使用方式如下：

```
for 变量 in 序列:
    执行语句块
```

注意执行语句块中的程序均要缩进并对齐，其中序列为任意序列，即可以是数组、列表或元组等。示例代码如下：

```
list1=list()
list2=list()
list3=list()
for a in range(10):
    list1.append(a)
for t in ['a','b','c','d']:
    list2.append(t)
```

```
for q in ('k','j','p'):
    list3.append(q)
print(list1)
print(list2)
print(list3)
```

执行结果如下：

```
[0, 1, 2, 3, 4, 5, 6, 7, 8, 9]
['a', 'b', 'c', 'd']
['k', 'j', 'p']
```

示例程序首先创建了 3 个空列表，即 list1、list2 和 list3，然后通过 for 循环的方式，依次将循环序列中的元素添加到预定义的空列表中。

1.9 函数

在实际的开发应用中，如果若干段程序代码实现的逻辑相同，就可以考虑将这些代码定义为函数的形式。下面将介绍无返回值函数、有一个返回值函数和有多个返回值函数的定义及调用方法。

1.9.1 无返回值函数的定义与调用

无返回值函数的定义格式如下：

```
def 函数名称(输入参数):
    函数体
```

注意冒号及缩进，函数体中的程序均要缩进并对齐。示例代码如下：

```
#定义函数
def sumt(t):
    s = 0
    while t:
        s=s+t
        t=t-1
#调用函数并打印结果
s=sumt(50)
print(s)
执行结果如下：
None
```

执行结果为 None，表示没有任何结果，因为该函数没有任何返回值。

1.9.2 有返回值函数的定义与调用

有返回值函数的定义格式如下：

```
def 函数名称(输入参数):
    函数体
    return 返回变量
```

示例代码如下：

```
#定义函数
def sumt(t):
    s = 0
    while t:
        s=s+t
        t=t-1
    return s
```

```
#调用函数并打印结果
s=sumt(50)
print(s)
```

执行结果如下：

```
1275
```

该示例程序仅在第 1.9.1 小节无返回值函数定义的基础上增加了返回值。

1.9.3 有多个返回值函数的定义与调用

多个返回值函数可以用一个元组来存放返回结果，元组中的元素数据类型可以不相同，其定义如下：

```
def 函数名称(输入参数):
    函数体
    return  (返回变量1,返回变量2,…)
```

示例代码如下：

```
#定义函数
def test(r):
    import math
    s=math.pi*r**2
    c=2*math.pi*r
    L=(s,c)
    D=[s,c,L]
    return (s,c,L,D)
#调用函数并打印结果
v=test(10)
s=v[0]
c=v[1]
L=v[2]
D=v[3]
print(s)
print(c)
print(L)
print(D)
```

执行结果如下：

```
314.1592653589793
62.83185307179586
(314.1592653589793, 62.83185307179586)
[314.1592653589793, 62.83185307179586, (314.1592653589793, 62.83185307179586)]
```

本章小结

本章作为 Python 的基础知识部分，首先介绍了 Python 及其发行版本 Anaconda 的安装与启动、集成开发工具 Spyder 的基本使用方法、查看 Anaconda 集成的 Python 包及安装新扩展包的方法；其次介绍了 Python 基本语法，包括数值、字符串、列表、元组、字典和集合等，以及其公有方法和私有方法。此外，在流程控制语句方面，介绍了条件语句和循环语句；在 Python 自定义函数方面，介绍了无返回值函数、有一个返回值函数和有多个返回值函数的定义与调用方法。

本章练习

1. 创建一个 Python 脚本，并命名为 test1.py，实现以下功能：

（1）定义一个元组 t1=(1,2,'R','py','Matlab')和一个空列表 list1；

（2）以 while 循环的方式，利用 append()函数依次向 list1 中添加 t1 中的元素；

（3）定义一个空字典，命名为 dict1；

（4）定义一个嵌套列表 Li=['k',[3,4,5],(1,2,6),18,50],采用 for 循环的方式，利用 setdefault()函数依次将 Li 中的元素添加到 dict1 中，其中 Li 元素对应的键依次为 a、b、c、d、e。

2．创建一个 Python 脚本，并命名为 test2.py，实现以下功能：

（1）定义一个函数，用于计算圆柱体的表面积、体积，函数名为 compute，输入参数为 r（底半径）、h（高），返回值为 S（表面积）、V（体积），返回多值的函数，可以用元组来表示；

（2）调用定义的函数 compute，计算底半径（r）=10、高（h）=11 的圆柱体表面积和体积，并输出其结果。

第2章 科学计算包 NumPy

上一章主要介绍了 Python 的基本知识。对于从事数据挖掘分析工作的人员来说，这些知识是远远不够的，还需要引入第三方 Python 数据挖掘与分析包。这些包专门为某种特定的数据挖掘或分析而开发，能够极大地提高开发效率。本章主要介绍用于科学计算和数据分析的基础包 NumPy（Numerical Python），它是绝大多数数据挖掘分析包的基础。

2.1 NumPy 简介

NumPy 不仅是 Python 用于科学计算的基础包，也是大量 Python 数学和科学计算包的基础，不少数据处理及分析包都是在 NumPy 基础上开发的，如 Pandas 包。NumPy 的核心基础是 ndarray（N-dimensional array，N 维数组），即由数据类型相同的元素组成的 N 维数组。本章主要介绍一维数组和二维数组，包括数组的创建、运算、切片、连接、数据存取和矩阵及线性代数运算等，它与 MATLAB 的向量和矩阵使用非常相似。

在 Anaconda 发行版本中，NumPy 包已集成在系统中，无须另外安装。那么如何使用该包呢？下面就介绍如何在 Python 脚本文件中导入该包并使用。首先，在打开的 Spyder 界面中新建一个脚本文件，如图 2-1 所示。

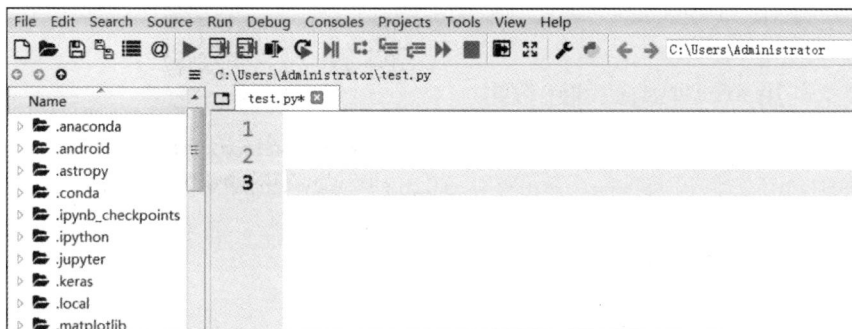

图 2-1

图 2-1 中新建了一个 Python 脚本文件，名称为 test.py，并且处于编辑状态（文件名后面带 "*"表示可编辑）。使用 import numpy 命令，即可将该包导入到脚本文件中并使用。下面介绍如何利用 NumPy 包提供的数组定义函数 array()，将嵌套列表 L=[[1,2],[3,4]]转化为二维数组。在 test.py 脚本文件中，输入以下示例代码：

```
L=[[1,2],[3,4]]        #定义待转化的嵌套列表 L
import numpy           #导入 Numpy 包
A=numpy.array(L)       #调用 Numpy 包中提供的函数 array()，将 L 转化为二维数组并赋给 A
```

执行 test.py 脚本文件后，通过在 Spyder 的变量资源管理器中双击变量 A，即可查看其执行结果，如图 2-2 所示。

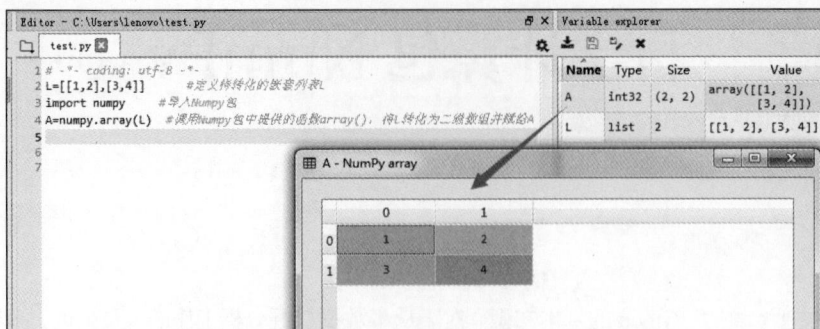

图 2-2

从图 2-2 中可以看出，A 的尺寸为 2×2，即 2 行 2 列。数组中元素的数据类型为整型（int32）。双击变量 A 弹出详细的表格形式，表格标题也显示了 A 为 NumPy array（数组）。

因为有时 Python 包的名称字符较长，在使用过程中不太方便，所以 Python 也提供了简写机制。例如，比较常见的是将 NumPy 包简写为 np，使用方法为 import numpy as np，即用关键词 as 对 NumPy 进行重命名。以上的示例代码可以修改如下：

```
L=[[1,2],[3,4]]            #定义待转化的嵌套列表 L
import numpy as np         #导入 NumPy 包
A=np.array(L)              #调用 NumPy 包中提供的函数 array()，将 L 转化为二维数组并赋给 A
```

更多的 NumPy 使用方法可以参考本章后续的内容。

2.2 创建数组

本节主要介绍两种创建数组的方法：一种是利用 NumPy 中的 array 函数将特定的数据类型转换为数组；另一种是利用内置函数创建指定尺寸的数组。

数组创建与操作

2.2.1 利用 array() 函数创建数组

基于 array() 函数，可以将列表、元组、嵌套列表、嵌套元组等给定的数据结构转化为数组。需要注意的是，利用 array() 函数之前，要先导入 NumPy。示例代码如下：

```
#1.先预定义列表 d1,元组 d2,嵌套列表 d3、d4 和嵌套元组 d5
d1=[1,2,3,4,0.1,7]          #列表
d2=(1,2,3,4,2.3)            #元组
d3=[[1,2,3,4],[5,6,7,8]]    #嵌套列表,元素为列表
d4=[(1,2,3,4),(5,6,7,8)]    #嵌套列表,元素为元组
d5=((1,2,3,4),(5,6,7,8))    #嵌套元组
#2.导入 Numpy,并调用其中的 array() 函数,创建数组
import numpy as np
d11=np.array(d1)
d21=np.array(d2)
d31=np.array(d3)
d41=np.array(d4)
d51=np.array(d5)
#3. 删除 d1、d2、d3、d4、d5 变量
del d1,d2,d3,d4,d5
```

执行结果如图 2-3 所示。

Name	Type	Size	Value
d11	float64	(6,)	array([1. , 2. , 3. , 4. , 0.1, 7.])
d21	float64	(5,)	array([1. , 2. , 3. , 4. , 2.3])
d31	int32	(2, 4)	array([[1, 2, 3, 4], [5, 6, 7, 8]])
d41	int32	(2, 4)	array([[1, 2, 3, 4], [5, 6, 7, 8]])
d51	int32	(2, 4)	array([[1, 2, 3, 4], [5, 6, 7, 8]])

图 2-3

2.2.2　利用内置函数创建数组

可以利用内置函数创建一些特殊的数组。例如，利用 ones(n,m) 函数创建 n 行 m 列元素均为 1 的数组；利用 zeros(n,m) 函数创建 n 行 m 列元素均为 0 的数组；利用 arange(a,b,c) 函数创建以 a 为初始值，b−1 为末值，c 为步长的一维数组。其中 a 和 c 参数可省略，这时 a 取默认值为 0，c 取默认值为 1。示例代码如下：

```
z1=np.ones((3,3))        #创建3行3列元素均为1的数组
z2=np.zeros((3,4))       #创建3行4列元素均为0的数组
z3=np.arange(10)         #创建默认初始值为0,默认步长为1,末值为9的一维数组
z4= np.arange(2,10)      #创建默认初始值为2,默认步长为1,末值为9的一维数组
z5= np.arange(2,10,2)    #创建默认初始值为2,步长为2,末值为9的一维数组
```

执行结果如图 2-4 所示。

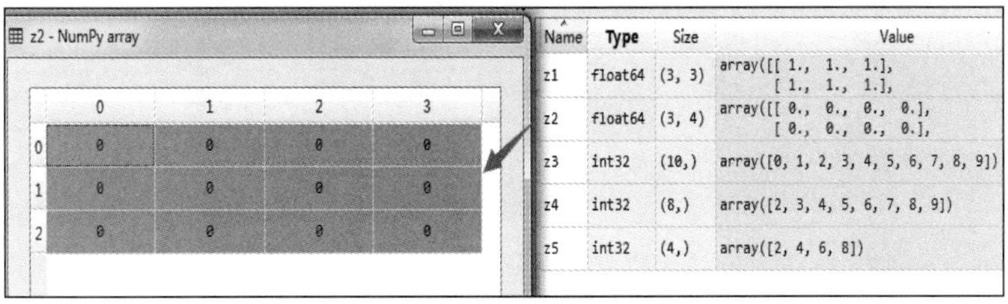

图 2-4

2.3　数组尺寸

数组尺寸也称为数组的大小，使用行数和列数来表示。使用数组中的 shape 属性，可以返回数组的尺寸，其返回值为元组。如果是一维数组，返回的元组中仅有一个元素，代表这个数组的长度；如果是二维数组，返回的元组中有两个值，第一个值代表数组的行数，第二个值代表数组的列数。示例代码如下：

```
d1=[1,2,3,4,0.1,7]            #列表
d3=[[1,2,3,4],[5,6,7,8]]      #嵌套列表,元素为列表
import numpy as np
d11=np.array(d1)             #将d1列表转换为一维数组,结果赋值给变量d11
d31=np.array(d3)             #将d3嵌套列表转换为二维数组,结果赋值给变量d31
del d1,d3                    #删除d1、d3
s11=d11.shape               #返回一维数组d11的尺寸,结果赋值给变量s11
s31=d31.shape               #返回二维数组d31的尺寸,结果赋值给变量s31
```

执行结果如图 2-5 所示。

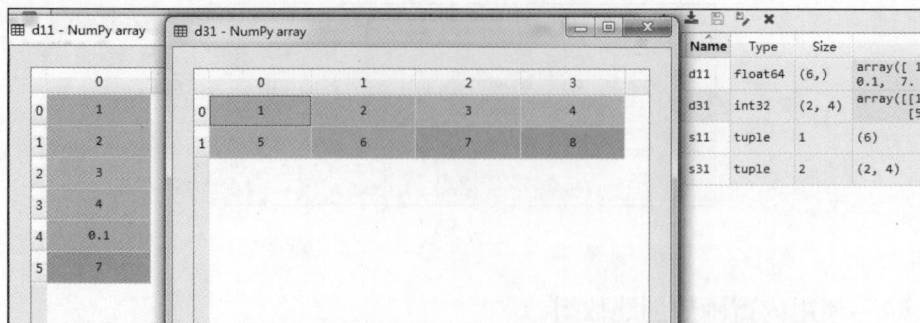

图 2-5

从结果可以看出，一维数组 d11 的长度为 6，二维数组 d31 的行数为 2，列数为 4。在程序应用过程中，有时需要对数组进行重排，可以利用 reshape()函数来实现。示例代码如下：

```python
r=np.array(range(9))   #一维数组
r1=r.reshape((3,3))    #重排为3行3列
```

执行结果如图 2-6 所示。

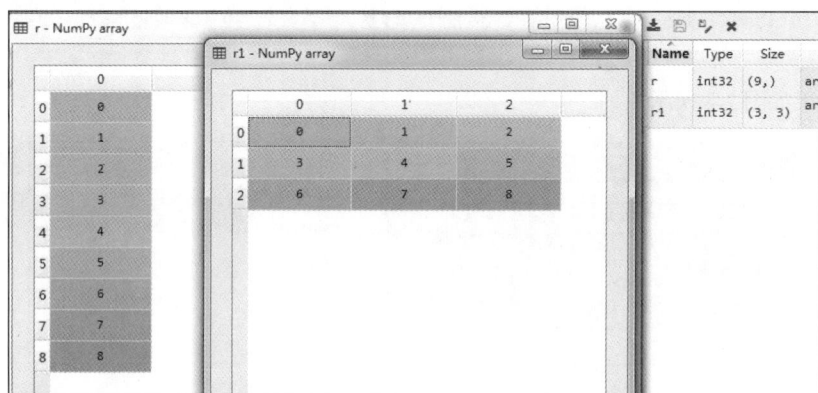

图 2-6

图 2-6 显示了通过 reshape()函数将一维数组 r 转换为 3 行 3 列的二维数组。

2.4 数组运算

数组的运算主要包括数组之间的加减乘除运算、数组的乘方运算及数组的数学函数运算。示例代码如下：

```python
import numpy as np
A=np.array([[1,2],[3,4]])     #定义二维数组A
B=np.array([[5,6],[7,8]])     #定义二维数组B
C1=A-B                        #A、B两个数组元素之间相减,结果赋给变量C1
C2=A+B                        #A、B两个数组元素之间相加,结果赋给变量C2
C3=A*B                        #A、B两个数组元素之间相乘,结果赋给变量C3
C4=A/B                        #A、B两个数组元素之间相除,结果赋给变量C4
C5=A/3                        #A数组所有元素除以3,结果赋给变量C5
```

```
C6=1/A                          #1 除以 A 数组所有元素,结果赋给变量 C6
C7=A**2                         #A 数组所有元素取平方,结果赋给变量 C7
C8=np.array([1,2,3,3.1,4.5,6,7,8,9])    #定义数组 C8
C9=(C8-min(C8))/(max(C8)-min(C8))       #对 C8 中的元素做极差化处理,结果赋给变量 C9
D=np.array([[1,2,3,4],[5,6,7,8],[9,10,11,12],[13,14,15,16]])   #定义数组 D
#数学运算
E1=np.sqrt(D)                   #对数组 D 中所有元素取平方根,结果赋给变量 E1
E2=np.abs([1,-2,-100])          #取绝对值
E3=np.cos([1,2,3])              #取 cos 值
E4=np.sin(D)                    #取 sin 值
E5=np.exp(D)                    #取指数函数值
```

相关结果变量可以在 Spyder 变量资源管理器中查看，如图 2-7 所示。

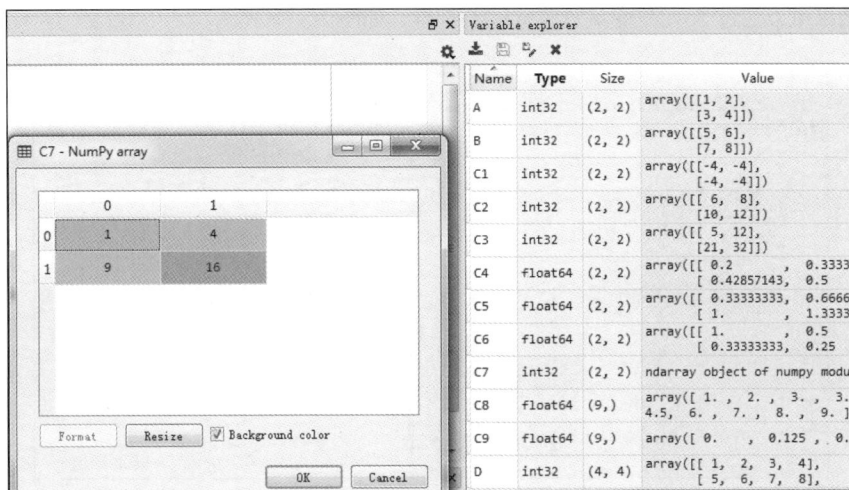

图 2-7

2.5 数组切片

数组切片即抽取数组中的部分元素构成新的数组。那么如何抽取呢？主要通过指定数组中的行下标和列下标来抽取其元素，从而组成新的数组。下面介绍直接利用数组本身的索引机制来切片和利用函数 ix_()构建索引器进行切片的两种方法。前一种方法为常见的数组切片方法。

2.5.1 常见的数组切片方法

一般而言，假设 D 为待访问或切片的数据变量，则访问或切片的数据=D[①,②]。其中，①为对 D 的行下标控制，②为对 D 的列下标控制。行下标控制和列下标控制通过整数列表来实现。需要注意的是，①中整数列表的元素不能超出 D 的最大行数，②中整数列表的元素不能超出 D 的最大列数。为了更加灵活地操作数据，取所有的行或列，可以用"："来实现。同时，行控制还可以通过逻辑列表来实现。示例代码如下：

```
import numpy as np
D=np.array([[1,2,3,4],[5,6,7,8],[9,10,11,12],[13,14,15,16]])   #定义数组 D
#访问 D 中行为 1,列为 2 的数据,注意下标是从 0 开始的
D12=D[1,2]
#访问 D 中第 1、3 列数据
```

```
D1=D[:,[1,3]]
#访问D中第1、3行数据
D2=D[[1,3],:]
#取D中满足第0列大于5的所有列数据,本质上行控制为逻辑列表
Dt1=D[D[:,0]>5,:]
#取D中满足第0列大于5的2、3列数据,本质上行控制为逻辑列表
#Dt2=D[D[:,0]>5,[2,3]]
TF=[True,False,False,True]
#取D中第0、3行的所有列数据,本质上行控制为逻辑列表,取逻辑值为真的行
Dt3=D[TF,:]
#取D中第0、3行的2、3列数据
#Dt4=D[TF,[2,3]]
#取D中大于4的所有元素
D5=D[D>4]
```

执行结果可以通过Spyder变量资源管理器查看，如图2-8所示。

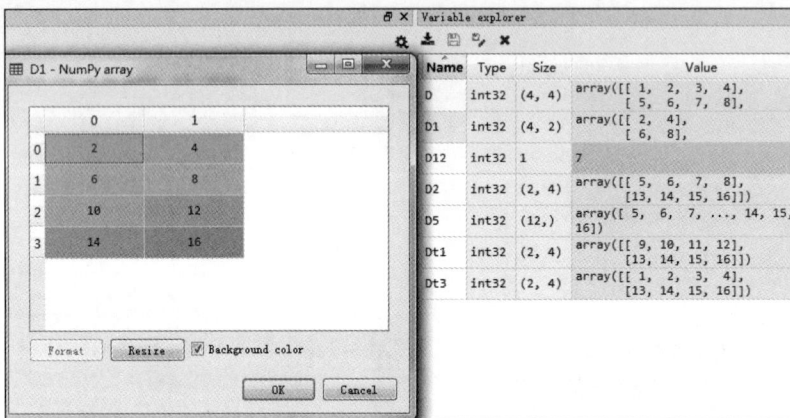

图2-8

2.5.2　利用ix_()函数进行数组切片

数组的切片也可以通过ix_()函数构造行、列下标索引器实现。示例代码如下：

```
import numpy as np
D=np.array([[1,2,3,4],[5,6,7,8],[9,10,11,12],[13,14,15,16]])  #定义数组D
#提取D中行数为1、2,列数为1、3的所有元素
D3=D[np.ix_([1,2],[1,3])]
#提取D中行数为0、1,列数为1、3的所有元素
D4=D[np.ix_(np.arange(2),[1,3])]
#提取以D中第1列小于11得到的逻辑数组作为行索引,列数为1、2的所有元素
D6=D[np.ix_(D[:,1]<11,[1,2])]
#提取以D中第1列小于11得到的逻辑数组作为行索引,列数为2的所有元素
D7=D[np.ix_(D[:,1]<11,[2])]
#提取以第2.5.1小节中的TF=[True,False,False,True]逻辑列表为行索引,列数为2的所有元素
TF=[True,False,False,True]
D8=D[np.ix_(TF,[2])]
#提取以第2.5.1小节中的TF=[True,False,False,True]逻辑列表为行索引,列数为1、3的所有元素
D9=D[np.ix_(TF,[1,3])]
```

执行结果可以通过Spyder变量资源管理器查看，如图2-9所示。

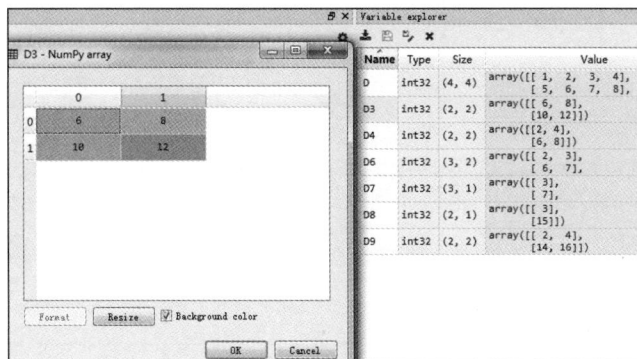

图 2-9

2.6 数组连接

在数据处理中，多个数据源的集成整合是经常发生的。数组间的集成与整合主要体现在数组间的连接，包括水平连接和垂直连接两种方式。水平连接利用hstack()函数来实现，垂直连接利用vstack()函数来实现。注意输入参数为两个待连接数组组成的元组。示例代码如下：

```
import numpy as np
A=np.array([[1,2],[3,4]])        #定义二维数组 A
B=np.array([[5,6],[7,8]])        #定义二维数组 B
C_s=np.hstack((A,B))             #水平连接要求行数相同
C_v=np.vstack((A,B))             #垂直连接要求列数相同
```

执行结果如图 2-10 所示。

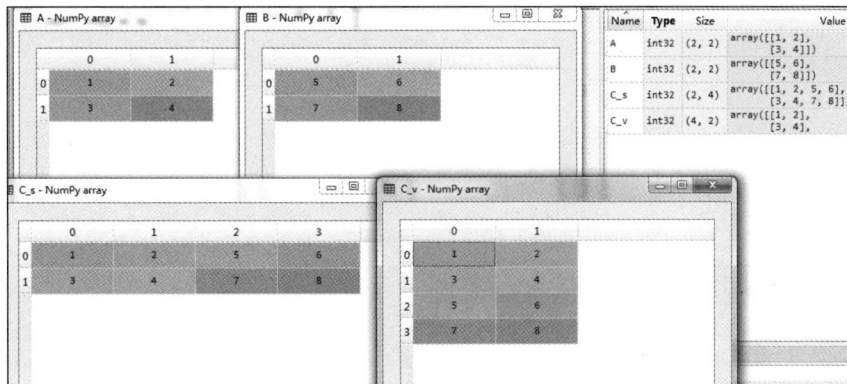

图 2-10

2.7 数据存取

利用 Numpy 包中的 save 函数，可以将数据集保存为二进制数据文件，后缀名为.npy。示例代码如下：

```
import numpy as np
A=np.array([[1,2],[3,4]])        #定义二维数组 A
B=np.array([[5,6],[7,8]])        #定义二维数组 B
C_s=np.hstack((A,B))             #水平连接
np.save('data',C_s)
```

执行结果如图 2-11 所示。

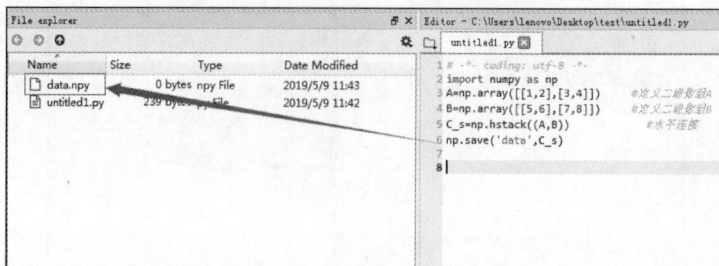

图 2-11

图 2-11 中显示了将 C_s 数据集保存为二进制数据文件：data.npy。利用 load 函数可以将该数据集加载，示例代码如下：

```
import numpy as np
C_s=np.load('data.npy')
```

执行结果如图 2-12 所示。

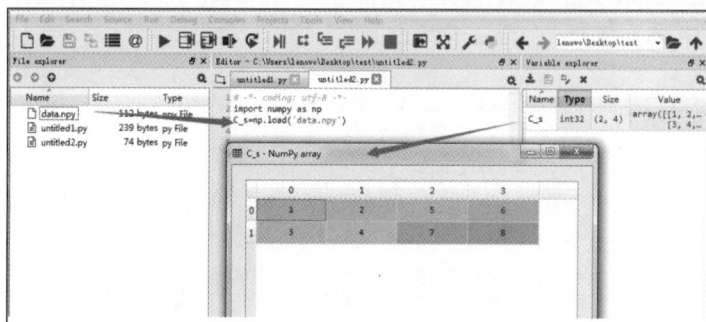

图 2-12

图 2-12 显示了将 data.npy 数据文件加载并通过 Spyder 变量资源管理器查看其结果的过程。数据的存取机制提供了数据传递及使用的便利，特别是在某些程序运行结果需要花费大量时间的情况下，保存其结果以便后续使用是非常必要的。

2.8 数组形态变换

NumPy 提供的 reshape 方法用于改变数组的形状。reshape 方法仅改变原始数据的形状，不能改变原始数据的值。示例代码如下：

```
import numpy as np
arr = np.arange(12)   # 创建一维 ndarray
arr1 = arr.reshape(3, 4)   # 设置 ndarray 的维度,改变其形态
```

执行结果如图 2-13 所示。

以上示例代码将一维数组形态变换为二维数组，事实上也可以将二维数组形态展平变换为一维数组，通过 ravel() 函数即可实现。示例代码如下：

```
import numpy as np
arr = np.arange(12).reshape(3, 4)
arr1=arr.ravel()
```

执行结果如图 2-14 所示。

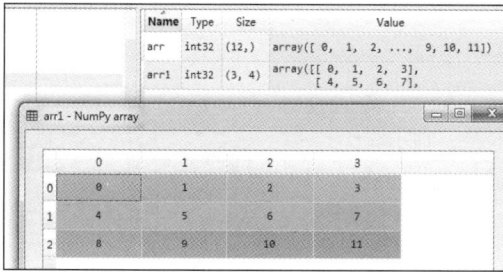

图 2-13

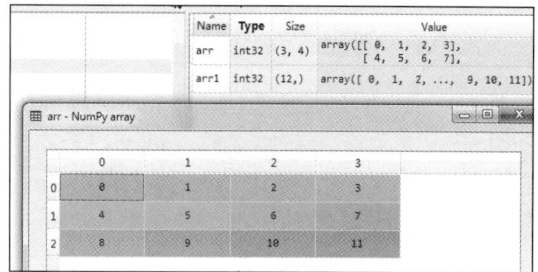

图 2-14

2.9 数组排序与搜索

利用 NumPy 提供的 sort 函数，可以直接对数组元素进行从小到大的排序。示例代码如下：

```
import numpy as np
arr = np.array([5,2,3,3,1,9,8,6,7])
arr1=np.sort(arr)
```

执行结果如图 2-15 所示。

利用 Numpy 提供的 argmax 和 argmin 函数，可以返回待搜索数组最大值元素和最小值元素的索引值，若存在多个最大值或最小值，则返回第一次出现的索引。对于二维数组，可以利用设置 axis=0 或 1 返回各列或各行最大值索引或最小值索引。需要注意索引是从 0 开始的。示例代码如下：

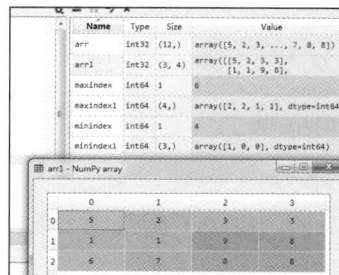

图 2-15

```
import numpy as np
arr = np.array([5,2,3,3,1,1,9,8,6,7,8,8])
arr1=arr.reshape(3,4)
maxindex=np.argmax(arr)
minindex=np.argmin(arr)
maxindex1=np.argmax(arr1,axis=0)#返回各列最大值索引
minindex1=np.argmin(arr1,axis=1)#返回各行最小值索引
```

执行结果如图 2-16 所示。

图 2-16

2.10 矩阵与线性代数运算

NumPy 中的 matrix 是继承自 NumPy 的二维 ndarray 对象，不仅拥有二维 ndarray 的属性、方法与函数，还拥有诸多特有的属性与方法。同时，NumPy 中的 matrix 和线性代数中的矩阵概念几乎完全相同，同样包含转置矩阵、共轭矩阵、逆矩阵等概念。

矩阵与线性代数
运算

2.10.1　创建 NumPy 矩阵

在 NumPy 中，可以使用 mat、matrix 或 bmat 函数来创建矩阵。使用 mat 函数创建矩阵时，若输入 matrix 或 ndarray 对象，则不会为它们创建副本。因此，调用 mat 函数与调用 matrix(data, copy=False) 等价，示例代码如下：

```
import numpy as np
mat1 = np.mat("1 2 3; 4 5 6; 7 8 9")
mat2 = np.matrix([[1, 2, 3], [4, 5, 6], [7, 8, 9]])
```

执行结果如图 2-17 所示。

在矩阵的日常使用过程中，将小矩阵组合成大矩阵是一种频率极高的操作。在 NumPy 中，可以使用 bmat 分块矩阵函数来实现，示例代码如下：

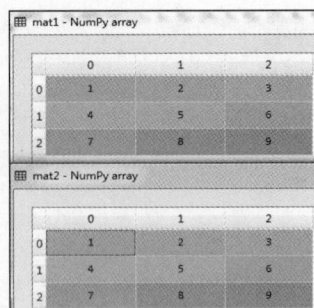

图 2-17

```
import numpy as np
arr1 = np.eye(3)
arr2 = 3*arr1
mat = np.bmat("arr1 arr2; arr1 arr2")
```

执行结果如图 2-18 所示。

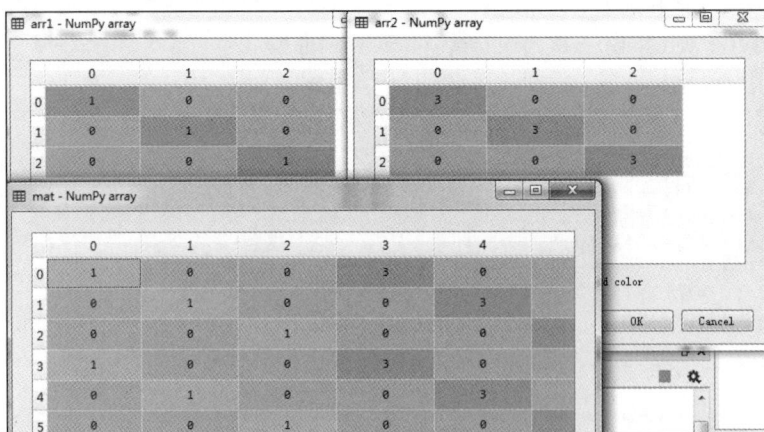

图 2-18

2.10.2　矩阵的属性和基本运算

矩阵有其特有的属性，如表 2-1 所示。

表 2-1　矩阵特有的属性及其说明

属性	说明
T	返回自身的转置
H	返回自身的共轭转置
I	返回自身的逆矩阵

矩阵属性的具体查看方法，示例代码如下：

```
import numpy as np
mat = np.matrix(np.arange(4).reshape(2, 2))
mT = mat.T
mH = mat.H
mI = mat.I
```

执行结果如图 2-19 所示。

在 NumPy 中，矩阵计算和 ndarray 计算类似，都能够作用于每个元素。相比使用 for 循环进行计算，在速度上更加高效。示例代码如下：

```python
import numpy as np
mat1 = np.mat("1 2 3; 4 5 6; 7 8 9")
mat2 = mat1*3
mat3 = mat1+mat2
mat4 = mat1-mat2
mat5 = mat1*mat2
mat6 = np.multiply(mat1, mat2)  #点乘
```

执行结果如图 2-20 所示。

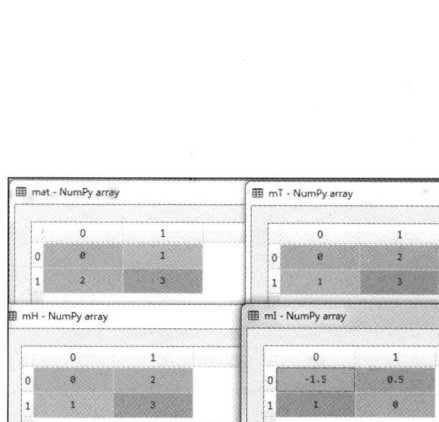

图 2-19

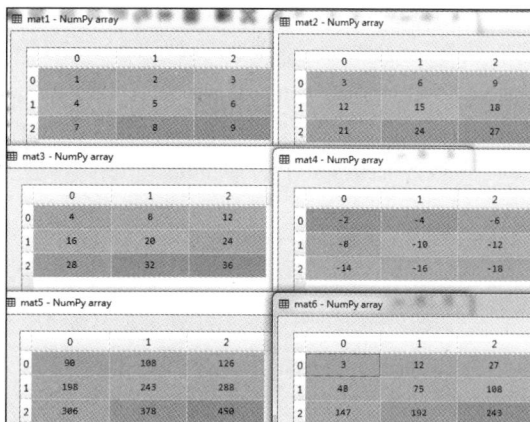

图 2-20

2.10.3 线性代数运算

线性代数是数学的一个重要分支。NumPy 中包含 numpy.linalg 模块，提供线性代数所需的功能，如计算逆矩阵、求解线性方程组、求特征值、奇异值分解及求行列式等。numpy.linalg 模块中的一些常用函数如表 2-2 所示。

表 2-2 常用的 numpy.linalg 函数

函数名称	说明
dot	矩阵相乘
inv	求逆矩阵
solve	求解线性方程组 $Ax = b$
eig	求特征值和特征向量
eigvals	求特征值
svd	计算奇异值分解
det	求行列式

1．计算逆矩阵

在线性代数中，矩阵 A 与其逆矩阵 A^{-1} 相乘得到一个单位矩阵 I，即 $A \times A^{-1} = I$。使用 numpy.linalg 模块中的 inv 函数可以计算逆矩阵，示例代码如下：

```python
import numpy as np
mat = np.mat('1 1 1; 1 2 3; 1 3 6')
inverse = np.linalg.inv(mat)
A = np.dot(mat, inverse)
```

执行结果如图 2-21 所示。

2．求解线性方程组

矩阵可以对向量进行线性变换，这对应于数学中的线性方程组。numpy.linalg 模块中的 solve 函数可以求解形如 $Ax=b$ 的线性方程组，其中 A 为矩阵，b 为一维或二维数组，x 是未知变量。示例代码如下：

```
import numpy as np
A = np.mat("1,-1,1; 2,1,0; 2,1,-1")
b = np.array([4, 3, -1])
x = np.linalg.solve(A, b)#线性方程组 Ax=b 的解
```

执行结果如图 2-22 所示。

3．求解特征值与特征向量

设 A 是 n 阶方阵，若存在数 a 和非零 n 维列向量 x，使得 $Ax=ax$ 成立，则称 a 是 A 的一个特征值，非零 n 维列向量 x 称为矩阵 A 的对应于特征值 a 的特征向量。numpy.linalg 模块中的 eigvals 函数可以计算矩阵的特征值，eig 函数可以返回一个包含特征值和对应特征向量的元组。示例代码如下：

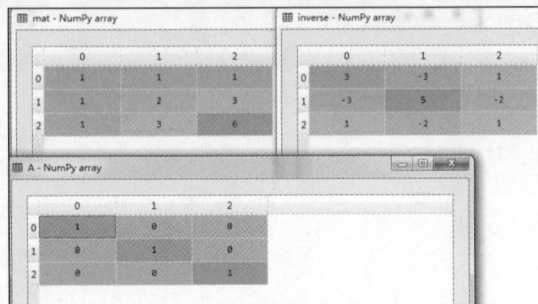

图 2-21

```
import numpy as np
A = np.matrix([[1, 0, 2], [0, 3, 0], [2, 0, 1]])
#A_value = np.linalg.eigvals(A)
A_value, A_vector = np.linalg.eig(A)
```

执行结果如图 2-23 所示。

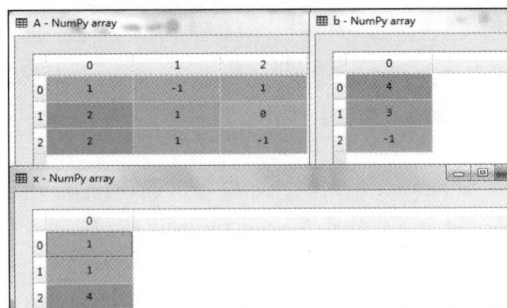

图 2-22

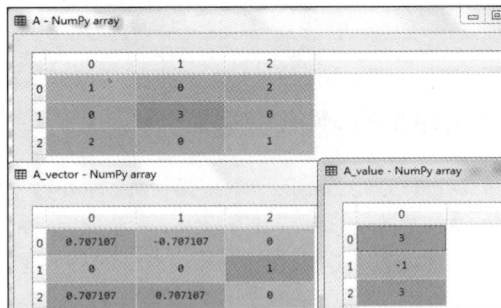

图 2-23

4．奇异值分解

奇异值分解是线性代数中一种重要的矩阵分解，即将一个矩阵分解为 3 个矩阵的乘积。numpy.linalg 模块中的 svd 函数可以对矩阵进行奇异值分解，返回 U、Sigma、V 这 3 个矩阵。其中，U 和 V 是正交矩阵，Sigma 是一维数组，其元素为进行奇异值分解的矩阵的非零奇异值，可以利用 diag 函数生成对角矩阵。示例代码如下：

```
import numpy as np
A = np.mat("4.0,11.0,14.0; 8.0,7.0,-2.0")
U, Sigma, V = np.linalg.svd(A, full_matrices=False)
```

执行结果如图 2-24 所示。

5．计算矩阵行列式的值

矩阵行列式是指由矩阵的全部元素构成的行列式，当构成行列式的矩阵为方阵时，行列式存在值。numpy.linalg 模块中的 det 函数可以计算矩阵行列式的值，示例代码如下：

```
import numpy as np
A = np.mat("3,4; 5,6")
A_value = np.linalg.det(A)
```

执行结果如图 2-25 所示。

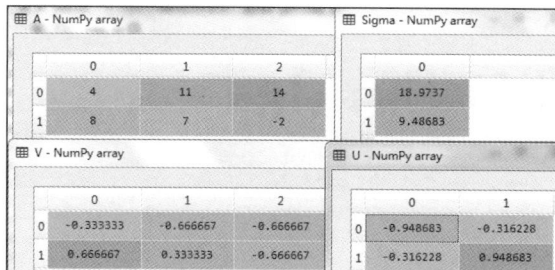

图 2-24

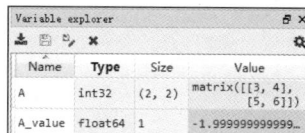

图 2-25

本章小结

本章介绍了 Python 用于科学计算的基础包 NumPy，包括如何导入并使用 NumPy 创建数组及相关的数组运算、获取数组的尺寸、数组的四则运算与数学函数运算、数组的切片、数组连接和数据的存取、数组形态变换、数组元素的排序与搜索、矩阵及线性代数运算等相关知识。由于 NumPy 借鉴了 MATLAB 矩阵开发思路，因此 NumPy 的数组创建、运算、切片、连接及存取、排序与搜索、矩阵及线性代数运算均与 MATLAB 的矩阵操作极为相似。如果读者具有一定的 MATLAB 基础，可以将其与 Matlab 进行对比，相信一定会有所收获。

本章练习

1. 创建一个 Python 脚本，并命名为 test1.py，完成以下功能：
（1）定义一个列表 list1=[1,2,4,6,7,8]，将其转化为数组 N1；
（2）定义一个元组 tup1e1=(1,2,3,4,5,6)，将其转化为数组 N2；
（3）利用内置函数定义一个 1 行 6 列元素均为 1 的数组 N3；
（4）将 N1、N2、N3 垂直连接，形成一个 3 行 6 列的二维数组 N4；
（5）将 N4 保存为 Python 二进制数据文件（.npy 格式）。

2. 创建一个 Python 脚本，并命名为 test2.py，完成以下功能：
（1）加载练习 1 中生成的 Python 二进制数据文件，获得数组 N4；
（2）提取 N4 第 1 行中的第 2 个和第 4 个元素，第 3 行中的第 1 个和第 5 个元素，组成一个新的二维数组 N5；
（3）将 N5 与练习 1 中的 N1 进行水平合并，生成一个新的二维数组 N6。

3. 创建一个 Python 脚本，并命名为 test3.py，完成以下功能：
（1）生成两个 2×2 矩阵，并计算矩阵的乘积；
（2）求矩阵 $A = \begin{pmatrix} 3 & -1 \\ -1 & 3 \end{pmatrix}$ 的特征值和特征向量；
（3）设有矩阵 $A = \begin{pmatrix} 4 & 11 & 14 \\ 8 & 7 & -2 \end{pmatrix}$，试对其进行奇异值分解；
（4）设有行列式 $D = \begin{vmatrix} 4 & 6 & 8 \\ 4 & 6 & 9 \\ 5 & 6 & 8 \end{vmatrix}$，求其转置行列式 D^{T}，并计算 D 和 D^{T}。

第**3**章 **数据处理包 Pandas**

第 2 章中我们介绍了数组的基本概念及相关数据操作方法。从数组的定义可以看出，数组中的元素要求同质，即数据类型相同，这对数据处理与分析来说具有较大的局限性。本章将介绍数据处理与分析挖掘中功能更加强大的另一个包，即 Pandas。它基于 NumPy 构建，可以处理不同数据类型，同时又包含非常利于数据处理分析的数据结构：序列（Series）和数据框（DataFrame）。

3.1 Pandas 简介

Pandas 是基于 NumPy 开发的一个 Python 数据分析包，由 AQR Capital Management 于 2008 年 4 月开发，并于 2009 年底开源。Pandas 作为 Python 数据分析的核心包，提供了大量的数据分析函数，包括数据处理、数据抽取、数据集成、数据计算等基本的数据分析手段。Pandas 的核心数据结构包括序列和数据框，序列存储一维数据，而数据框则可以存储更加复杂的多维数据，这里主要介绍二维数据（类似于数据表）及其相关操作。

Python 是面向对象的语言，序列和数据框本身是一种数据对象，因此序列和数据框也称为序列对象和数据框对象，它们具有自身的属性和方法。本章主要介绍序列和数据框的创建、相关属性和主要方法的使用，以及数据的访问、切片及运算。在数据读取方面，主要介绍利用 Pandas 库中的函数读取外部文件的方法，包括 Excel、TXT 和 CSV 文件的读取方法。

在 Anaconda 发行版本中，Pandas 包已经集成在系统中，无须另外安装。在使用过程中直接导入该包即可。导入的方法为 import pandas as pd，其中 import 和 as 为关键字，pd 为其简称。在 Spyder 程序脚本编辑器中，导入 Pandas 包的示例如图 3-1 所示。

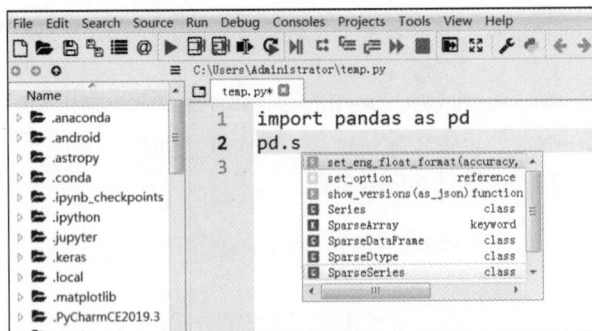

图 3-1

事实上，Pandas 包是一种库，Spyder 程序脚本编辑器提供了一种模糊搜索机制，方便程序的编写。例如，通过在包名称后面加点“.”实现模糊搜索，即“pd.”，可以从下拉列表中选择所需的对象、方法或属性，如图 3-1 中脚本文件 temp.py 的第 4 行所示。

3.2 序列

序列是 Pandas 中非常重要的一个数据结构,由索引 index 和对应的值两部分组成。序列不仅实现了一维数组的功能,还增加了丰富的数据操作与处理功能。下面分别介绍序列的创建、属性和方法,以及数据切片和聚合运算等相关的数据操作知识。

3.2.1 序列创建及访问

序列由索引 index 和对应的值构成,在默认情况下,索引从 0 开始按从小到大的顺序排列,每个索引对应一个值。不仅可以通过指定列表、元组、数组创建默认序列,也可以通过指定索引创建个性化序列,还可以通过字典来创建序列,其中字典的键转化为索引,值即为序列的值。序列对象的创建通过 Pandas 包中的 Series()函数来实现。示例代码如下:

```python
import pandas as pd          #导入 Pandas 库
import numpy as np           #导入 Numpy 库
s1=pd.Series([1,-2,2.3,'hq'])   #指定列表创建默认序列
s2=pd.Series([1,-2,2.3,'hq'],index=['a','b','c','d'])   #指定列表和索引,创建个性化序列
s3=pd.Series((1,2,3,4,'hq'))               #指定元组创建默认序列
s4=pd.Series(np.array([1,2,4,7.1]))        #指定数组创建默认序列
#通过字典创建序列
mydict={'red':2000,'bule':1000,'yellow':500}        #定义字典
ss=pd.Series(mydict)                       #指定字典创建序列
```

执行结果如图 3-2 所示。

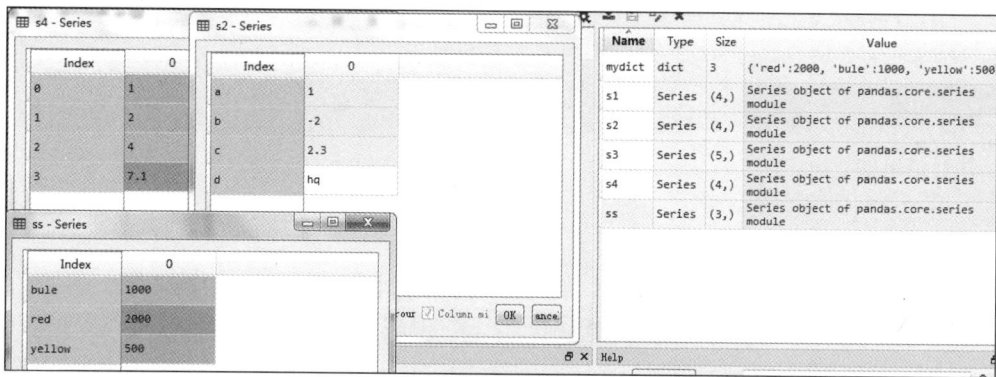

图 3-2

序列中的元素访问非常简单,通过索引即可访问对应的元素值。例如,访问前面定义的序列 s1 和 s2 中元素的示例代码如下:

```python
print(s1[3])
print(s2['c'])
```

执行结果如下:

```
hq
2.3
```

3.2.2 序列属性

序列有两个属性,分别为值(values)和索引(index)。可以使用序列中的 values 属性和 index

属性可以获取其内容。示例代码如下：

```python
import pandas as pd
s1=pd.Series([1,-2,2.3,'hq'])    #创建序列 s1
va1=s1.values                    #获取序列 s1 中的值,赋给变量 va1
in1=s1.index                     #获取序列 s1 中的索引,赋给变量 in1
print(va1)                       #打印变量结果
print(in1)                       #打印变量结果
```

执行结果如下：

```
[1 -2 2.3 'hq']
RangeIndex(start=0, stop=4, step=1)
```

在 Spyder 界面的控制台中可以看到 va1 和 in1 的打印结果，但是在变量资源管理器窗口却看不到这两个变量。事实上，它们是序列中的属性变量，属于内部值，不会在变量资源管理器中展示。那么要如何才能实现在变量资源管理器中查看呢？可以将它们转化为列表的形式。示例代码如下：

```python
va2=list(va1)    #将 va1 变量通过 list 命令转化为列表,赋给变量 va2
in2=list(in1)    #将 in1 变量通过 list 命令转化为列表,赋给变量 in2
```

执行结果如图 3-3 所示。

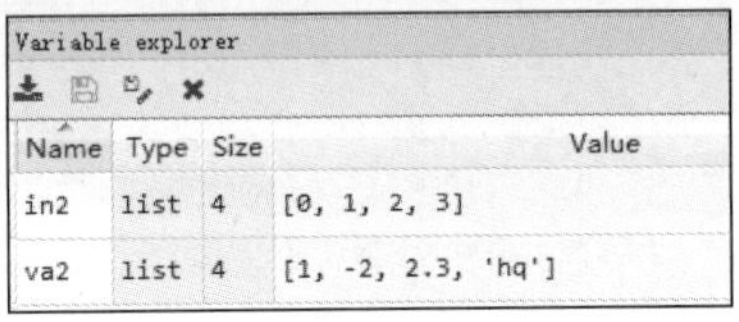

3.2.3　序列方法

1．unique()

利用序列中的 unique() 方法，可以去掉序列中重复的元素值，使元素值唯一。示例代码如下：

图 3-3

```python
import pandas as pd
s5=[1,2,2,3,'hq','hq','he']    #定义列表 s5
s5=pd.Series(s5)               #将定义的列表 s5 转换为序列
s51=s5.unique()                #调用 unique() 方法去重
print(s51)                     #打印结果
```

执行结果如下：

```
[1 2 3 'hq' 'he']
```

2．isin()

利用 isin() 方法判断元素值的存在性，如果存在，就返回 True，否则就返回 False。例如，判断元素 0 和 "he" 是否存在于前面定义的 s5 序列中，示例代码如下：

```python
s52=s5.isin([0,'he'])
print(s52)
```

执行结果如下：

```
0    False
1    False
2    False
3    False
4    False
5    False
6     True
dtype: bool
```

3．value_counts()

利用序列中的 value_counts() 方法，可以统计序列元素值出现的次数。例如，统计 s5 序列中每个元素值出现的次数，示例代码如下：

```
s53=s5.value_counts()
```

执行结果如图 3-4 所示。

其中索引（index）为原序列元素的值，其值部分为出现的次数。本函数在实际应用中，有时也起到与 unique 相同的效果，即去掉序列数据中的重复值，保证了数据的唯一性，而且还获得了重复的次数，在金融数据处理中应用非常广泛。

4．空值处理方法

在序列中处理空值的方法有 isnull()、notnull()和 dropan() 3 种。isnull()判断序列中是否有空值(nan 值），如果有空值，就返回 True，否则就返回 False；notnull()判断序列中的非空值（nan 值），如果非空值，就返回 True，否则就返回 False，与 isnull 方法刚好相反；dropan()清洗序列中的空值（nan 值），可以配合使用空值处理函数。示例代码如下：

```
import pandas as pd
import numpy as np
ss1=pd.Series([10,'hq',60,np.nan,20])  #定义序列 ss1,其中 np.nan 为空值(nan 值)
tt1=ss1[~ss1.isnull()]      #~为取反,采用逻辑数组进行索引获取数据
```

执行结果如图 3-5 所示。

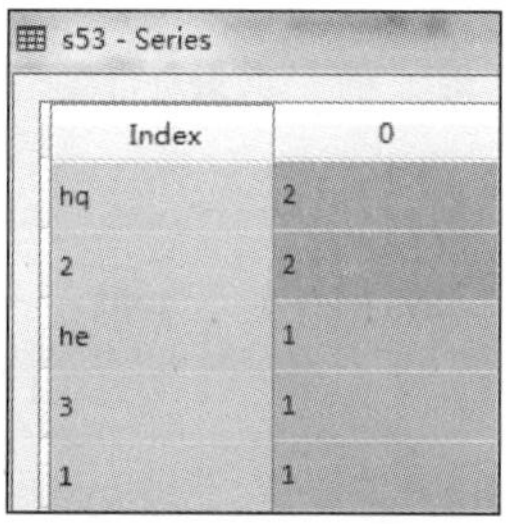
s53 - Series

Index	0
hq	2
2	2
he	1
3	1
1	1

图 3-4

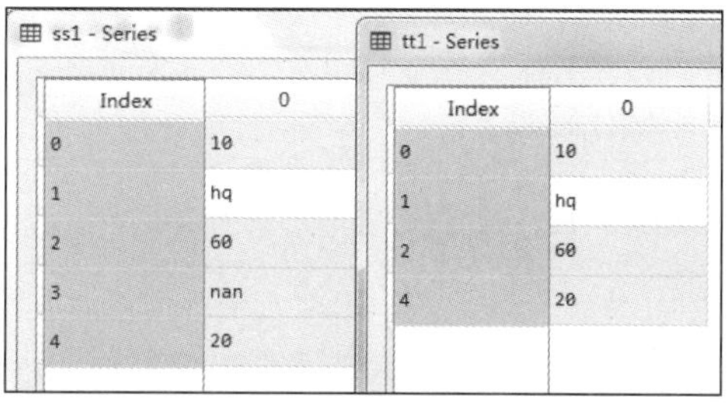
ss1 - Series

Index	0
0	10
1	hq
2	60
3	nan
4	20

tt1 - Series

Index	0
0	10
1	hq
2	60
4	20

图 3-5

在以上代码的后面继续输入以下示例代码：

```
tt2=ss1[ss1.notnull()]
tt3=ss1.dropna()
```

tt2 和 tt3 的执行结果与 tt1 一样。

3.2.4　序列切片

序列元素的访问是通过索引完成的，切片即连续或间断地批量获取序列中的元素，可以通过给定一组索引来实现切片的访问。一般地，给定的一组索引可以用列表或逻辑数组来表示。示例代码如下：

```
import pandas as pd
import numpy as np
s1=pd.Series([1,-2,2.3,'hq'])
s2=pd.Series([1,-2,2.3,'hq'],index=['a','b','c','d'])
s4=pd.Series(np.array([1,2,4,7.1]))
s22=s2[['a','d']]           #取索引号为字符 a、b 的元素
s11=s1[0:2]                 #索引为连续的数组
s12=s1[[0,2,3]]             #索引为不连续的数组
s41=s4[s4>2]                #索引为逻辑数组
print(s22)
print('-'*20)
print(s11)
print('-'*20)
print(s12)
```

```
print('-'*20)
print(s41)
```

执行结果如下：

```
a    1
d    hq
dtype: object
--------------------
0    1
1    -2
dtype: object
--------------------
0    1
2    2.3
3    hq
dtype: object
--------------------
2    4.0
3    7.1
dtype: float64
```

3.2.5　序列聚合运算

序列的聚合运算主要包括对序列中的元素求和、求平均值、求最大值、求最小值、求方差、求标准差等。示例代码如下：

```
import pandas as pd
s=pd.Series([1,2,4,5,6,7,8,9,10])
su=s.sum()
sm=s.mean()
ss=s.std()
smx=s.max()
smi=s.min()
```

执行结果如图 3-6 所示。

3.3　数据框

数据框

Name	Type	Size	Value
s	Series	(9,)	Series object of pandas.core.serie
sm	float	1	5.777777777777778
smi	int64	1	1
smx	int64	1	10
ss	float	1	3.0731814857642954
su	int	1	52

图 3-6

Pandas 中另一个重要的数据对象是数据框（DataFrame），由多个序列按照相同的 index 组织在一起形成一个二维表。事实上，数据框的每一列都是一个序列。数据框的属性包括 index、列名和值。由于数据框是一种更为广泛的数据组织形式，在将外部数据文件读取到 Python 中时，大部分情况下会采用数据框以数据库、Excel、TXT 和 CSV 文件的形式进行存储。同时，数据框也提供了极为丰富的方法用于处理数据及完成计算任务。数据框是 Python 完成数据处理和分析的重要数据结构之一。下面我们主要介绍数据框的创建、属性、方法及数据的访问和切片等内容。

3.3.1　数据框创建

基于字典，可以利用 Pandas 库中的 DataFrame 函数创建数据框。其中，字典的键转换为列名，字典的值转换为列值；索引为默认值，即从 0 开始按从小到大的顺序排列。示例代码如下：

```
import pandas as pd
import numpy as np
data={'a':[2,2,np.nan,5,6],'b':['kl','kl','kl',np.nan,'kl'],'c':[4,6,5,np.nan,6],'d':
[7,9,np.nan,9,8]}
df=pd.DataFrame(data)
```

执行结果如图 3-7 所示。

Index	a	b	c	d
0	2	k1	4	7
1	2	k1	6	9
2	nan	k1	5	nan
3	5	nan	nan	9
4	6	k1	6	8

图 3-7

3.3.2 数据框属性

数据框对象具备 3 个属性，分别为列名、索引和值。例如，第 3.3.1 节定义的数据框 df，可以通过以下示例代码获取并打印其属性结果。

```
print('columns= ')
print(df.columns)
print('-'*50)
print('index= ')
print(df.index)
print('-'*50)
print('values= ')
print(df.values)
```

输出结果如下：

```
columns=
Index(['a', 'b', 'c', 'd'], dtype='object')
--------------------------------------------------
index=
RangeIndex(start=0, stop=5, step=1)
--------------------------------------------------
values=
[[2.0 'kl' 4.0 7.0]
[2.0 'kl' 6.0 9.0]
[nan 'kl' 5.0 nan]
[5.0 nan nan 9.0]
[6.0 'kl' 6.0 8.0]]
```

3.3.3 数据框方法

数据框（DataFrame）作为数据处理及挖掘分析的重要基础数据结构，提供了非常丰富的方法用于数据处理及计算。常用的方法包括去掉空值（nan 值）、对空值（nan 值）进行填充、基于字段列值进行排序、基于 index 进行排序、取前 *n* 行数据、删除列、数据框之间的连接、数据导出到 Excel、相关统计分析等。

1．dropna()

利用 dorpna()方法，可以去掉数据集中的空值（nan 值）。需要注意的是，原来的数据集不会发生改变，新数据集需要重新定义。以第 3.3.1 小节定义的数据框 df 为例，示例代码如下：

```
df1=df.dropna()
```

执行结果如图 3-8 所示。

Index	a	b	c	d
0	2	k1	4	7
1	2	k1	6	9
4	6	k1	6	8

图 3-8

2. fillna()

利用 fillna()方法，可以对数据框中的空值（nan 值）进行填充。默认情况下，所有空值可以填充同一个元素值（数值或字符串），也可以指定不同的列填充不同的值。以第 3.3.1 小节定义的数据框 df 为例，示例代码如下：

```
df2=df.fillna(0)            #所有空值元素填充 0
df3=df.fillna('Kl')         #所有空值元素填充 kl
df4=df.fillna({'a':0,'b':'kl','c':0,'d':0})      #全部列填充
df5=df.fillna({'a':0,'b':'kl'})                  #部分列填充
```

执行结果如图 3-9 所示。

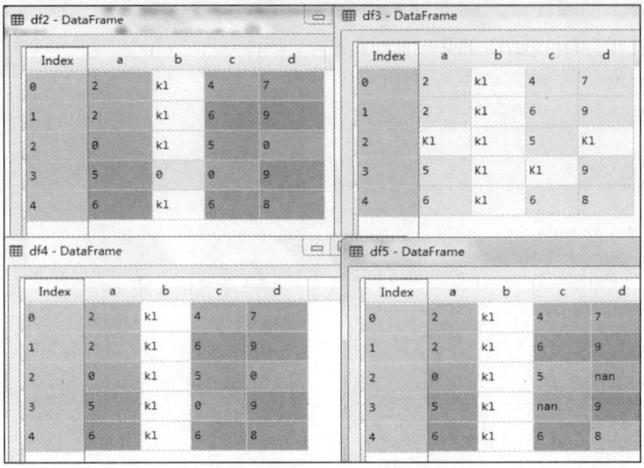

df2 - DataFrame

Index	a	b	c	d
0	2	kl	4	7
1	2	kl	6	9
2	0	kl	5	0
3	5	0	0	9
4	6	kl	6	8

df3 - DataFrame

Index	a	b	c	d
0	2	kl	4	7
1	2	kl	6	9
2	Kl	kl	5	Kl
3	5	Kl	Kl	9
4	6	kl	6	8

df4 - DataFrame

Index	a	b	c	d
0	2	kl	4	7
1	2	kl	6	9
2	0	kl	5	0
3	5	kl	0	9
4	6	kl	6	8

df5 - DataFrame

Index	a	b	c	d
0	2	kl	4	7
1	2	kl	6	9
2	0	kl	5	nan
3	5	kl	nan	9
4	6	kl	6	8

图 3-9

3. sort_values()

可以利用 sort_values()方法指定列按值进行排序。示例代码如下：

```
import pandas as pd
data={'a':[5,3,4,1,6],'b':['d','c','a','e','q'],'c':[4,6,5,5,6]}
Df=pd.DataFrame(data)
Df1=Df.sort_values('a',ascending=False) #默认按升序,这里设置为降序
```

执行结果如图 3-10 所示。

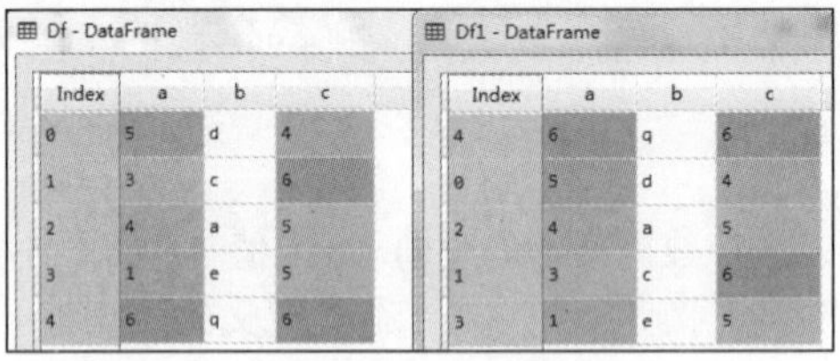

Df - DataFrame

Index	a	b	c
0	5	d	4
1	3	c	6
2	4	a	5
3	1	e	5
4	6	q	6

Df1 - DataFrame

Index	a	b	c
4	6	q	6
0	5	d	4
2	4	a	5
1	3	c	6
3	1	e	5

图 3-10

4. sort_index()

有时候需要按索引进行排序，就可以使用 sort_index()方法。以前面定义的 Df1 为例，示例代码如下：

```
Df2=Df1.sort_index(ascending=False)  #默认按升序,这里设置为降序
```

执行结果如图 3-11 所示。

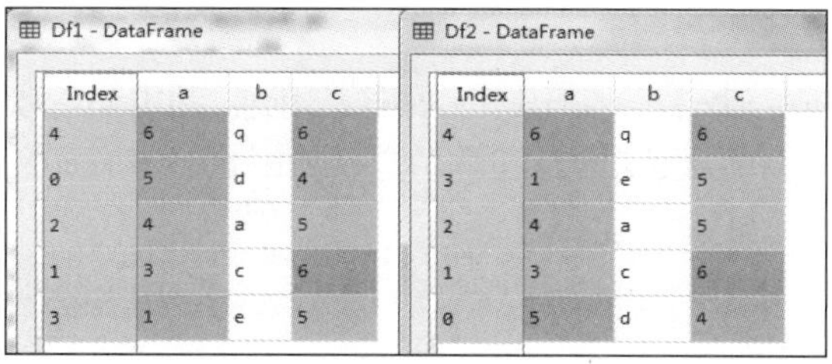

Df1 - DataFrame

Index	a	b	c
4	6	q	6
0	5	d	4
2	4	a	5
1	3	c	6
3	1	e	5

Df2 - DataFrame

Index	a	b	c
4	6	q	6
3	1	e	5
2	4	a	5
1	3	c	6
0	5	d	4

图 3-11

5. head()

利用 head(N)方法，可以取数据集中的前 N 行。例如，取前面定义的数据框 Df2 中的前 4 行，示例代码如下：

```
H4=Df2.head(4);
```

执行结果如图 3-12 所示。

6. drop()

利用 drop()方法，可以删除数据集中的指定列。例如，删除前面定义的 H4 中的 b 列，示例代码如下：

```
H41=H4.drop('b',axis=1) #需指定轴为 1
```

执行结果如图 3-13 所示。

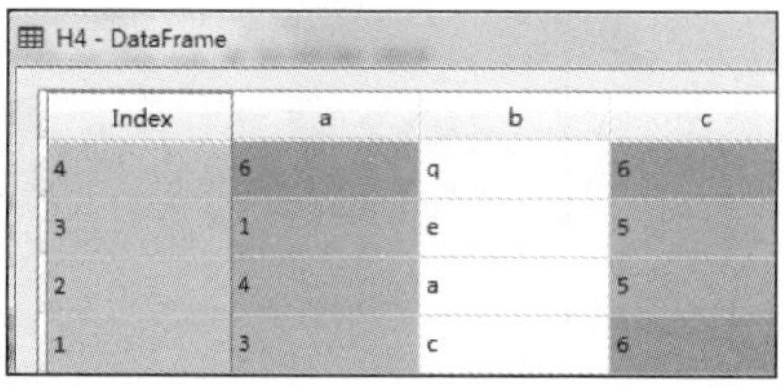

H4 - DataFrame

Index	a	b	c
4	6	q	6
3	1	e	5
2	4	a	5
1	3	c	6

图 3-12

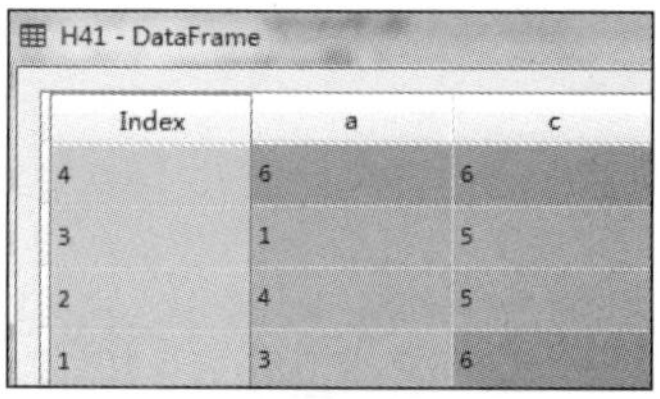

H41 - DataFrame

Index	a	c
4	6	6
3	1	5
2	4	5
1	3	6

图 3-13

7. join()

利用 join()方法，可以实现两个数据框之间的水平连接。示例代码如下：

```
Df3=pd.DataFrame({'d':[1,2,3,4,5]})
Df4=Df.join(Df3)
```

执行结果如图 3-14 所示。

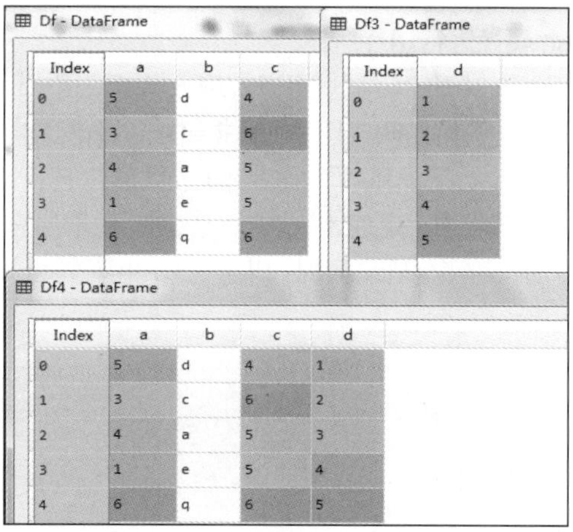

Df - DataFrame

Index	a	b	c
0	5	d	4
1	3	c	6
2	4	a	5
3	1	e	5
4	6	q	6

Df3 - DataFrame

Index	d
0	1
1	2
2	3
3	4
4	5

Df4 - DataFrame

Index	a	b	c	d
0	5	d	4	1
1	3	c	6	2
2	4	a	5	3
3	1	e	5	4
4	6	q	6	5

图 3-14

8．to_excel()

Excel 作为常用的数据处理软件，在日常工作中经常用到。利用 to_excel()方法，可以将数据框导出到 Excel 文件中。例如，将前面定义的 D 和 G 两个数据框导出到 Excel 文件中。示例代码如下：

```
D.to_excel('D.xlsx')
G.to_excel('G.xlsx')
```

执行结果如图 3-15 所示。

9．统计方法

可以对数据框中各列求和、求平均值，或者进行描述性统计。以之前定义的 Df4 为例，示例代码如下：

```
Dt=Df4.drop('b',axis=1)      #Df4 中删除 b 列
R1=Dt.sum()                  #各列求和
R2=Dt.mean()                 #各列求平均值
R3=Dt.describe()             #各列做描述性统计
```

执行结果如图 3-16 所示。

	M1	M2	M3	M4	M5
0	a	1	1.4	4	t
1	b	2	3.5	5	5
2	c	3	2	6	6
3	d	4	6	7	7
4	e	5	7	8	k
5	f	6	8	9	9.6

	M1	M2	M3
0	1	1.4	4
1	2	3.5	5
2	3	2	6
3	4	6	7
4	5	7	8
5	6	8	9

图 3-15

R1 - Series

Index	0
a	19
c	26
d	15

R2 - Series

Index	0
a	3.8
c	5.2
d	3

R3 - DataFrame

Index	a	c	d
count	5	5	5
mean	3.8	5.2	3
std	1.92354	0.83666	1.58114
min	1	4	1
25%	3	5	2
50%	4	5	3
75%	5	6	4
max	6	6	5

图 3-16

3.3.4 数据框切片

1．利用数据框中的 iloc 属性进行切片

与数组切片类似，利用数据框中的 iloc 属性可以实现下标值或逻辑值定位索引并进行切片操作。假设 DF 为待访问或切片的数据框，则访问或切片的数据=DF.iloc[①,②]。其中，①为对 DF 的行下标控制，②为对 DF 的列下标控制。行下标和列下标控制通过数值列表来实现，注意列表中的元素不能超出 DF 中的最大行数和最大列数。为了更加灵活地操作数据，获取所有数据的行或列，可以用“:”来实现。同时，行控制还可以通过逻辑列表来实现。以第 3.3.3 小节中定义的 df2 为例，示例代码如下：

```
# iloc for positional indexing
c3=df2.iloc[1:3,2]
c4=df2.iloc[1:3,0:2]
c5=df2.iloc[1:3,:]
c6=df2.iloc[[0,2,3],[1,2]]
TF=[True,False,False,True,True]
c7=df2.iloc[TF,[1]]
```

执行结果如图 3-17 所示。

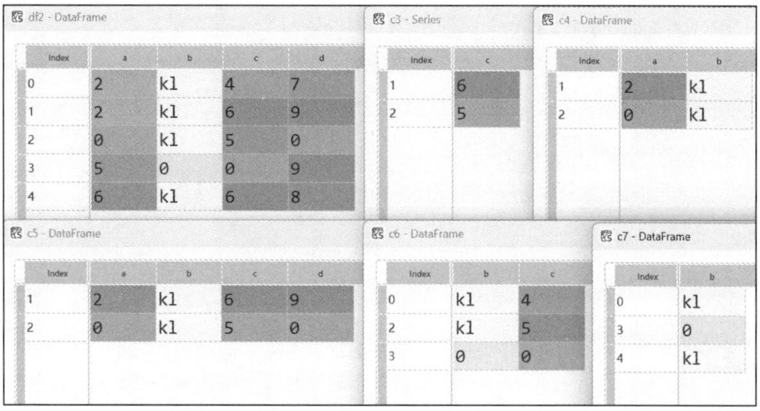

图 3-17

2. 利用数据框中的 loc 属性进行切片

数据框中的 loc 属性主要基于列标签进行索引，即对列值进行筛选以实现行定位，再通过指定列实现数据切片操作。获取数据的所有列，可以用"："来表示。切片操作获得的数据还可以筛选前 N 行。示例代码如下：

```
# loc for label based indexing
c8=df2.loc[df2['b'] == 'kl',:];
c9=df2.loc[df2['b'] == 'kl',:].head(3);
c10=df2.loc[df2['b'] == 'kl',['a','c']].head(3);
c11=df2.loc[df2['b'] == 'kl',['a','c']];
```

执行结果如图 3-18 所示。

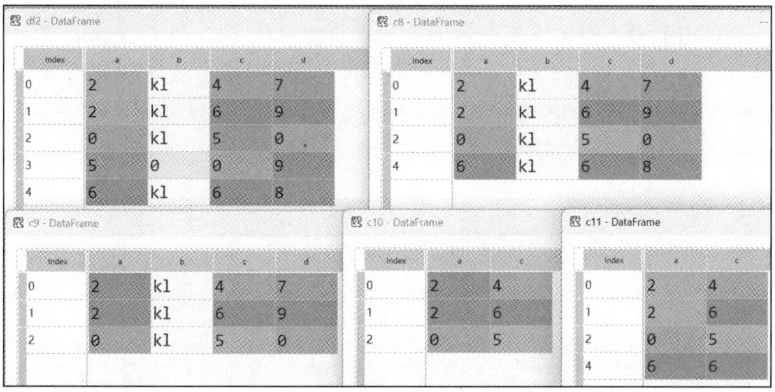

图 3-18

3.4 外部文件读取

在数据挖掘分析中，由于业务数据大多存储在外部文件中，如 Excel、TXT、CSV 等，因此需要将外部文件读取到 Python 中进行分析。Pandas 包提供了非常丰富的函数来读取各种类型的外部文件，下面主要介绍 Excel、TXT 和 CSV 文件的读取。

外部文件读取

3.4.1 Excel 文件读取

利用 read_excel() 函数读取 Excel 文件，不仅可以读取指定的工作簿（sheet），还可以设置读取有表头或无表头的数据表。示例代码如下：

```
path='一、车次上车人数统计表.xlsx';
data=pd.read_excel(path);
```

执行结果如图 3-19 所示。

读取 Sheet2 中的数据，示例代码如下：

```
data=pd.read_excel(path,'Sheet2')   #读取 sheet2 中的数据
```

执行结果如图 3-20 所示。

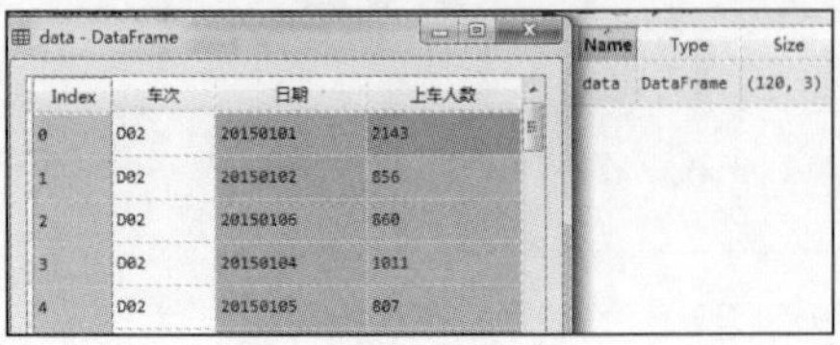

图 3-19

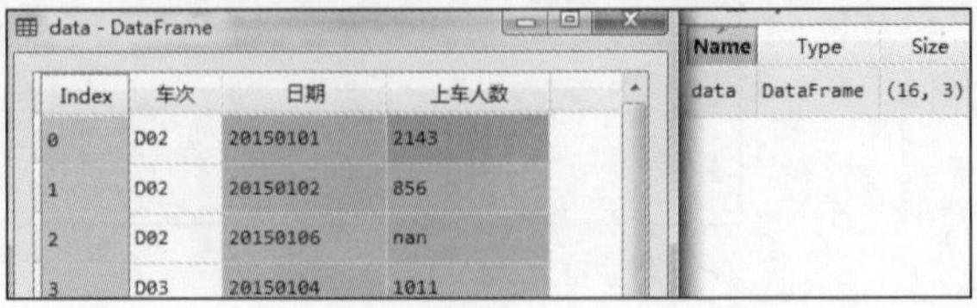

图 3-20

有时候数据表中没有设置字段，即无表头，读取格式示例代码如下：

```
dta=pd.read_excel('dta.xlsx',header=None)   #无表头
```

执行结果如图 3-21 所示。

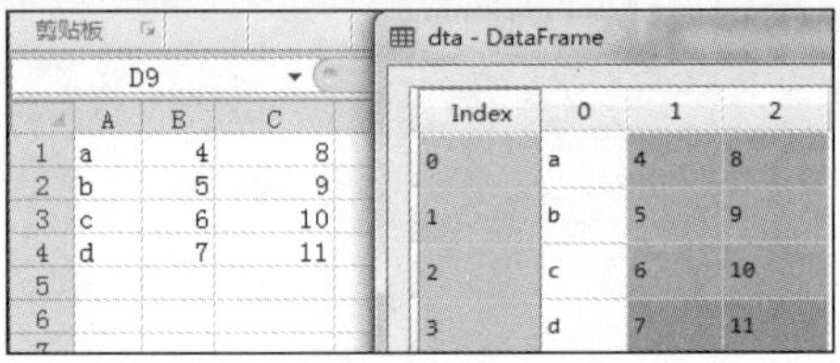

3.4.2 TXT 文件读取

利用 read_table()函数可以读取 TXT 文件。需要注意的是，TXT 文件中数据列之间可能存在特殊字符作为分隔符，常见的有 Tab 键、空格和逗号。同时，还要注意有些文本数据文件可能没有设置表头。示例代码如下：

图 3-21

```
import pandas as pd
dta1=pd.read_table('txt1.txt',header=None)   #分隔默认为 Tab 键,设置无表头
```

执行结果如图 3-22 所示。

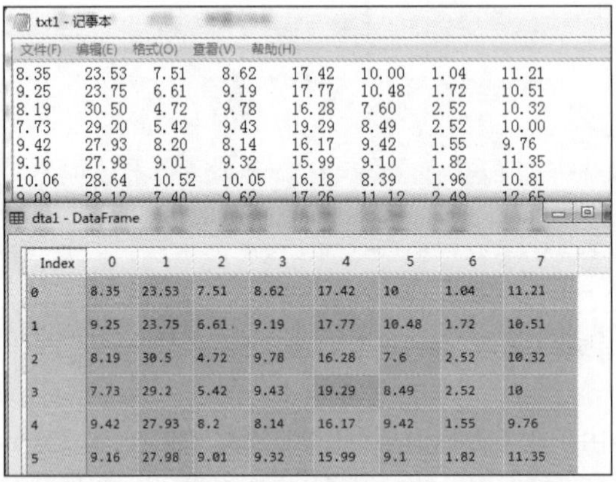

图 3-22

```
dta2=pd.read_table('txt2.txt',sep='\s+')                    #分隔为空格,带表头
```

执行结果如图 3-23 所示。

```
dta3=pd.read_table('txt3.txt',sep=',',header=None)   #分隔为逗号,设置无表头
```

执行结果如图 3-24 所示。

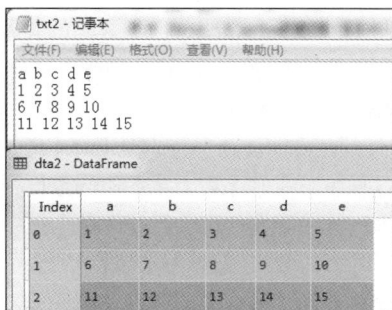

图 3-23

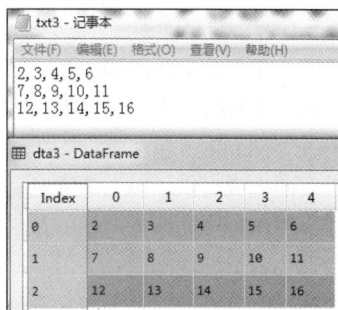

图 3-24

3.4.3　CSV 文件读取

CSV 文件是一类被广泛使用的外部数据文件，特别是在处理大规模数据时尤为常见。对于大规模数据，我们可以采用分块读取的方法；而对于一般的 CSV 数据文件，则可以直接利用 read_csv() 函数进行读取。示例代码如下：

```
import pandas as pd
A=pd.read_csv('data.csv',sep=',');#逗号分隔
```

执行结果如图 3-25 所示。

可以看出，其读取方式与 Excel、TXT 文件的读取方式没有太大区别。但是需要特别注意的是，CSV 文件可以存储大规模的数据，比如单个数据文件的大小可达数 GB、数十 GB。这时可以采用分块的方式进行读取。示例代码如下：

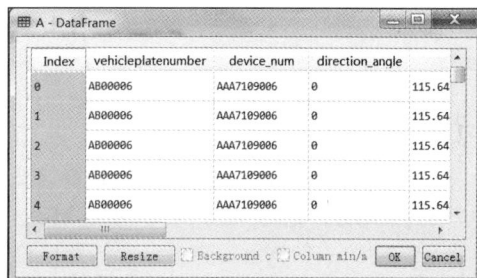

图 3-25

```
import pandas as pd
reader=pd.read_csv('data.csv',sep=',',chunksize=50000,usecols=[3,4,10])
k=0
for A in reader:
    k=k+1
    print('第'+str(k)+'次读取数据规模为：',len(A))
```

执行结果如下：

```
第1次读取数据规模为：    50000
第2次读取数据规模为：    50000
第3次读取数据规模为：    33699
```

本案例介绍了对数据文件每次读取 50000 行记录，读取字段为指定的第 3、4、10 列。不足 50000 行时，按实际数据量读取。其中，reader 是一个数据读取器，可以通过循环的方式依次将每次读取的数据取出并进行处理。实际上，对于大规模的 CSV 数据文件，读取该文件的部分数据也是很有必要的，比如读取其前 1000 行。示例代码如下：

```
import pandas as pd
A=pd.read_csv('data.csv',sep=',',nrows=1000)
```

本章小结

本章介绍了 Python 数据处理与分析中最重要的包：Pandas，包括 Pandas 包的导入及使用方法，Pandas 包中两个非常重要的数据结构——序列（Series）和数据框（DataFrame），以及相关的数据

访问、切片及计算。值得注意的是，读者需要掌握数据框、序列和 NumPy 数组之间的关系。从数据框中取出一列，即变为序列，再取序列中的 values 属性得到序列的值，其实是 NumPy 数组。从数据框中切片出多个数据列，结果仍然是一个数据框。取数据框中的 values 属性可以得到数据框中的元素值，这将是一个 NumPy 数组。同时，应注意数据框与外部文件的读写，特别是 Excel 文件的操作，它为数据报表的生成提供了极大的便利。在程序编写过程中，我们还需要掌握不同数据类型之间的转换。例如，可以利用字典将列表或数组转换为数据框，其中字典的键会转化为数据框中的列名，字典的值会转化为数据框中的元素值。字典的值可以是列表或数组。这样就实现了列表、字典、数组、序列、数据框等各种数据类型和数据结构之间的相互转换，从而完成各种计算任务。事实上，不同数据结构之间的相互转换也是一种非常重要的编程技能和应用技巧，后续在案例篇中会有具体的应用，请读者注意领会。在本章的最后还介绍了 Pandas 包中外部文件的读取方法。

本章练习

1. 创建一个 Python 脚本，命名为 test1.py，完成以下功能。

（1）读取以下 4 位同学的成绩，并用一个数据框变量 pd 保存，其中成绩保存在一个 TXT 文件中。如图 3-26 所示。

（2）对数据框变量 pd 进行切片操作，分别获得小红、张明、小江、小李的各科成绩，它们是 4 个数据框变量，分别记为 pd1、pd2、pd3、pd4。

（3）利用数据框中自身的聚合计算方法，计算并获得每个同学各科成绩的平均分，记为 M1、M2、M3、M4。

2. 创建一个 Python 脚本，命名为 test2.py，完成以下功能。

（1）读取以下 Excel 表格的数据并用一个数据框变量 df 保存。

图 3-26

股票代码	交易日期	收盘价	交易量
600000	2017-01-03	16.3	16237125
600000	2017-01-04	16.33	29658734
600000	2017-01-05	16.3	26437646
600000	2017-01-06	16.18	17195598
600000	2017-01-09	16.2	14908745
600000	2017-01-10	16.19	7996756
600000	2017-01-11	16.16	9193332
600000	2017-01-12	16.12	8296150
600000	2017-01-13	16.27	19034143
600000	2017-01-16	16.56	53304724
600000	2017-01-17	16.4	12555292
600000	2017-01-18	16.48	11478663
600000	2017-01-19	16.54	12180687
600000	2017-01-20	16.6	14288268

（2）对 df 的第 3 列和第 4 列进行切片，切片后得到一个新的数据框记为 df1，并对 df1 利用自身的方法转换为 NumPy 数组 Nt。

（3）基于 df 的第 2 列，构造一个逻辑数组 TF，即满足交易日期小于等于 2017-01-16 且大于等于 2017-01-05 为真，否则为假。

（4）以逻辑数组 TF 为索引，取数组 Nt 中的第 2 列交易量数据并求和，记为 S。

第4章 数据可视化包 Matplotlib

数据可视化是数据分析与挖掘中一个非常重要的任务。数据可视化是通过各种类型的图像来展现数据的分析结果或过程，从而提高分析的效率和可读性。本章将介绍 Python 中用于数据可视化的一个非常重要的包：Matplotlib，并通过 Matplotlib 包中的 pyplot 模块实现常见图像的绘制，如散点图、折线图、柱状图、直方图、饼图、箱线图及子图。

4.1 Matplotlib 绘图基础

Matplotlib 是 Python 中的一个二维绘图包，能够非常简单地实现数据可视化。Matplotlib 最早由 John Hunter 于 2002 年启动开发，其目的是构建一个类似 Matlab 的绘图函数接口。下面将详细介绍 Matplotlib 图像的构成、基本绘图流程、中文字符显示、坐标轴刻度标注等基本绘图知识。

绘图基础

4.1.1 Matplotlib 图像构成

Matplotlib 图像大致可以分为如下 4 个层次结构。

（1）canvas（画板）：位于最底层，导入 Matplotlib 包时就自动存在。

（2）figure（画布）：建立在 canvas 之上，从这一层就能开始设置其参数。

（3）axes（子图）：将 figure 分成不同块，实现分面绘图。

（4）图表信息（构图元素）：添加或修改 axes 上的图形信息，优化图表的显示效果。

为了方便快速绘图，Matplotlib 通过 pyplot 模块提供了一套与 Matlab 类似的 API，将众多绘图对象所构成的复杂结构隐藏在 API 中。这些绘图对象对应每一个图形的图形元素（如坐标轴、曲线、文字等）。pyplot 模块为每个绘图对象分配了相应的函数，以便对该图形元素进行操作，而不影响其他元素。创建好画布之后，只需要调用 pyplot 模块提供的函数，用几行代码就可以实现添加、修改图形元素，或者在原有图形上绘制新图形。

4.1.2 Matplotlib 绘图基本流程

Anaconda 发行版本已经集成了 Matplotlib 包，直接导入 pyplot 模块就可以使用了。导入方法为：import matplotlib.pyplot as plt，如图 4-1 所示。

图 4-1 所示为 temp.py 脚本文件中导入了 Matplotlib 包的 pyplot 模块，简称为 plt。导入 pyplot 模块后就可以绘图了，利用 pyplot 模块绘图的基本流程如图 4-2 所示。

首先，创建画布与子图。第一步主要是构建出一张空白的画布；如果需要同时展示几个图形，可将画布划分为多个部分。再使用对象方法完成其余的工作，示例代码如下：

```
plt.figure(1)            #创建第一个画布
plt.subplot(2,1,1)       #画布划分为 2×1 图形阵,选择第 1 张图片
```

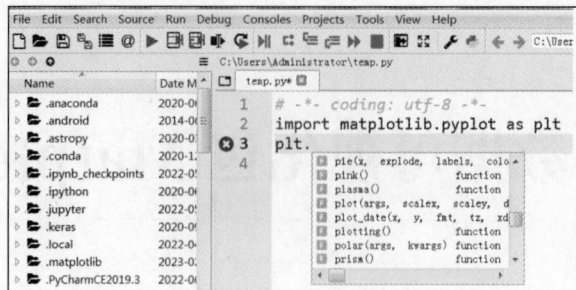

图 4-1

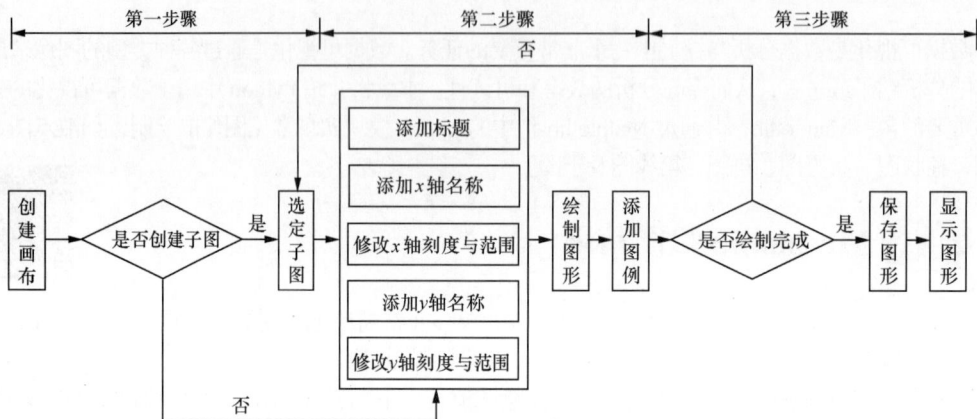

图 4-2

其次，添加画布内容。第二步是绘图的主体部分。添加标题、坐标轴名称等步骤与绘制图形是并列的，没有先后顺序，可以先绘制图形，也可以先添加各类标签，但是添加图例一定要在绘制图形之后。pyplot 模块中添加各类标签的常用函数如表 4-1 所示。

表 4-1　pyplot 模块中添加各类标签的常用函数

函数名称	函数作用
title	在当前图形中添加标题，可以指定标题的名称、位置、颜色、字体大小等参数
xlabel	在当前图形中添加 x 轴名称，可以指定位置、颜色、字体大小等参数
ylabel	在当前图形中添加 y 轴名称，可以指定位置、颜色、字体大小等参数
xlim	指定当前图形 x 轴的范围，只能确定一个数值区间，而无法使用字符串标识
ylim	指定当前图形 y 轴的范围，只能确定一个数值区间，而无法使用字符串标识
xticks	指定 x 轴刻度的数目与取值
yticks	指定 y 轴刻度的数目与取值
legend	指定当前图形的图例，可以指定图例的大小、位置、标签

最后，图形保存与展示。在绘制图形之后，可以使用 matplotlib.pyplot.savefig()函数将图片保存到指定路径，使用 matplotlib.pyplot.show()函数展示图形。综合整体流程绘制函数 "y=x^2" 与 "y=x" 图像示例代码如下：

```
import matplotlib.pyplot as plt
import numpy as np
plt.figure(1)  # 创建画布
```

```
x = np.linspace(0, 1, 1000)
plt.subplot(2, 1, 1)  # 分为2×1图形阵,选择第1张图片绘图
plt.title('y=x^2 & y=x')  # 添加标题
plt.xlabel('x')  # 添加 x 轴名称"x"
plt.ylabel('y')  # 添加 y 轴名称"y"
plt.xlim((0, 1))  # 指定 x 轴范围 (0,1)
plt.ylim((0, 1))  # 指定 y 轴范围 (0,1)
plt.xticks([0, 0.3, 0.6, 1])  # 设置 x 轴刻度
plt.yticks([0, 0.5, 1])  # 设置 y 轴刻度
plt.plot(x, x ** 2)
plt.plot(x, x)
plt.legend(['y=x^2', 'y=x'])  # 添加图例
plt.savefig('1.png')  # 保存图片
plt.show()
```

执行结果如图 4-3 所示。

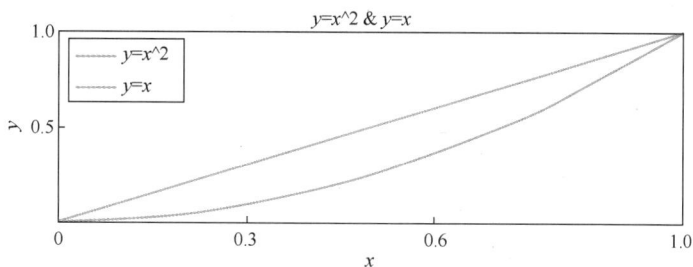

图 4-3

4.1.3　中文字符显示

默认的 pyplot 字体不支持中文字符的显示,需要通过 font.sans-serif 参数来修改绘图时的字体,使得图形可以正常显示中文。需要注意的是,修改字体后,会导致坐标轴中负号 "–" 无法正常显示,因此需要同时修改 axes.unicode_minus 参数。示例代码如下:

```
import numpy as np
import matplotlib.pyplot as plt
x = np.arange(0, 10, 0.2)
y = np.sin(x)
plt.title('sin 曲线')
plt.plot(x, y)
plt.savefig('2.png')
plt.show()
```

执行结果如图 4-4 所示。

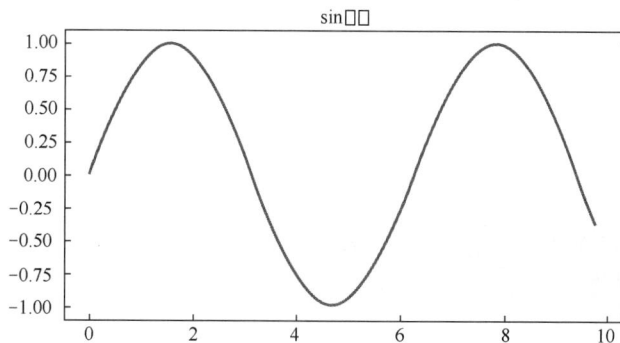

图 4-4

从图 4-4 中可以看出，中文字符没有显示出来。同时应注意，在示例代码中并未创建画布的命令，实际上只要调用了绘图命令，系统就会默认创建一个画布，并在该画布上绘图。为了显示中文字符，可以修改示例代码如下：

```
import numpy as np
import matplotlib.pyplot as plt
x = np.arange(0, 10, 0.2)
y = np.sin(x)
plt.rcParams['font.sans-serif'] = 'SimHei'   # 设置字体为 SimHei
plt.rcParams['axes.unicode_minus'] = False   # 解决负号 "-" 显示异常
plt.title('sin 曲线')
plt.plot(x, y)
plt.savefig('2.png')
plt.show()
```

修改后的代码执行结果如图 4-5 所示。

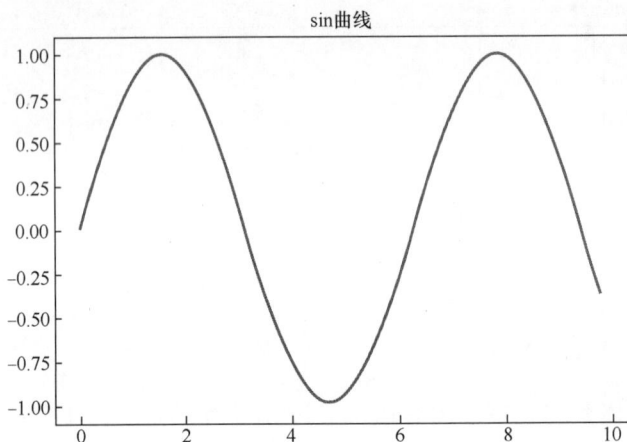

图 4-5

从图 4-5 中可以看出，修改字体设置参数后，中文字符就可以正常显示了。

4.1.4　坐标轴字符刻度标注

在绘图过程中，还有一个关键的问题就是坐标轴的字符刻度标注。例如，绘制 2018—2019 年某产品各季度的销售额走势图，两年各季度的销售数据依次为 100、104、106、95、103、105、115、100（单位：万元）。绘图代码示例如下：

```
import numpy as np
import matplotlib.pyplot as plt
x = np.array([1,2,3,4,5,6,7,8])                        #季度标号
y = np.array([100,104,106,95,103,105,115,100])        #销售额
plt.rcParams['font.sans-serif'] = 'SimHei'            #设置字体为 SimHei
plt.title('某产品 2018-2019 各季度销售额')
plt.plot(x, y)
plt.xlabel('季度标号')
plt.ylabel('销售额（万元）')
plt.show()
```

执行结果如图 4-6 所示。

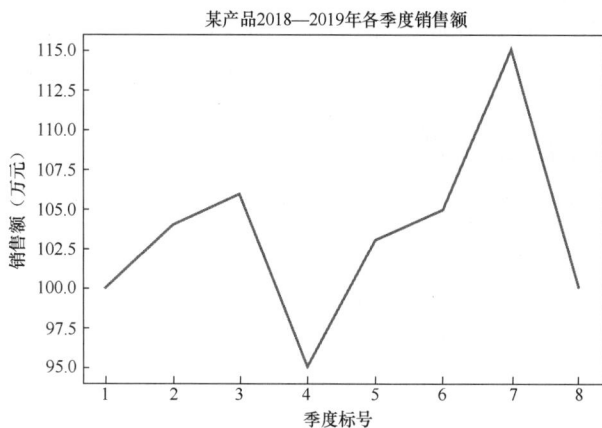

图 4-6

从图 4-6 中可以看出，横轴的意义没有凸显出来，导致图像的可读性较差。实际上，可以用"××年××季度"来表示，这样图像的可读性就会更强。对横轴进行字符刻度标注，可以通过 xticks 函数来实现。示例代码如下：

```
import numpy as np
import matplotlib.pyplot as plt
x = np.array([1,2,3,4,5,6,7,8])                #季度标号
y = np.array([100,104,106,95,103,105,115,100]) #销售额
v=['2018年一季度','2018年二季度','2018年三季度','2018年四季度',
   '2019年一季度','2019年二季度','2019年三季度','2019年四季度']
plt.rcParams['font.sans-serif'] = 'SimHei'     #设置字体为 SimHei
plt.title('某产品2018-2019各季度销售额')
plt.plot(x, y)
plt.xlabel('季度')
plt.xticks(x, v, rotation = 90) #v 为与 x 对应的字符刻度,rotation 为旋转角度
plt.ylabel('销售额（万元）')
plt.show()
```

执行结果如图 4-7 所示。

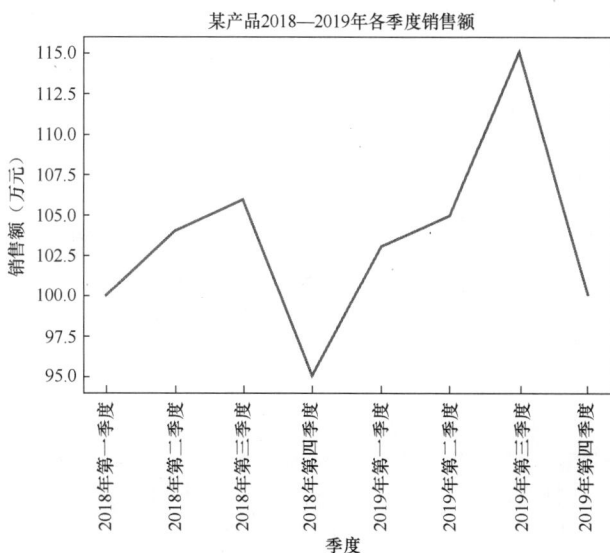

图 4-7

从图 4-7 中可以看出，对坐标轴进行字符刻度标注之后，其图像的可读性增强了，表现形式也更加丰富。

4.2 Matplotlib 常用图形绘制

Matplotlib 绘制的常用图形包括散点图、线性图、柱状图、直方图、饼图、箱线图和子图。本节中绘图使用的数据文件为"车次上车人数统计表.xls"，如表 4-2 所示。

表 4-2　车次上车人数统计表

车次	日期	上车人数
D02	20250101	2143
D02	20250102	856
D02	20250106	860
D02	20250104	1011
D02	20250105	807
D02	20250103	761
D02	20250107	803
D02	20250108	732
D02	20250109	753
D03	20250110	888
……	……	……

表中包含 D02～D06 车次 2025 年 1 月 1 日至 2025 年 1 月 24 日的上车人数统计数据。

4.2.1　散点图

散点图又称散点分布图，是一种通过坐标点（散点）的分布形态反映特征间相关关系的一种图形。散点图的绘图函数为 scatter(x, y, [可选项])，其中 x 表示横轴坐标数据列，y 表示纵轴坐标数据列，可选项包含颜色、透明度等。使用 scatter 函数绘制 D02 车次每日上车人数散点图的示例代码如下：

```
import pandas as pd
import numpy as np
import matplotlib.pyplot as plt
path='一、车次上车人数统计表.xlsx';
data=pd.read_excel(path);
tb=data.loc[data['车次'] == 'D02',['日期','上车人数']].sort_values('日期');
x=np.arange(1,len(tb.iloc[:,0])+1)
y1=tb.iloc[:,1]
plt.rcParams['font.sans-serif'] = 'SimHei'      # 设置字体为 SimHei
plt.scatter(x,y1)
plt.xlabel('日期')
plt.ylabel('上车人数')
plt.xticks([1,5,10,15,20,24], tb['日期'].values[[0,4,9,14,19,23]], rotation = 90)
plt.title('D02 车次上车人数散点图')
```

执行结果如图 4-8 所示。

图 4-8 显示了 D02 车次 2025 年 1 月 1 日至 2025 年 1 月 24 日的每日上车人数散点图，其中 1 月 1 日上车人数最多，主要原因是 1 月 1 日为元旦。本例中没有创建画布的命令，在绘图时系统默认创建了画布。

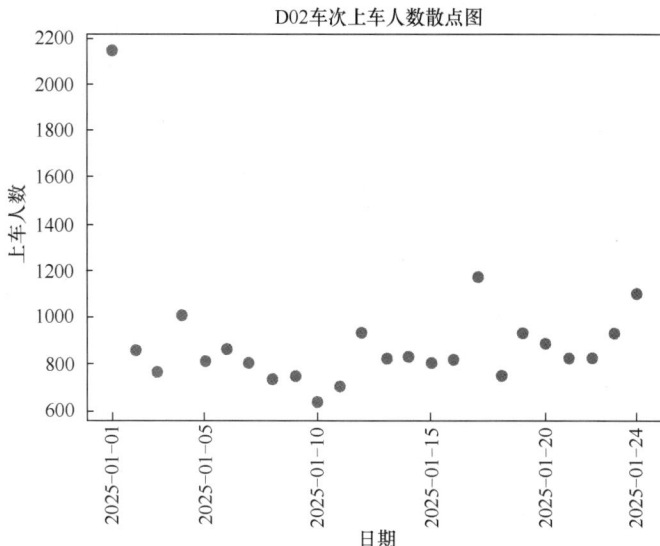

图 4-8

4.2.2 线性图

线性图的绘图函数为 plot(x,y,[可选项])，其中 x 表示横轴坐标数据列，y 表示纵轴坐标数据列，可选项为绘图设置，如图形类型（散点图、虚线图、实线图等）、线条颜色（红、黄、蓝、绿等）、数据点形状（星形、圆圈、三角形等）。可选项的一些示例说明如下：

（1）r*--表示数据点为星形，图形类型为虚线图，线条颜色为红色。

（2）b*--表示数据点为星形，图形类型为虚线图，线条颜色为蓝色。

（3）bo 表示数据点为圆圈，图形类型为实线图（默认），线条颜色为蓝色。

（4）.表示散点图。

更多的设置说明及 plot()函数的使用方法，可以通过 help()函数查看系统帮助，如图 4-9 所示。

```
In [4]: import matplotlib.pyplot as plt

In [5]: help(plt.plot)
Help on function plot in module matplotlib.pyplot:

plot(*args, **kwargs)
    Plot lines and/or markers to the
    :class:`~matplotlib.axes.Axes`. *args* is a variable length
    argument, allowing for multiple *x*, *y* pairs with an
    optional format string. For example, each of the following is
    legal::

        plot(x, y)        # plot x and y using default line style and color
        plot(x, y, 'bo')  # plot x and y using blue circle markers
        plot(y)           # plot y using x as index array 0..N-1
        plot(y, 'r+')     # ditto, but with red plusses
```

图 4-9

图 4-9 显示了先执行导入 pyplot 包命令：import matplotlib.pyplot as plt，接着以待查询函数 plt.plot 为参数调用 help()函数，按 Enter 键获得 plt.plot()函数的详细使用方法。绘制 D02、D03 车次上车人数线性图的示例代码如下：

```
import pandas as pd
import numpy as np
import matplotlib.pyplot as plt  #导入绘图库中的 pyplot 模块,简称为 plt
#读取数据
path='一、车次上车人数统计表.xlsx';
data=pd.read_excel(path);
#筛选数据
tb=data.loc[data['车次'] == 'D02',['日期','上车人数']];
```

```
tb=tb.sort_values('日期');
tb1=data.loc[data['车次'] == 'D03',['日期','上车人数']];
tb1=tb1.sort_values('日期');
#构造绘图所需的横轴数据列和纵轴数据列
x=np.arange(1,len(tb.iloc[:,0])+1)
y1=tb.iloc[:,1]
y2=tb1.iloc[:,1]
#定义绘图 figure 界面
plt.figure(1)
#在 figure 界面上绘制两个线性图
plt.rcParams['font.sans-serif'] = 'SimHei'      #设置字体为 SimHei
plt.plot(x,y1,'r*--')    #红色 "*" 号连续图,绘制 D02 车次
plt.plot(x,y2,'b*--')    #蓝色 "*" 号连续图,绘制 D03 车次
#对横轴和纵轴打上中文标签
plt.xlabel('日期')
plt.ylabel('上车人数')
#定义图像的标题
plt.title('上车人数走势图')
#定义两个线性图的区别标签
plt.legend(['D02','D03'])
plt.xticks([1,5,10,15,20,24], tb['日期'].values[[0,4,9,14,19,23]], rotation = 45)
#保存图片,命名为 myfigure1
plt.savefig('myfigure1')
```

执行结果如图 4-10 所示。

通过图 4-10 可以看到,图标题为"上车人数走势图",可以利用 pyplot 包中的 title()函数来设置。横轴和纵轴的标签分别为日期和上车人数,可以利用 pyplot 包中的 xlabel()和 ylabel()函数来设置。图中有两条折线图,其图例可以利用 pyplot 包中的 legend()函数来设置。最后是关于图像的保存,可以利用 pyplot 包中的 savefig()函数来实现。值得注意的是,在绘图之前需要先定义一个绘图界面,可以利用 pyplot 包中的 figure()函数来设置。中文字符的显示及横轴坐标的刻度,可以利用 rcParams 参数和 xticks()函数来设置。这些函数的简单使用方法可以参考以上示例代码,更多的使用详情可以参考图 4-9,或者通过 help(函数名)进行查询。

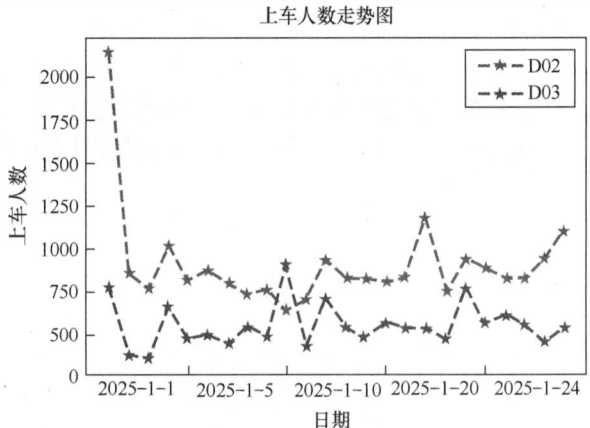

图 4-10

4.2.3 柱状图

与 MATLAB 类似,柱状图的绘图函数为 bar(x,y,[可选项]),其中 x 表示横轴坐标数据列,y 表示纵轴坐标数据列,可选项为绘图设置。绘图设置的详细使用方法可以参考图 4-9,利用 help(plt.bar)函数进行查询。一般情况下,采用默认设置即可(默认方式,具体见示例代码)。绘制 D02 车次柱状图的示例代码如下:

```
plt.figure(2)
plt.bar(x,y1)
plt.xlabel('日期')
```

```
plt.ylabel('上车人数')
plt.title('D02 车次上车人数柱状图')
plt.xticks([1,5,10,15,20,24], tb['日期'].values[[0,4,9,14,19,23]], rotation = 45)
plt.savefig('myfigure2')
```

执行结果如图 4-11 所示。

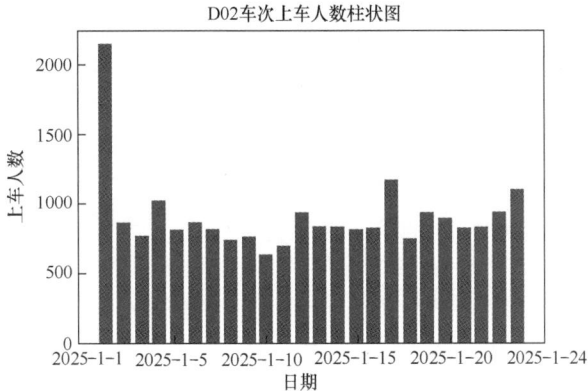

图 4-11

图 4-11 显示了绘制 D02 车次上车人数的简单柱状图。需要说明的是，绘制柱状图的示例代码是在第 4.2.2 小节绘制线性图示例代码之后编写的。为了避免后面的柱状图界面覆盖前面的线性图界面，需要重新定义一个不同的绘图界面，这可以通过使用 plt.figure(2) 来实现。

4.2.4 直方图

与 MATLAB 类似，直方图的绘图函数为 hist(x,[可选项])，其中 x 表示横轴坐标数据列，可选项为绘图设置。绘图设置的详细使用方法可以参考图 4-9，通过 help(plt.hist) 进行查询，一般情况下采用默认设置即可（默认方式，具体见示例代码）。需要注意的是，直方图中的 y 轴往往表示对应 x 的统计频数。绘制 D02 车次直方图的示例代码如下：

```
plt.figure(3)
plt.hist(y1)
plt.xlabel('上车人数')
plt.ylabel('频数')
plt.title('D02 车次上车人数直方图')
plt.savefig('myfigure3')
```

执行结果如图 4-12 所示。

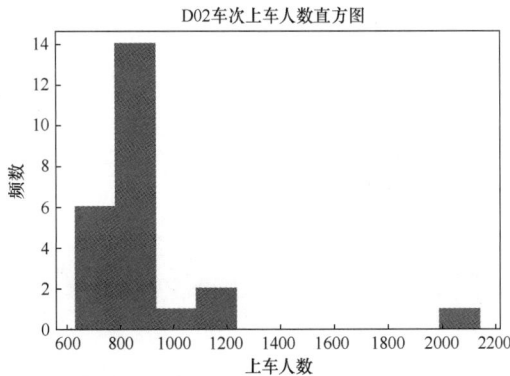

图 4-12

与图 4-11 类似，绘制直方图的示例代码也在第 4.2.3 小节绘制柱状图示例代码之后。为了避免后面的直方图界面覆盖前面的柱状图界面，可以通过 plt.figure(3)重新定义一个绘图界面。

4.2.5　饼图

与 MATLAB 类似，饼图的绘制函数为 pie(x,y,[可选项])，其中 x 表示待绘制的数据序列，y 表示对应的标签，可选项表示绘图设置。常用的绘图设置为百分比的小数位，可以通过 autopct 属性来设置。这里先计算 D02～D06 5 个车次同期的上车人数，然后绘制饼图展示出来，示例代码如下：

```
plt.figure(4)
# 1.计算D02～D06车次同期的上车人数总和,并用list1来保存其结果
D=data.iloc[:,0]
D=list(D.unique())  #车次号D02～D06
list1=[]    #预定义每个车次的上车人数列表
for d in D:
    dt=data.loc[data['车次'] == d,['上车人数']]
    s=dt.sum()
    list1.append(s['上车人数'])  #或者s[0]
# 2.绘制饼图
plt.pie(list1,labels=D,autopct='%1.2f%%')  #绘制饼图,百分比保留小数点后两位
plt.title('各车次上车人数百分比饼图')
plt.savefig('myfigure4')
```

执行结果如图 4-13 所示。

与图 4-12 类似，绘制饼图的示例代码也在第 4.2.4 小节绘制直方图示例代码之后。为了避免后面的饼图界面覆盖前面的直方图界面，可以使用 plt.figure(4)重新定义一个绘图界面。

4.2.6　箱线图

箱线图是一种利用数据中的最小值、下四分位数、中位数、上四分位数和最大值 5 个统计量来描述连续型特征变量的方法。它还可以粗略地反映数据是否具有对称性、分布的分散程度等信息，特别适用于对多个样本进行比较。箱线图的构成与含义如图 4-14 所示。

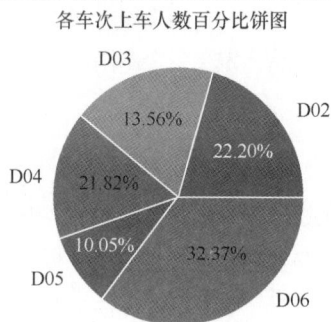

各车次上车人数百分比饼图

图 4-13

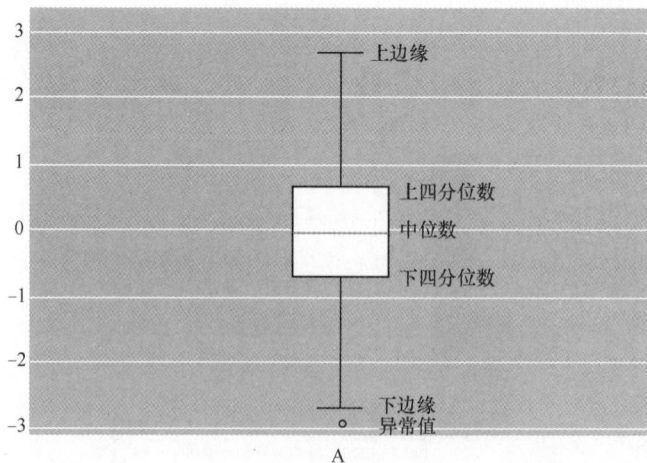

图 4-14

箱线图的上边缘为上四分位数（Q3）加 1.5 倍 IQR（四分位距，即上四分位数与下四分位数的差），下边缘为下四分位数（Q1）减 1.5 倍 IQR，但范围不可以超过数据的最大值和最小值。超出上下边缘的值即视为异常值。箱线图的绘图函数为 boxplot(x,[可选项])，其中 x 为待绘图的数据数组列表。绘制 D02、D03 车次上车人数箱线图的示例代码如下：

```
plt.figure(5)
plt.boxplot([y1.values,y2.values])
plt.xticks([1,2], ['D02','D03'], rotation = 0)
plt.title('D02、D03 车次上车人数箱线图')
plt.ylabel('上车人数')
plt.xlabel('车次')
plt.savefig('myfigure5')
```

执行结果如图 4-15 所示。

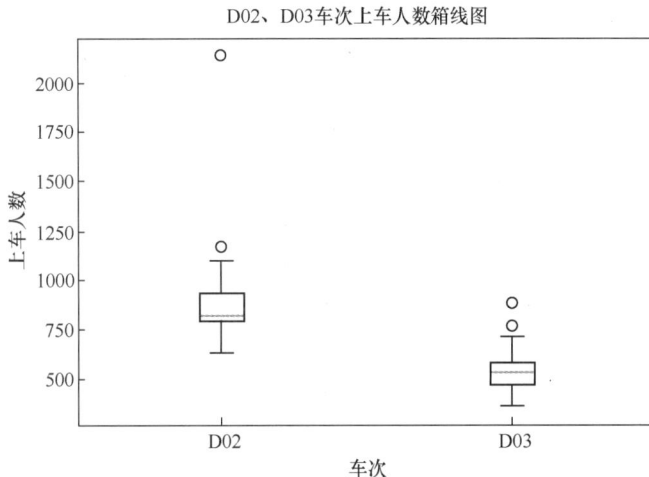

图 4-15

从图 4-15 中可以看出，这两个车次的上车人数存在两个异常值，这些异常值主要是由于节假日出行人数骤然增多所致。

4.2.7 子图

子图是指在同一个绘图界面上绘制不同类型的图像。通过子图，可以在同一个界面上实现多种不同类型图像之间的比较，从而提高数据的可读性和可视化效果。在 Matplotlib 绘图的基本流程中已经简单介绍了子图的命令 subplot()，本小节将对其进行详细介绍，并给出具体的实现例子。subplot() 函数使用方法如下：

```
subplot(a,b,c)
```

其调用形式是将 figure 画布分成 a 行 b 列矩阵形式的方格图形，并在第 c 个方格图形（按行顺序数编号）上绘制图像。这里我们将前面介绍的散点图、线性图、柱状图、直方图、饼图和箱线图这 6 种不同的图形绘制在一个 3×2 的 figure 画布中，示例代码如下：

```
import pandas as pd
import numpy as np
import matplotlib.pyplot as plt  #导入绘图包中的 pyplot 模块,简称为 plt
#读取数据
path='一、车次上车人数统计表.xlsx';
data=pd.read_excel(path);
```

```python
#筛选数据
tb=data.loc[data['车次'] == 'D02',['日期','上车人数']];
tb=tb.sort_values('日期');
tb1=data.loc[data['车次'] == 'D03',['日期','上车人数']];
tb1=tb1.sort_values('日期');
#构造绘图所需的横轴数据列和纵轴数据列
x=np.arange(1,len(tb.iloc[:,0])+1)
y1=tb.iloc[:,1]
y2=tb1.iloc[:,1]
plt.rcParams['font.sans-serif'] = 'SimHei'       # 设置字体为 SimHei
plt.figure('子图')
plt.figure(figsize=(10,8))

plt.subplot(3,2,1)
plt.scatter(x,y1)
plt.xlabel('日期')
plt.ylabel('上车人数')
plt.xticks([1,5,10,15,20,24], tb['日期'].values[[0,4,9,14,19,23]], rotation = 90)
plt.title('D02 车次上车人数散点图')

plt.subplot(3,2,2)
plt.plot(x,y1,'r*--')
plt.plot(x,y2,'b*--')
plt.xlabel('日期')
plt.ylabel('上车人数')
plt.title('上车人数走势图')
plt.legend(['D02','D03'])
plt.xticks([1,5,10,15,20,24], tb['日期'].values[[0,4,9,14,19,23]], rotation = 90)

plt.subplot(3,2,3)
plt.bar(x,y1)
plt.xlabel('日期')
plt.ylabel('上车人数')
plt.title('D02 车次上车人数柱状图')
plt.xticks([1,5,10,15,20,24], tb['日期'].values[[0,4,9,14,19,23]], rotation = 90)

plt.subplot(3,2,4)
plt.hist(y1)
plt.xlabel('上车人数')
plt.ylabel('频数')
plt.title('D02 车次上车人数直方图')

plt.subplot(3,2,5)
D=data.iloc[:,0]
D=list(D.unique())   #车次号 D02~D06
list1=[]     #预定义每个车次的上车人数列表
for d in D:
    dt=data.loc[data['车次'] == d,['上车人数']]
    s=dt.sum()
    list1.append(s['上车人数']) #或者 s[0]
plt.pie(list1,labels=D,autopct='%1.2f%%')  #绘制饼图,百分比保留小数点后两位
plt.title('各车次上车人数百分比饼图')

plt.subplot(3,2,6)
plt.boxplot([y1.values,y2.values])
```

```
plt.xticks([1,2], ['D02','D03'], rotation = 0)
plt.title('D02、D03车次上车人数箱线图')
plt.ylabel('上车人数')
plt.xlabel('车次')
plt.tight_layout()
plt.savefig('子图')
```

执行结果如图 4-16 所示。

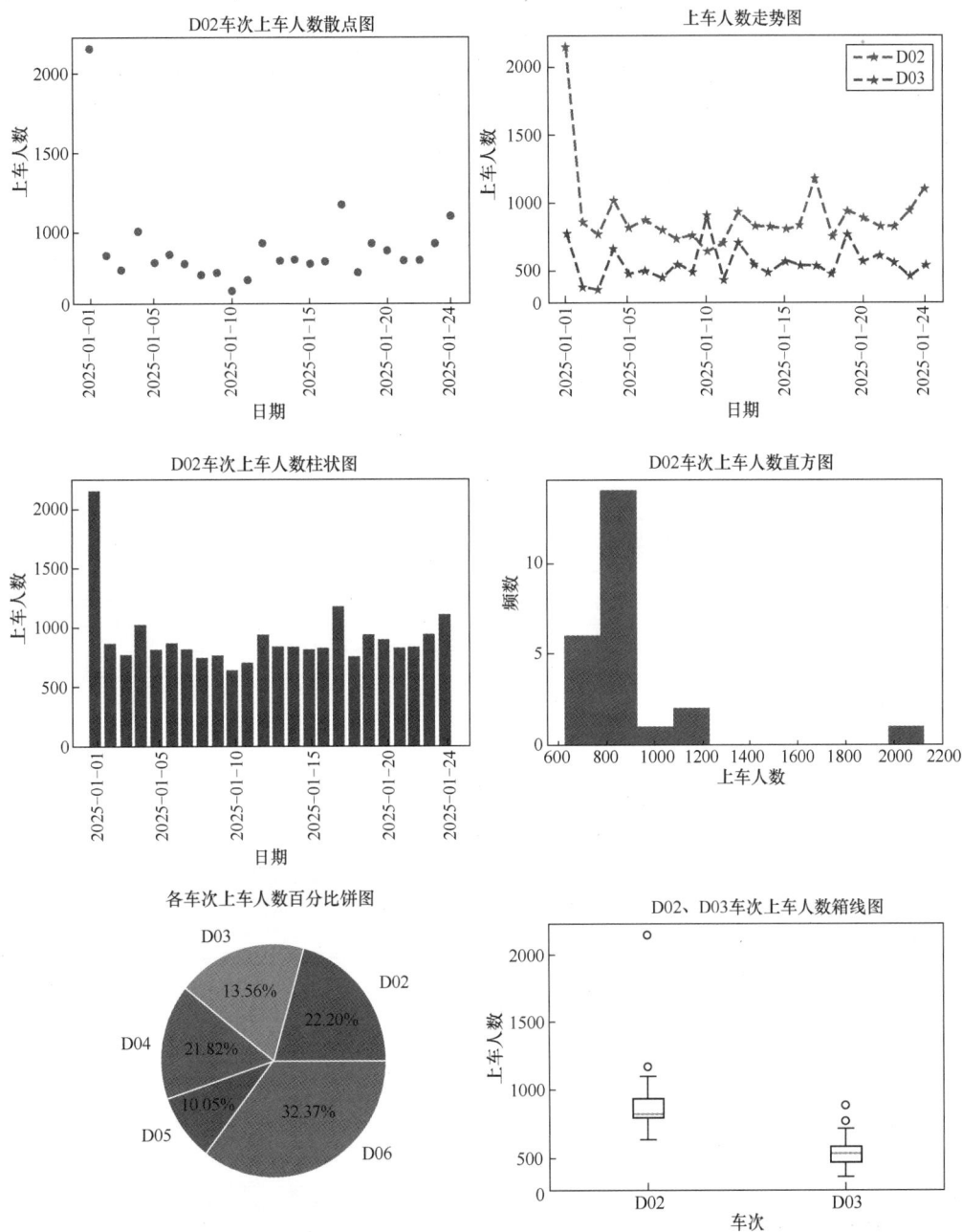

图 4-16

图 4-16 展示了将散点图、线性图、柱状图、直方图、饼图和箱线图 6 种不同的图形在一个 figure

画布中以子图的形式展现出来。在绘制子图的过程中需要注意的是，figure 画布的尺寸设置不能太小，可以利用 plt.figure(figsize())命令来设置大小。同时，不同子图之间可能存在重叠现象，可以利用 plt.tight_layout()命令进行界面布局。

本章小结

绘图是数据分析中实现数据可视化的一个非常重要的手段。本章介绍了 Python 绘图包 Matplotlib 中的 pyplot 模块，如何在 Python 中导入及常用图像的绘制，包括散点图、线性图、柱状图、直方图、饼图、箱线图和子图。特别是子图，可以将几种不同类型的图像在一个 figure 界面中展示，便于图像之间的对比，这在金融数据分析中尤为重要。需要特别注意的是，pyplot 模块的绘图命令与 Matlab 非常相似，如果读者具备一定的 MATLAB 基础，学习起来会非常轻松。

本章练习

创建一个 Python 脚本，命名为 test1.py，完成以下功能：

（1）现有 2018 年 1 月 1 日至 2018 年 1 月 15 日的猪肉和牛肉价格的数据，存储于如下所示的 Excel 表格中。将其读入 Python 中，并使用一个数据框变量 df 保存。

日期	猪肉价格	牛肉价格
2018/1/1	11	38
2018/1/2	12	39
2018/1/3	11.5	41.3
2018/1/4	12	40
2018/1/5	12	43
2018/1/6	11.2	44
2018/1/7	13	47
2018/1/8	12.6	43
2018/1/9	13.5	42.3
2018/1/10	13.9	42
2018/1/11	13.8	43.1
2018/1/12	14	42
2018/1/13	13.5	39
2018/1/14	14.5	38
2018/1/15	14.8	37.5

（2）分别绘制 2018 年 1 月 1 日—2018 年 1 月 15 日的猪肉和牛肉价格走势图。

（3）在同一个 figure 界面中，利用一个 2×1 的子图分别绘制 2018 年 1 月前半个月的猪肉和牛肉价格走势图。

第5章　数据预处理与特征工程

数据质量是大数据分析与挖掘的基础，数据质量的优劣将直接影响计算效率和分析结果。本章重点介绍重复数据处理、数据合并与关联、时间格式处理与日期元素提取、映射与离散化、滚动计算与分组计算、样本均衡处理、缺失值处理、数据规范化、特征组合与特征选择等内容。

5.1 重复数据处理

重复数据处理

从上一章可知，利用 Pandas 包读取 Excel、TXT、CSV 等外部数据文件，其数据存储结构均为数据框。事实上，外部数据文件是主要的数据来源，数据框也是常用的数据存储和处理结构。因此，本节主要介绍基于数据框的重复数据处理。重复数据处理主要是将重复的数据记录删除，可以通过数据框自带的 drop_duplicates()方法来实现。示例代码如下：

```python
import pandas as pd
dict1={'code':['A01','A01','A01','A02','A02','A02','A01','A01'],
       'month':['01','02','03','01','02','03','01','02'],
       'price':[10,12,13,15,17,20,10,12]}
df1=pd.DataFrame(dict1)
df2=df1.drop_duplicates()
```

执行结果如图 5-1 所示。

df1 - DataFrame				df2 - DataFrame			
Index	code	month	price	Index	code	month	price
0	A01	01	10	0	A01	01	10
1	A01	02	12	1	A01	02	12
2	A01	03	13	2	A01	03	13
3	A02	01	15	3	A02	01	15
4	A02	02	17	4	A02	02	17
5	A02	03	20	5	A02	03	20
6	A01	01	10				
7	A01	02	12				

图 5-1

5.2 数据的合并与关联

数据合并与关联

在数据处理过程中，需要对不同来源的数据进行垂直合并、水平合并，或者基于某个参考字段进行关联合并。Pandas 包中，针对数据框类型提供了 concat()和 merge()函数，实现了上述功能，下面分别进行介绍。

5.2.1 基于数据框的合并

对两个数据框进行水平合并或垂直合并是数据处理与整合中常见的操作。这里介绍 concat()函数，可以通过设置轴（axis）为 1 或 0 来实现。为了保持数据的规整性，一般情况下，水平合并要求两个数据框的行数相同，垂直合并要求两个数据框的字段名称相同。同时，垂直合并后的数据框的 index 属性会沿用原来的数据框，可以通过重新设置 index 属性来保障其连贯性。示例代码如下：

```python
import pandas as pd
import numpy as np
dict1={'a':[2,2,'kt',6],'b':[4,6,7,8],'c':[6,5,np.nan,6]}
dict2={'d':[8,9,10,11],'e':['p',16,10,8]}
dict3={'a':[1,2],'b':[2,3],'c':[3,4],'d':[4,5],'e':[5,6]}
df1=pd.DataFrame(dict1)
df2=pd.DataFrame(dict2)
df3=pd.DataFrame(dict3)
del dict1,dict2,dict3
df4=pd.concat([df1,df2],axis=1)#水平合并
df5=pd.concat([df3,df4],axis=0)#垂直合并，有相同的列名，index 属性伴随原数据框
df5.index=range(6)  #重新设置 index 属性
```

执行结果如图 5-2 所示。

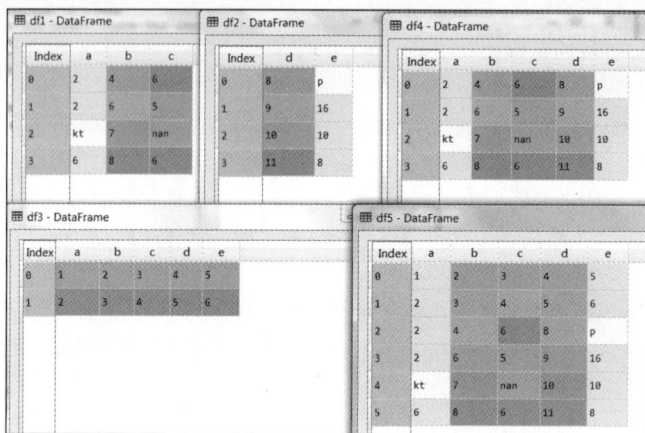

图 5-2

5.2.2 基于数据框的关联

前面介绍了两个数据框之间水平合并、垂直合并的操作方法。除此之外，在数据处理中也经常会遇到数据框之间的关联操作，类似于数据库中的 SQL 关联操作语句，比如在指定关联字段之后进行的内连接（Inner Join）、左连接（Left Join）和右连接（Right Join）等数据操作。其中，内连接可以理解为对两个指定数据框中的关联字段取交集后进行连接操作；左（右）连接是以左（右）边的数据框的关联字段为基准进行的连接操作。示例代码如下：

```python
import pandas as pd
#定义两个字典
dict1={'code':['A01','A01','A01','A02','A02','A02','A03','A03'],
       'month':['01','02','03','01','02','03','01','02'],
       'price':[10,12,13,15,17,20,10,9]}
dict2={'code':['A01','A01','A01','A02','A02','A02'],
       'month':['01','02','03','01','02','03'],
       'vol':[10000,10110,20000,10002,12000,21000]}
#将两个字典转换为数据框
df1=pd.DataFrame(dict1)
df2=pd.DataFrame(dict2)
del dict1,dict2
df_inner=pd.merge(df1,df2,how='inner',on=['code','month'])    #内连接
```

```
df_left=pd.merge(df1,df2,how='left',on=['code','month'])     #左连接
df_right=pd.merge(df1,df2,how='right',on=['code','month'])    #右连接
```

执行结果如图 5-3 所示。

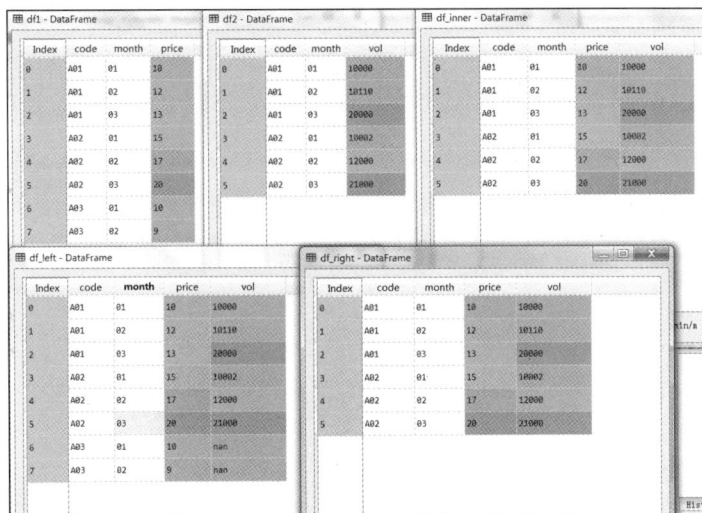

图 5-3

5.3 时间格式处理与日期元素提取

时间格式处理与
日期元素提取

在数据处理中，经常会遇到字符串形式的时间格式数据。这类数据实际上就是
字符串，处理起来不够方便。实际上，将字符串形式的时间格式数据转换为时间数
据类型，利用其特有的属性和方法，处理起来会更加高效和快捷。

5.3.1 时间处理函数

这里主要介绍 to_datetime()函数的使用方法。本函数主要用于将字符串类型的日期转换为时间戳
格式，方便后续的数据处理，比如提取其所属的年份、月份、周数、日期、小时、分钟、秒、星期
几等。这些内容我们将在第 5.3.2 小节中详细介绍，本小节主要学习该函数的简单用法。

本函数的简单调用形式为 to_datetime(S,format)，其中 S 为待处理的时间字符串、时间字符串列
表或时间字符串序列，format 为日期字符串的格式，默认为缺省。示例代码如下：

```
import pandas as pd
t1=pd.to_datetime('2015-08-01
05:50:43.000001',format='%Y-%m-%d %H:%M:%S.%f')
    t2=pd.to_datetime(['2015-08-01
05:50:43','2015-08-01 05:51:40'])
    t3=pd.to_datetime(['2015-08-01','2015-08-
02'])
    t4=pd.to_datetime(pd.Series(['2015-08-01',
'2015-08-02']))
```

执行结果如图 5-4 所示。

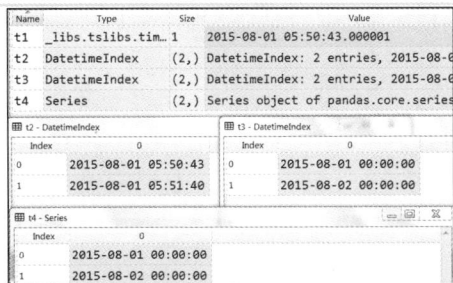

图 5-4

5.3.2 时间元素提取

本小节基于 5.3.1 小节的 to_datetime()函数，对地铁刷卡数据集"dat.xlsx"中的字符串型时间数
据进行时间元素提取，包括年份、月份、周数、日期、小时、分钟、秒、星期几等。该数据集仅有

两个字段，分别为刷卡类型和刷卡时间。首先读取该数据集，对数据有一定的了解，示例代码如下：

```
import pandas as pd
data=pd.read_excel('dat.xlsx')
```

执行结果如图5-5所示。该数据集有19192条记录，"刷卡类型"字段有进站和出站两个取值，"刷卡时间"属于高频刷卡时间，精确到毫秒。这两个字段的取值类型都是字符串类型。

接下来，我们将"刷卡时间"字段的字符串数据转换为时间戳类型，同时用转换后的字段替换原来的数据。示例代码如下：

```
data['刷卡时间']=pd.to_datetime(data.iloc[:,1],format='%Y-%m-%d %H:%M:%S.%f')
```

执行结果如图5-6所示。

Name	Type	Size	Value
data	DataFrame	(19192, 2)	Column names: 刷卡类型，刷卡时间

Index	刷卡类型	刷卡时间
1749	进站	2015-08-01 08:05:41.000000
1750	进站	2015-08-01 08:05:43.000000
1751	进站	2015-08-01 08:05:51.000000
1752	进站	2015-08-01 08:06:09.000000
1753	进站	2015-08-01 08:06:13.000000
1754	出站	2015-08-01 08:06:27.000000
1755	出站	2015-08-01 08:06:29.000000

图 5-5

Name	Type	Size	Value
data	DataFrame	(19192, 2)	Column names: 刷卡类型，刷卡时间

Index	刷卡类型	刷卡时间
1749	进站	2015-08-01 08:05:41
1750	进站	2015-08-01 08:05:43
1751	进站	2015-08-01 08:05:51
1752	进站	2015-08-01 08:06:09
1753	进站	2015-08-01 08:06:13
1754	出站	2015-08-01 08:06:27
1755	出站	2015-08-01 08:06:29

图 5-6

图5-6所示的结果与图5-5的原始数据类似，只是"刷卡时间"字段的数据类型被转换为时间戳类型。基于时间戳类型的序列，可以对整个序列提取每个元素的时间信息。需要注意的是，只有将字符串类型的时间序列转换为时间戳类型，才能实现时间信息的提取。提取格式为："时间戳类型序列.dt.时间元素"，返回的结果依然是序列。下面我们将提取的时间信息结果，依次添加到图 5-6 所示数据框 data 的"刷卡时间"字段之后，示例代码如下：

```
data['year']=data['刷卡时间'].dt.year
data['month']=data['刷卡时间'].dt.month
data['day']=data['刷卡时间'].dt.day
data['hour']=data['刷卡时间'].dt.hour
data['minute']=data['刷卡时间'].dt.minute
data['second']=data['刷卡时间'].dt.second
data['week']=data['刷卡时间'].dt.isocalendar().week
data['weekday']=data['刷卡时间'].dt.weekday
```

执行结果如图5-7所示。结果显示，在原有的数据框 data 的基础上，增加了年份、月份、周数、日期、小时、分钟、秒、星期几等时间元素的字段。

Index	刷卡类型	刷卡时间	year	month	day	hour	minute	second	week	weekday
1749	进站	2015-08-01 08:05:41	2015	8	1	8	5	41	31	5
1750	进站	2015-08-01 08:05:43	2015	8	1	8	5	43	31	5
1751	进站	2015-08-01 08:05:51	2015	8	1	8	5	51	31	5
1752	进站	2015-08-01 08:06:09	2015	8	1	8	6	9	31	5
1753	进站	2015-08-01 08:06:13	2015	8	1	8	6	13	31	5
1754	出站	2015-08-01 08:06:27	2015	8	1	8	6	27	31	5
1755	出站	2015-08-01 08:06:29	2015	8	1	8	6	29	31	5

图 5-7

5.4 映射与离散化

映射与离散化

接第5.3.2小节的例子，地铁刷卡数据集的"刷卡类型"字段有进站和出站两个取值，属于字符串类型。我们的任务是将进站和出站两个取值转换为 1 和 0 两个数值类型，这里主要介绍利用序列中的映射方法来实现。简单的调用方法为：序列.map(映射参数)，其中映射参数一般为字典类型，格式如{原值 1:映射值 1,原值 2:映射值 2,...}。示例代码如下：

```
dict_map={'进站':1,'出站':0}
data['刷卡类型']=data['刷卡类型'].map(dict_map)
```

执行结果如图 5-8 所示，字段取值转换为了 1 和 0。

图 5-8

基于映射后的数据集，我们计算每小时的进站客流数据，即对"刷卡类型"为 1 的记录按小时进行分组统计。这里使用分组计算函数 groupby()，其使用方法详见第 5.5.2 小节，本节暂不对该函数进行详细介绍。示例代码如下：

```
data1=data.iloc[data['刷卡类型'].values==1,[0,5,6]] #提取刷卡类型、hour、minute 列
data1_hour=data1.groupby('hour')['刷卡类型'].sum()    #按 hour 分组，对刷卡类型列求和
```

执行结果如图 5-9 所示，其中 index 为小时，"刷卡类型"为求和值，即对应小时内有多少条"进站"刷卡记录，例如，index 为 5，表示在 5:00:00.000000 至 5:59:59.999999 范围内有 45 条进站刷卡记录，即进站人数为 45。

离散化主要是针对连续型的数值数据，进行区间分割并符号化或类别化处理。例如，针对图 5-9 的进站客流数据，作区间[0,100),[100,500),[500,1000)分割，并且每一个分割区间分别用 0、1、2 表示，即 3 个类别。数据分割可以使用 pandas 库中的 cut 函数来实现，其简单调用形式为：pd.cut(S,bins)或 pd.cut(S,bins,labels),其中 S 为数据序列，bins 为分割区间列表，labels 为分割区间的类别表示列表，返回值为分割区间或分割区间的类别。示例代码如下：

```
bins=[0,100,500,1000]
dt1=pd.cut(data1_hour,bins)
dt2=pd.cut(data1_hour,bins,labels=[0,1,2])
dt_cut=pd.DataFrame({'c1':data1_hour.values,'c2':dt1.values,'c3':dt2.values})
dt_cut.index=data1_hour.index
```

执行结果如图 5-10 所示。

图 5-9

图 5-10

从图 5-10 中可以看出，c1 列为 data1_hour 的值，c2 列为分割区间，c3 列为分割区间的类别表示，index 为 data1_hour 的 index 值。

5.5 滚动计算与分组统计计算

5.5.1 滚动计算

滚动计算也称为移动计算，给定一个数据序列，按指定的前移长度进行统计计算，如求和、平均值、最大值、最小值、中位数、方差、标准差等。这里前移长度的计算元素包含自身。如果待计算的数据序列小于指定的前移长度时，将无法计算，此时用空值"nan"来表示。滚动计算可以通过序列中的 rolling() 方法来实现，其简单调用形式为：S.rolling(N).统计函数，其中 S 表示序列，N 表示指定的前移长度，统计函数包括 sum()、mean()、max()、min()、median()、var()、std() 等。示例代码如下：

```
import pandas as pd
list_data=[10,4,3,8,15,26,17,80,12,5]
series_data=pd.Series(list_data)
rolling_sum=series_data.rolling(5).sum()
rolling_mean=series_data.rolling(5).mean()
rolling_max=series_data.rolling(5).max()
rolling_min=series_data.rolling(5).min()
rolling_median=series_data.rolling(5).median()
rolling_var=series_data.rolling(5).var()
rolling_std=series_data.rolling(5).std()
```

执行结果如图 5-11 所示。这里 N=5，即指定的前移长度为 5 个单位。其中 series_data 序列的前 4 个元素（索引分别为 0、1、2、3）都不满足前移 5 个单位的条件，故移动求和结果 rolling_sum 均为空值（nan）。从索引等于 4 的元素开始计算，即 rolling_sum[4]=10+4+3+8+15，rolling_sum[5]=4+3+8+15+26，依次类推。

图 5-11

5.5.2 分组统计计算

分组统计计算是数据处理中常见的一种计算任务。首先是分组（groupby），既可以按单个字段的取值来分组，也可以按多个字段的组合取值来分组；其次是确定统计字段，一般来说，分组字段和统计字段是分开的。利用分组字段和统计字段，就可以确定统计范围；最后是计算，在确定的统计范围内可以进行求和（sum）、求平均值（mean）、求中位数（median）、求最大值（max）、求最小值（min）、求方差（var）、求标准差（std）等运算。下面通过表 5-1 进行具体介绍。

表 5-1　用户消费数据

姓名	日期	消费类型	消费额
张明	2018-01	旅游	200
张明	2018-01	餐饮	300
张明	2018-01	服装	300
张明	2018-02	旅游	100
张明	2018-02	餐饮	250
张明	2018-02	服装	250
李红	2018-01	旅游	50
李红	2018-01	餐饮	200
李红	2018-01	服装	400
李红	2018-02	旅游	100
李红	2018-02	餐饮	250
李红	2018-02	服装	500
王周	2018-01	旅游	500
王周	2018-01	餐饮	200
王周	2018-01	服装	100
王周	2018-02	旅游	650
王周	2018-02	餐饮	180
王周	2018-02	服装	80

按"姓名"字段进行分组，可以分为三组；按"姓名"和"日期"字段进行分组，可以分为6组，比如第一组为"张明，2018-01"，第二组为"张明，2018-02"。以"姓名，日期"为分组字段，"消费额"为统计字段，即可确定统计范围，例如对第一组的"消费额"作求和统计，结果为200+300+300=800，第二组求和统计结果为100+250+250=600。分组统计计算可以通过数据框的groupby()方法和相关统计函数组合完成，其简单调用形式为：df.groupby([分组字段])[统计字段].统计函数，其中统计函数为常见的sum()、mean()、median()、max()、min()、var()、std()等。分组求和的示例代码如下：

```
import pandas as pd
B=pd.read_excel('表5-1用户消费数据.xlsx')
B1=B.groupby(['姓名','日期'])['消费额'].sum()
```

执行结果如图 5-12 所示。返回结果为序列，其中 index（索引）表示分组情况，比如第 0 组为('张明', '2018-01'), 第 1 组为('张明', '2018-02')，依次类推。需要注意的是，返回的结果在展示形式上看似数据框，实际上是序列。如果需要提取分组信息，比如第 0 组，就可以利用 B1.index[0] 来实现，返回结果为元组('张明', '2018-01')。

从图 5-12 中可以看出，分组统计后的结果数据长度与分组个数相同，与原始数据的长度不同，对某些计算任务不太友好，比如要计算张明 2018-01，在旅游、餐饮和服装上的消费占比。事实上，分组统计计算还有另一种形式，其统计结果长度与原始数据长度相同，其简单调用

	姓名	日期	消费额
0	张明	2018-01	800
1	张明	2018-02	600
2	李红	2018-01	650
3	李红	2018-02	850
4	王周	2018-01	800
5	王周	2018-02	910

图 5-12

形式为：df.groupby（［分组字段］）［统计字段］.transform（'统计函数'）。下面我们就利用该形式计算其在旅游、餐饮和服装上的消费占比，思路是在原来数据表的基础上扩建两列，即"总消费额"和"消费占比"。示例代码如下：

```
B['总消费额']=B.groupby(['姓名','日期'])['消费额'].transform('sum')
B['消费占比']=B['消费额'].values/B['总消费额'].values
```

执行结果如图 5-13 所示。

Index	姓名	日期	消费类型	消费额	总消费额	消费占比
0	张明	2018-01	旅游	200	800	0.25
1	张明	2018-01	餐饮	300	800	0.375
2	张明	2018-01	服装	300	800	0.375
3	张明	2018-02	旅游	100	600	0.166667
4	张明	2018-02	餐饮	250	600	0.416667
5	张明	2018-02	服装	250	600	0.416667
6	李红	2018-01	旅游	50	650	0.0769231
7	李红	2018-01	餐饮	200	650	0.307692
8	李红	2018-01	服装	400	650	0.615385
9	李红	2018-02	旅游	100	850	0.117647
10	李红	2018-02	餐饮	250	850	0.294118
11	李红	2018-02	服装	500	850	0.588235
12	王周	2018-01	旅游	500	800	0.625
13	王周	2018-01	餐饮	200	800	0.25
14	王周	2018-01	服装	100	800	0.125
15	王周	2018-02	旅游	650	910	0.714286
16	王周	2018-02	餐饮	180	910	0.197802
17	王周	2018-02	服装	80	910	0.0879121

图 5-13

样本均衡处理

5.6 样本均衡处理

大数据分析与挖掘是基于现实业务产生的大规模数据，根据业务需要提出问题并提取相关数据进行量化分析，最终解决问题的过程。量化分析一般需要构造相关的指标，并获取相关的指标数据。从模型的角度来说，指标也称为变量，包括目标变量和解释变量，有时也简称为因变量和自变量。例如，构建一个公司财务风险识别模型，原始数据为历史公司财务风险识别数据集。因变量（简称为 Y）为是否属于风险公司，其数据构造方法如下：在历史数据中，如果某公司发生过财务危机或破产，就属于风险类公司，记为 1；否则记为 0。这里的 1 和 0 并没有数值上的含义，它们代表两个不同的类别，即 1 为风险公司，0 为非风险公司。因变量也称为分类变量。自变量（简称为 X）为影响因变量的因素，这些因素一般有多个。例如，判断一个公司是否属于风险公司，可能需要考察该公司的流动比率（X1）、速动比率（X2）、现金比率（X3）、产权比率（X4）等因素。自变量是一个多元变量，如果用 X 表示一个向量，那么 X1、X2 等为其分量。

大数据分析与挖掘的过程，其实就是构造因变量和自变量并进行检验、评估、分析、应用的过程。这个过程可能会很漫长，或者需要经过多次反复修改、调优、反馈和迭代才能完成。这就要求我们掌握专业的数据分析与挖掘知识及技能。样本均衡处理也是数据分析与挖掘中的一个重要技能。那么，什么是样本均衡呢？一般来说，从因变量的分类取值出发，要求因变量中不同类别的样本数量相近。比如在上例，假设历史公司财务风险识别数据集中有 544 个公司，即 544 个样本数据，其中 1 类（风险公司）有 55 个，0 类（非风险公司）有 489 个，两类样本比例接近 1∶9，样本分布极不平衡，会影响模型的效果，这就需要对样本做均衡处理，下面介绍两种处理方法，即过抽样和欠抽样。

5.6.1 过抽样

过抽样，简单理解就是将类别较少的样本多复制几次，使其与类别较多的样本数量相同或相近。

这里介绍一个抽样包 imbalanced-learn 来实现该功能。该包可以通过 pip install 命令进行安装，如图 5-14 所示。

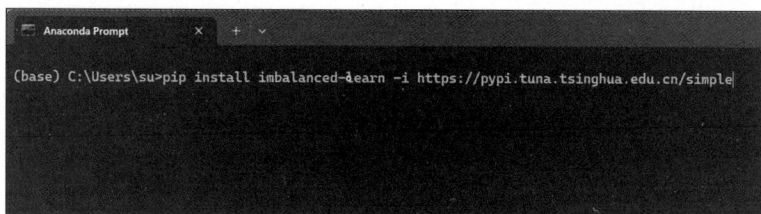

图 5-14

基于前面的例子，具体数据见本节配套的数据集 "D.xlsx"。采用过采样处理方法对数据集进行样本均衡处理，示例代码如下：

```python
from imblearn.over_sampling import SMOTE
import pandas as pd
raw_data = pd.read_excel('D.xlsx')
model_smote = SMOTE()
X,y = raw_data.iloc[:, :-1],raw_data.iloc[:, -1]    # 分割原始数据 X,y
X_s, y_s = model_smote.fit_resample(X,y)            # 获得抽样数据 X,y
print('原始数据 0 类样本数：',len(y[y==0]))
print('原始数据 1 类样本数：',len(y[y==1]))
print('抽样数据 0 类样本数：',len(y_s[y_s==0]))
print('抽样数据 1 类样本数：',len(y_s[y_s==1]))
```

执行结果如下：

```
原始数据 0 类样本数：489
原始数据 1 类样本数：55
抽样数据 0 类样本数：489
抽样数据 1 类样本数：489
```

5.6.2　欠抽样

欠抽样是指从类别较多的样本中随机抽取部分样本，使其与类别较少的样本数量相同。从上例可知，0 类样本共有 489 个，从中随机抽取 55 个样本，使得 0 类样本与 1 类样本数量相同。这个过程就是欠抽样，可以利用数据框中的 sample 方法来实现。示例代码如下：

```python
import pandas as pd
raw_data = pd.read_excel('D.xlsx')
Data_1=raw_data.iloc[raw_data.iloc[:,-1].values==1,:]# 筛选 1 类样本
Data_0=raw_data.iloc[raw_data.iloc[:,-1].values==0,:]# 筛选 0 类样本
# 抽样方法使用，其中第 1 个参数为抽样个数，这里等于 1 类样本数，其他参数可默认
Data_0=Data_0.sample(n=len(Data_1), replace=True, random_state=10, axis=0)
simpe_data=pd.concat([Data_1, Data_0], axis = 0)
```

5.7　缺失值处理

缺失值处理

在数据处理过程中，缺失值是常见的，需要对其进行处理。我们在第 3 章中已经介绍过利用 Pandas 包中的 fillna() 函数对缺失值进行填充，但这种填充方法是通过指定值进行填充，并没有充分利用数据集中的信息。为了克服这种填充方法的不足，这里介绍 Scikit-learn 包中能够充分利用数据信息的 3 种常用填充方法，即单变量插值填充、多变量插值填充

和最近邻填充。Scikit-learn 包是机器学习领域非常热门的一个开源包，包括数据预处理、数据降维、回归、分类、聚类和模型选择等功能。

5.7.1 单变量插值填充

单变量插值填充是指利用单个变量中未缺失的数据统计信息对其缺失值进行填充。常用的方法有均值填充、中位数填充和最频繁值填充 3 种方式。均值填充是指用某列（变量）中非缺失部分的值的平均值来填充该列中的所有缺失值；中位数填充和最频繁值填充的原理类似，分别是用某列（变量）中非缺失部分的值的中位数或出现频次最多的值来填充缺失值。

在介绍填充策略之前，我们先定义待填充的数据变量 data、c、C，其中 data 变量的值通过读取本书案例资源中的 Excel 数据文件 missing.xlsx 获得。示例代码如下：

```
import pandas as pd
import numpy as np
data=pd.read_excel('missing.xlsx')                          #数据框 data
c=np.array([[1,2,3,4],[4,5,6,np.nan],[5,6,7,8],[9,4,np.nan,8]])   #数组 c
C=pd.DataFrame(c)                                           #数据框 C
```

执行结果如图 5-15 所示。

需要注意的是，填充的数据结构要求为数组或数据框，且类型必须为数值类型，因此 data 数据中的 b 列不能进行填充。使用 scikit-learn 中的单变量插值模块进行缺失值填充的基本步骤如下：

（1）导入单变量插值填充模块 SimpleImputer。示例代码如下：

```
from sklearn.impute import SimpleImputer
```

（2）利用 SimpleImputer 创建填充对象 imp。示例代码如下：

```
imp = SimpleImputer(missing_values=np.nan,
strategy='mean') #创建按列均值填充策略对象
```

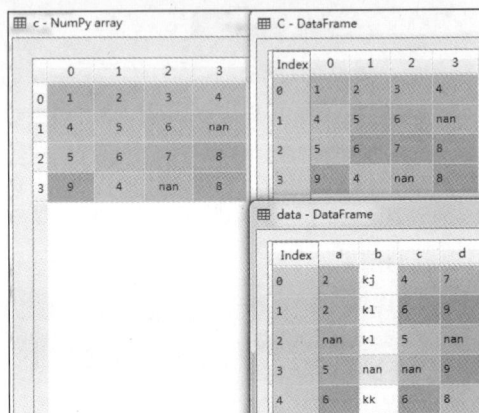

图 5-15

参数说明如下：

strategy 包括均值（mean）、中位数（median）和最频繁值（most_frequent）3 种填充方法。

（3）调用填充对象 imp 中的 fit()方法，对待填充数据进行拟合训练。示例代码如下：

```
imp.fit(Data)  #Data 为待填充数据集变量
```

（4）调用填充对象 imp 中的 transform()方法，返回填充后的数据集。示例代码如下：

```
FData=imp.transform(Data)  #返回填充后的数据集 FData
```

下面对 C 数据框中的缺失值采用均值策略填充，对 c 数组中的缺失值采用中位数策略填充，对 data 数据中的 a、c 列采用最频繁值策略填充。

（1）均值策略填充示例代码如下：

```
from sklearn.impute import SimpleImputer
fC=C
imp = SimpleImputer(missing_values=np.nan,
strategy='mean')
imp.fit(fC)
fC=imp.transform(fC)
```

执行结果如图 5-16 所示。

（2）中位数策略填充示例代码如下：

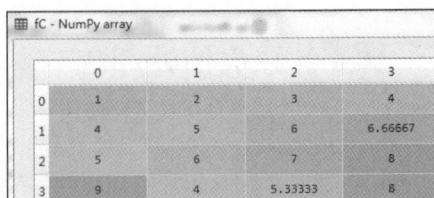

图 5-16

```
imp = SimpleImputer(missing_values=np.nan, strategy='median')
fc=c
imp.fit(fc)
fc=imp.transform(fc)
```

执行结果如图 5-17 所示。

（3）最频繁值策略填充示例代码如下：

```
fD=data[['a','c']]
imp = SimpleImputer(missing_values=np.nan, strategy='most_frequent')
imp.fit(fD)
fD=imp.transform(fD)
```

执行结果如图 5-18 所示。

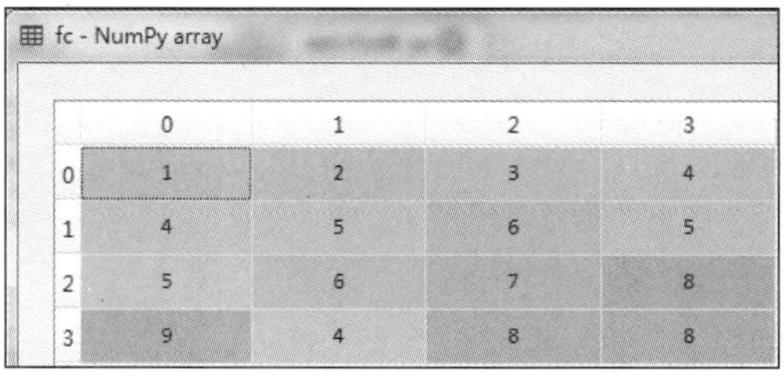

	0	1	2	3
0	1	2	3	4
1	4	5	6	5
2	5	6	7	8
3	9	4	8	8

图 5-17

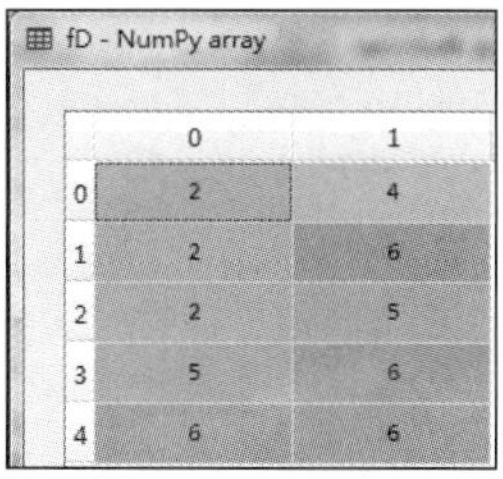

	0	1
0	2	4
1	2	6
2	2	5
3	5	6
4	6	6

图 5-18

5.7.2 多变量插值填充

多变量插值填充是一种基于链式方程多重插补（MICE）的填充方法。其基本思路如下：①将每个变量中的缺失值初始化，例如用单变量未缺失数据的均值表示；②指定目标变量列为输出 y，要求目标变量原本含有缺失值，其他变量列视为输入 X，构建一个回归模型，使用已知（未缺失）y 的样本（X，y）进行训练，然后利用训练好的模型预测缺失的 y 值，并用预测值更新初始化的缺失值；③依次将剩余的每个含有缺失值的变量指定为目标变量，重复②的过程直至完成，即完成一次迭代；④将上一次迭代产生的缺失值预测结果作为新的初始值，重复②和③的过程，直到算法收敛或达到最大迭代次数，最后一次迭代的计算结果返回。多变量插值填充是循环使用回归模型对缺失值进行预测和插补的过程，主要针对数值型变量进行插补，分类型变量不适用。可以通过 scikit-learn 包中的多变量插值模块来实现，其基本步骤如下：

（1）显式导入迭代插补模块和多变量插值填充模块，启用 Iterative Imputer 和 IterativeImputer。示例代码如下：

```
from sklearn.experimental import enable_iterative_imputer
from sklearn.impute import IterativeImputer
```

（2）导入回归模型和利用 IterativeImputerr 创建填充对象 imp。示例代码如下：

```
from sklearn.linear_model import LinearRegression as LR
imp = terativeImputer(estimator=LR(),max_iter=10, random_state=0)
```

参数说明如下：

estimator：缺失值预测所使用的回归模型，这里的 LR()为线性回归模型，默认情况下是正则化贝叶斯回归模型（BayesianRidge）。

max_iter：最大迭代次数。

random_state：随机种子，采用默认值即可。

（3）调用填充对象 imp 中的 fit()拟合方法，对待填充数据进行拟合训练。示例代码如下：

```
imp.fit(Data)  #Data 为待填充数据集变量
```

（4）调用填充对象 imp 中的 transform() 方法，返回填充后的数据集。示例代码如下：

```
FData=imp.transform(Data) #返回填充后的数据集 FData
```

示例代码如下：

```
import numpy as np
from sklearn.experimental import enable_iterative_imputer
from sklearn.impute import IterativeImputer
from sklearn.linear_model import LinearRegression as LR
#构造三个变量且不含缺失值的原始数据集 x_raw，变量之间满足 x3=x1+2*x2
x_raw=[[1,2,5], [3, 6,15],[4,8,20],[1,3,7],[7,2,11],
        [2,4,10],[5,4,13], [2,3,8], [3,3,9],[4,5,14]]
#对 x_raw 数据集，产生部分缺失值，记为 x_miss
x_miss=[[1,2,5], [3, 6,15], [4,8,20], [1,np.nan,7], [7,2,np.nan],
        [2,4,10],[np.nan,4,13],[2,3,8],[3,np.nan,9],[4,5,14]]
x_raw=np.array(x_raw)
x_miss=np.array(x_miss)
imp = IterativeImputer(estimator=LR(),max_iter=15, random_state=0)
imp.fit(x_miss)
#对 x_miss 填充后的数据集，记为 x_imp
x_imp=imp.transform(x_miss)
```

执行结果如图 5-19 所示。

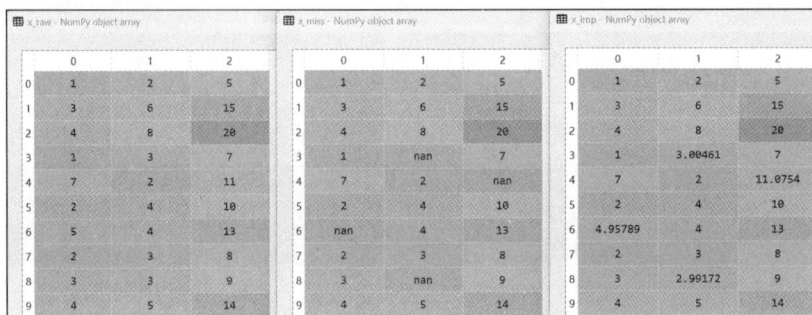

图 5-19

从图 5-19 中可以看出，多变量插值填充很好地还原了原始变量之间的关系，缺失值填充效果极佳。需要注意的是，如果数据集变量之间没有显著的关系（无论是线性还是非线性），填充效果就会大打折扣。本小节中，缺失值预测模型使用的是线性回归。实际上，回归模型还有很多种类，例如贝叶斯回归、神经网络回归、支持向量机回归、决策树回归、随机森林回归、梯度提升回归等。具体模型的原理和使用方法可以参考第 6 章和第 7 章。在遇到实际的缺失值填充问题时，可以根据具体情况选择合适的模型并进行调优。

5.7.3　K 最近邻插值填充

K 最近邻插值填充的基本思路是：先计算各样本之间的距离，待填充样本的缺失值使用距离其最近的 K 个样本对应变量未缺失数值的平均值来填充。这里需要注意一个问题，就是含缺失值的样本之间距离如何计算。我们可以采用含缺失值的欧几里得距离来计算，其公式为：

$$d(x,y) = \sqrt{w * S}$$

其中，w 为总坐标点数量/非缺失坐标点数量，S 为非缺失坐标点的距离平方和。比如，有两个样本分别为：x=(1,*,5),y=(1,3,6)，则：

$$d(x,y) = \sqrt{\frac{3}{2} * [(1-1)^2 + (5-6)^2]} = 1.2247$$

可以使用机器学习包中的 nan_euclidean_distances 函数来计算，它既支持样本向量之间的运算，也支持样本矩阵（数组）之间的两两计算。示例代码如下：

```python
import numpy as np
from sklearn.metrics.pairwise import nan_euclidean_distances
x = np.array([1,np.nan,5])
y = np.array([1,3,6])
x=x.reshape(1,-1)
y=y.reshape(1,-1)
temp=[[1,2,5], [3, 6,15], [4,8,20], [1,np.nan,7], [7,2,np.nan]]
temp=np.array(temp)
#距离计算
d=nan_euclidean_distances(x, y)
temp_d=nan_euclidean_distances(temp, temp)
```

执行结果如图 5-20 所示。

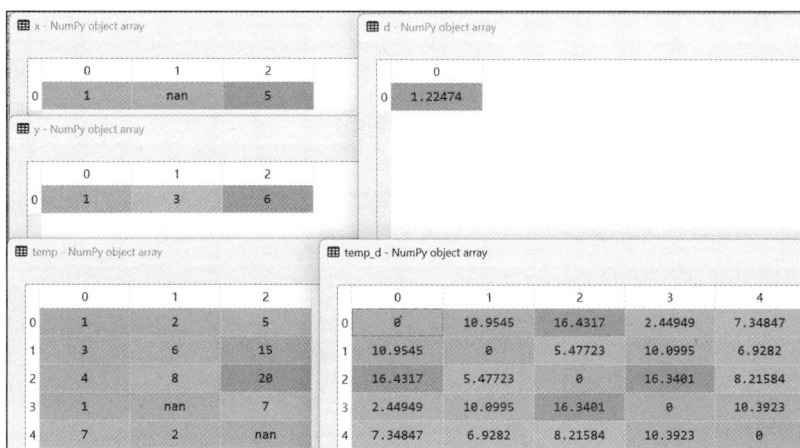

图 5-20

以图 5-20 中的 temp 和 temp_d 为例，这里以 index 序号作为样本和变量标识号。样本 3 的第 1 个变量有缺失值，样本 4 的第 2 个变量有缺失值。基于 K 最近邻插补方法，假设取 K=2，距离样本 3 最近的两个样本分别为样本 0 和样本 1，则其缺失值用样本 0 和样本 1 对应变量的平均值来代替。即（2+6）/2=4。同理，样本 4 的缺失值代替为（5+15）/2=10。事实上，K 最近邻插补填充方法也可以使用机器学习包中的 KNNImputer 来实现，示例代码如下：

```python
from sklearn.impute import KNNImputer    #导入 k 最近邻插补模块
imp = KNNImputer(n_neighbors=2)          #创建对象，并且 k 取 2
imp.fit(temp)                            #拟合训练
temp_imp=imp.transform(temp)            #返回填补看结果
```

执行结果如图 5-21 所示。

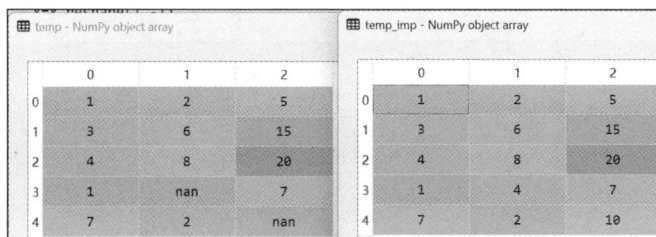

图 5-21

数据预处理与特征工程 | 第 5 章

5.8 数据规范化

变量或指标的单位不同,会导致有些指标的数据值非常大,而有些指标的数据值非常小。在模型运算过程中,大的数据可能会掩盖小的数据,导致模型失真。因此,需要对这些数据进行规范化处理,或者说去量纲化。这里介绍两种常用的规范化处理方法:均值-方差规范化和极差规范化。

5.8.1 均值-方差规范化

所谓均值-方差规范化,是指将变量或指标数据减去其均值再除以标准差得到新的数据。新的数据均值为0,方差为1,其公式如下:

$$x^* = \frac{x - \text{mean}(x)}{\text{std}(x)}$$

在介绍均值-方差规范化方法之前,先将待规范化的数据文件读入 Python 中。该数据文件位于本书的案例资源包中,是一个 Python 格式的二进制数据文件,文件名为 data.npy,可以使用 NumPy 包中的 load()函数进行读取。示例代码如下:

```
import numpy as np
data=np.load('data.npy')
data=data[:,1:]
```

执行结果如图 5-22 所示。

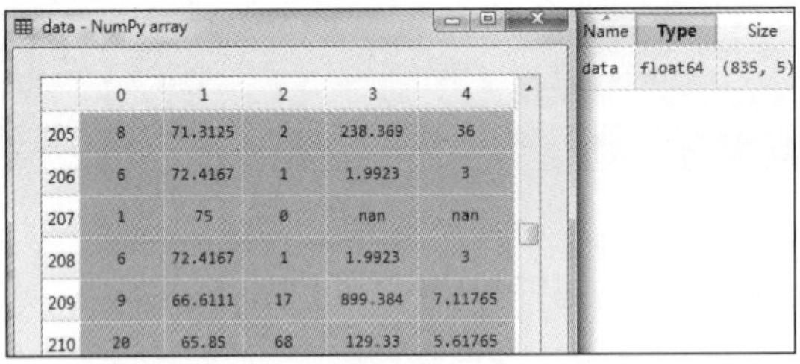

图 5-22

从图 5-22 中可以看出,不同指标的数据值差异较大,需要进行规范化处理。其中存在空值(NaN值),在进行规范化操作之前,需要先对其进行填充处理。这里采用均值填充策略进行处理。示例代码如下:

```
from sklearn.impute import SimpleImputer
imp = SimpleImputer(missing_values=np.nan, strategy='mean')
imp.fit(data)
data=imp.transform(data)
```

执行结果如图 5-23 所示。

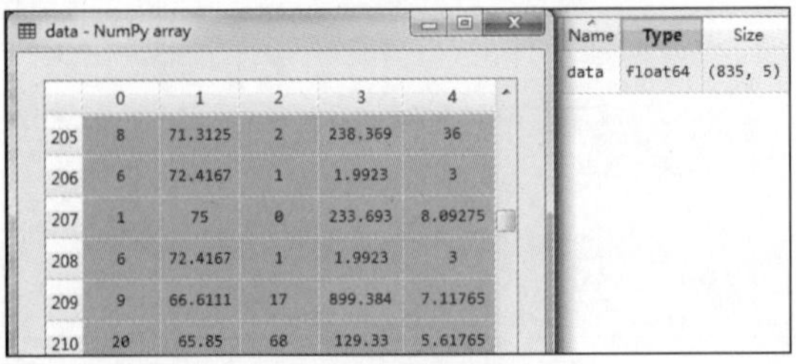

图 5-23

图 5-23 所示为填充后的数据，其变量名仍为 data。记 X=data，对 X 做均值-方差规范化处理，基本步骤如下：

（1）导入均值-方差规范化模块 StandardScaler。

```
from sklearn.preprocessing import StandardScaler
```

（2）利用 StandardScaler 创建均值-方差规范化对象 scaler。

```
scaler = StandardScaler()
```

（3）调用 scaler 对象中的 fit()拟合方法，对待处理的数据 X 进行拟合训练。

```
scaler.fit(X)
```

（4）调用 scaler 对象中的 transform()方法，返回规范化后的数据集 X（覆盖原未规范化的 X）。

```
X=scaler.transform(X)
```

示例代码如下：

```
from sklearn.preprocessing import StandardScaler
X=data
scaler = StandardScaler()
scaler.fit(X)
X=scaler.transform(X)
```

执行结果如图 5-24 所示。

X - NumPy array	0	1	2	3	4
0	0.200258	-0.827606	0.0555463	2.84354	0.769541
1	-0.689187	-0.0922427	0.206625	-0.185541	-0.651561
2	0.101431	-0.925045	0.471013	2.28599	0.699848
3	-1.28215	1.75639	-1.07754	-0.480335	-1.07794
4	1.18853	-0.955211	1.1131	1.56098	0.457036
5	-1.28215	1.75639	-1.11531	-0.48034	-1.07794
6	0.694395	-0.865975	0.319934	2.23734	0.547054
7	0.694395	-0.919221	0.962019	1.66213	0.441838

图 5-24

5.8.2　极差规范化

极差规范化是指将变量或指标数据减去其最小值，再除以最大值与最小值之差，从而得到新的数据。新的数据取值范围在[0,1]，其公式如下：

$$x^* = \frac{x - \min(x)}{\max(x) - \min(x)}$$

接图 5-23，记 X1=data，对 X1 做极差规范化处理，基本步骤如下：

（1）导入极差规范化模块 MinMaxScaler。

```
from sklearn.preprocessing import MinMaxScaler    #导入极差规范化模块
```

（2）利用 MinMaxScaler 创建极差规范化对象 min_max_scaler。

```
min_max_scaler = MinMaxScaler()
```

（3）调用 min_max_scaler 中的 fit()拟合方法，对处理的数据 X1 进行拟合训练。

```
min_max_scaler.fit(X1)
```

（4）调用 min_max_scaler 中的 transform()方法，返回处理后的数据集 X1（覆盖原未处理的 X1）。

```
X1=min_max_scaler.transform(X1)
```

示例代码如下：

```
from sklearn.preprocessing import MinMaxScaler
X1=data
min_max_scaler = MinMaxScaler()
min_max_scaler.fit(X1)
x1=min_max_scaler.transform(X1)
```

执行结果如图 5-25 所示。

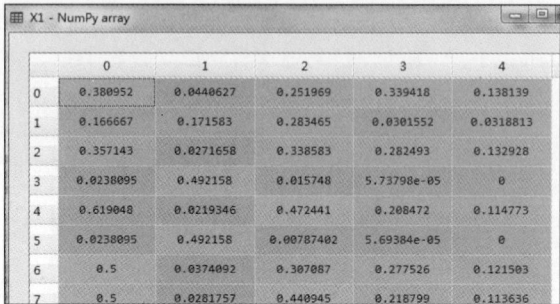

	0	1	2	3	4
0	0.380952	0.0440627	0.251969	0.339418	0.138139
1	0.166667	0.171583	0.283465	0.0301552	0.0318813
2	0.357143	0.0271658	0.338583	0.282493	0.132928
3	0.0238095	0.492158	0.015748	5.73798e-05	0
4	0.619048	0.0219346	0.472441	0.208472	0.114773
5	0.0238095	0.492158	0.00787402	5.69384e-05	0
6	0.5	0.0374092	0.307087	0.277526	0.121503
7	0.5	0.0281757	0.440945	0.218799	0.113636

图 5-25

5.9 特征组合与特征选择

5.9.1 基于主成分分析的特征组合

特征组合

在数据分析与挖掘中，通常会遇到众多变量，这些变量之间往往具有一定的相关性。例如，身高和体重这两个指标，身高较高时，体重也相对较大；经营收入和净利润这两个指标，经营收入越高，净利润也相对较高，这就是指标之间相关性的一种体现。如果众多指标之间具有较强的相关性，不仅会增加计算复杂度，还会影响模型的分析结果。一种思路是将众多变量转换为少数几个互不相关的综合变量，同时又不影响原来变量所反映的信息，这个过程我们称为特征组合。下面主要介绍基于主成分分析的特征组合方法及 Python 实现。

1．主成分分析的理解

我们通常会看到各种各样的排行榜，如综合国力排名、省市经济发展水平排名、大学综合排名等。这些排行榜不可能仅采用单个指标进行衡量，往往需要综合考虑各方面的因素，运用多种指标进行分析。例如，如何对以下省、直辖市及地区 2016 年农村居民人均可支配收入情况进行排名呢？（见表 5-2）

表 5-2　2016 年农村居民人均可支配收入情况　　　　　　　　　　　　　单位：元

省、直辖市及地区	工资性收入	经营净收入	财产净收入	转移净收入
北京	16637.5	2061.9	1350.1	2260
天津	12048.1	5309.4	893.7	1824.4
河北	6263.2	3970	257.5	1428.6
山西	5204.4	2729.9	149	1999.1
内蒙古	2448.9	6215.7	452.6	2491.7
辽宁	5071.2	5635.5	257.6	1916.4
吉林	2363.1	7558.9	231.8	1969.1
黑龙江	2430.5	6425.9	572.7	2402.6
上海	18947.9	1387.9	859.6	4325
江苏	8731.7	5283.1	606	2984.8

省、直辖市及地区	工资性收入	经营净收入	财产净收入	转移净收入
浙江	14204.3	5621.9	661.8	2378.1
安徽	4291.4	4596.1	186.7	2646.2
福建	6785.2	5821.5	255.7	2136.9
江西	4954.7	4692.3	204.4	2286.4
山东	5569.1	6266.6	358.7	1759.7
河南	4228	4643.2	168	2657.6
湖北	4023	5534	158.6	3009.3
湖南	4946.2	4138.6	143.1	2702.5
广东	7255.3	3883.6	365.8	3007.5
广西	2848.1	4759.2	149.2	2603
海南	4764.9	5315.7	139.1	1623.1
重庆	3965.6	4150.1	295.8	3137.3
四川	3737.6	4525.2	268.5	2671.8
贵州	3211	3115.8	67.1	1696.3
云南	2553.9	5043.7	152.2	1270.1
西藏	2204.9	5237.9	148.7	1502.3
陕西	3916	3057.9	159	2263.6
甘肃	2125	3261.4	128.4	1942
青海	2464.3	3197	325.2	2677.8
宁夏	3906.1	3937.5	291.8	1716.3
新疆	2527.1	5642	222.8	1791.3

注：数据来源于2016年《中国统计年鉴》。

关于排名，我们需要一个综合指标来衡量，但是这个综合指标该如何定义和计算呢？指标加权是一个通常的思路，例如：

$$Y_1=a_{11}\times X_1+a_{12}\times X_2+a_{13}\times X_3+a_{14}\times X_4$$

其中，$X_1 \sim X_4$ 是原来的指标，Y_1 是综合指标，$a_{11} \sim a_{14}$ 是对应的加权系数。那么如何确定系数 $a_{1j}(j=1,2,3,4)$ 呢？这里我们应该先将 $X_i(i=1,2,3,4)$ 看成是随机变量，Y_1 由 X_i 线性加权获得。也是一个随机变量。在本例中，X_i 反映了地区农村居民人均可支配收入某个方面的指标，仅代表某方面的信息。它在综合指标 Y_1 中，其重要程度可以利用对应的 a_{1j} 来反映，可以称 a_{1j} 为信息系数。

X_i 是一个随机变量，Y_1 也是一个随机变量。考察随机变量主要考虑它的均值和方差。例如：

随机变量	X_1				X_2			
位	50	60	70	80	20	90	40	110
均值	65				65			
方差	166.66				1766.3			

一个随机变量更多的是从方差的角度去考察，即其变异程度，因此通常用方差来度量一个随机变量的"信息"。

多个随机变量的方差可以通过其协方差矩阵来考察。由于多个变量的单位可能不同，为了消除量纲的影响，通常需要对变量数据进行规范化处理。规范化后的变量数据的协方差矩阵即为相关系数矩阵。本例的相关系数矩阵计算示例代码如下：

```
import pandas as pd
Data=pd.read_excel('农村居民人均可支配收入来源2016.xlsx')
X=Data.iloc[:,1:]
R=X.corr()
```

执行结果如图5-26所示。

从相关系数矩阵可以看出，工资性收入与财产净收入的相关程度较大，而其他变量之间的相关程度不大。如何消除变量之间的相关性呢？可以利用某种变换生成新的变量，使新的变量之间不相关，同时不会丢失原来变量所反映的信息（这里考虑其方差）。例如，前面介绍的公式就是一种这样的变换。

R - DataFrame

Index	工资性收入	经营净收入	财产净收入	转移净收入
工资性收入	1	-0.388997	0.826683	0.401917
经营净收入	-0.388997	1	-0.205737	-0.314542
财产净收入	0.826683	-0.205737	1	0.297458
转移净收入	0.401917	-0.314542	0.297458	1

图 5-26

$$Y_1=a_{11}\times X_1+a_{12}\times X_2+a_{13}\times X_3+a_{14}\times X_4$$

不丢失原来变量所反映的信息（方差），其数学表达式为：

$$\mathrm{Var}(X_1)+\ldots+\mathrm{Var}(X_4)=\mathrm{Var}(Y_1)$$

如果 Y_1 还不足以保留原来的信息，就再构造一个 Y_2：

$$Y_2=a_{21}\times X_1+a_{22}\times X_2+a_{23}\times X_3+a_{24}\times X_4$$

使得 Y_1 和 Y_2 不相关，同时满足：

$$\mathrm{Var}(X_1)+\ldots+\mathrm{Var}(X_4)=\mathrm{Var}(Y_1)+\mathrm{Var}(Y_2)$$

如果仍不足以保留原来的信息，就继续构造 Y_3。总之最多构造到 Y_4，一定能满足条件。

一般地，前 k 个变换后的变量 $Y_1\ldots Y_k$，其方差之和与原变量总方差之比为：

$$(\mathrm{Var}(Y_1)+\mathrm{Var}(Y_2)+\mathrm{Var}(Y_k))/(\mathrm{Var}(X_1)+\ldots+\mathrm{Var}(X_4))$$

称其为 k 个变换后变量的信息占比。在实际应用中，只需要取少数几个变换后的变量。例如，如果它们的信息占比达到 90%，就可以认为采用变换后的变量反映了原来变量 90%的信息。

变量之间的相关性可以从相关系数矩阵来考察。以上工作是将原变量的相关系数矩阵进行变换，使得变换后的变量的相关系数矩阵中，非对角线上的元素变为 0。同时，原变量相关系数矩阵的特征值等于变换后变量相关系数矩阵对角线元素之和。以上讨论并不是严格的推导，那么应选择怎样的变换呢？系数向量还有什么限制？文中并没有深入讨论这些，仅为了方便理解。下面我们将介绍严格的主成分分析数学模型。

2．主成分分析的数学模型

主成分分析是一种数学降维方法，其主要目的是找出几个综合变量来代替原来众多的变量，使得这些综合变量尽可能地代表原来变量的信息且彼此互不相关。这种将多个变量转换为少数几个互不相关的综合变量的统计分析方法就叫作主成分分析。

设 p 维随机变量 $\boldsymbol{X}=(x_1,x_2,\ldots,x_p)^{\mathrm{T}}$，其协方差矩阵为：

$$\boldsymbol{\Sigma}=(\sigma_{ij})_p=E[(\boldsymbol{X}-E(\boldsymbol{X}))(\boldsymbol{X}-E(\boldsymbol{X}))^{\mathrm{T}}]$$

变量 $x_1, x_2, \ldots, x_p$ 经过线性变换后得到新的综合变量 $Y_1,Y_2,\ldots,Y_p$，即：

$$\begin{cases} Y_1=l_{11}x_1+l_{12}x_2+\cdots+l_{1p}x_p \\ Y_2=l_{21}x_1+l_{22}x_2+\cdots+l_{2p}x_p \\ \qquad\qquad\cdots \\ Y_p=l_{p1}x_1+l_{p2}x_2+\cdots+l_{pp}x_p \end{cases}$$

其中系数 $\boldsymbol{l}_i=(l_{i1},l_{i2},\cdots,l_{ip})$ ($i=1,2,\cdots,p$) 为常数向量。要求满足以下条件：

$$l_{i1}^2+l_{i2}^2+\cdots+l_{ip}^2=1 \ \ (i=1,2,\cdots,p)$$

$$\mathrm{cov}(Y_i,Y_j)=0\ (i\neq j,i,j=1,2,\cdots,p)$$

$$\mathrm{Var}(Y_1)\geqslant \mathrm{Var}(Y_2)\geqslant\cdots\geqslant \mathrm{Var}(Y_p)\geqslant 0$$

Y_1 为第一主成分，Y_2 为第二主成分，依次类推，Y_p 为第 p 个主成分。这里 l_{ij} 为主成分的系数。

3．主成分分析的性质与定理

定理：设 p 维随机向量 $\boldsymbol{X}$ 的协方差矩阵 $\boldsymbol{\Sigma}$ 的特征值满足 $\lambda_1\geqslant\lambda_2\geqslant\cdots\geqslant\lambda_p$，相应的单位正交

特征向量为 $e_1, e_2, \cdots, e_p$，则 X 的第 i 个主成分为：

$$Y_i = e_i^{\mathrm{T}} X = e_{i1} X_1 + e_{i2} X_2 + \cdots + e_{ip} X_p \quad (i = 1, 2, \cdots, p)$$

其中 $e_i = (e_{i1}, e_{i2}, \cdots, e_{ip})^{\mathrm{T}}$，且

$$\begin{cases} \mathrm{Var}(Y_k) = e_k^{\mathrm{T}} \boldsymbol{\Sigma} e_k = \lambda_k & (k = 1, 2, \cdots, p) \\ \mathrm{cov}(Y_k, Y_j) = e_k^{\mathrm{T}} \boldsymbol{\Sigma} e_j = 0 & (k \neq j, k, j = 1, 2, \cdots, p) \end{cases}$$

定理表明：求 X 的主成分等价于求其协方差矩阵的所有特征值及相应的正交单位化特征向量。

推论：若记 $Y = (Y_1, Y_2, \cdots, Y_p)^{\mathrm{T}}$ 为主成分向量，矩阵 $\boldsymbol{P} = (e_1, e_2, \cdots, e_p)$，则 $Y = \boldsymbol{P}^{\mathrm{T}} X$，且 Y 的协方差矩阵为：

$$\boldsymbol{\Sigma}_Y = \boldsymbol{P}^{\mathrm{T}} \boldsymbol{\Sigma} \boldsymbol{P} = \boldsymbol{\Lambda} = \mathrm{Diag}(\lambda_1, \lambda_2, \cdots, \lambda_p)$$

主成分的总方差为：

$$\sum_{i=1}^{p} \mathrm{Var}(Y_i) = \sum_{i=1}^{p} \mathrm{Var}(X_i)$$

此性质表明主成分分析是将 p 个原始变量的总方差分解为 p 个不相关变量 $Y_1, Y_2, \ldots, Y_p$ 的

方差之和。$\lambda_k / \sum_{k=1}^{p} \lambda_k$ 它描述了第 k 个主成分提取的信息占总信息的份额。我们称 $\lambda_k / \sum_{k=1}^{p} \lambda_k$ 为

第 k 个主成分的贡献率，它表示第 k 个主成分提取的信息占总信息的比例。前 m 个主成分的贡献率之和，其公式如下：

$$\sum_{k=1}^{m} \lambda_k / \sum_{k=1}^{p} \lambda_k$$

这就是累计贡献率，它表示前 m 个主成分综合提供总信息的程度。通常 $m < p$ 且累计贡献率达到分析的要求，一般在 0.85 以上即可。

4．主成分分析的一般步骤

根据主成分分析的定理与推论，归纳出主成分分析的一般步骤如下：

（1）对原始数据进行标准化处理。

（2）计算样本的相关系数矩阵。

（3）求解相关系数矩阵的特征值和相应的特征向量。

（4）选择重要的主成分，并写出主成分的表达式。

（5）计算主成分得分。

（6）根据主成分得分的数据，进一步进行统计分析。

5．Python 主成分分析应用举例

以表 5-1 所示的 2016 年农村居民人均可支配收入情况数据为例，讲解主成分分析，并基于主成分给出其综合排名。完整的计算思路及流程代码如下：

（1）数据获取及数据规范化处理，其中数据文件见本书的案例资源包。示例代码如下：

```
# 数据获取
import pandas as pd
Data=pd.read_excel('农村居民人均可支配收入来源2016.xlsx')
X=Data.iloc[:,1:]
# 数据规范化处理
from sklearn.preprocessing import StandardScaler
scaler = StandardScaler()
scaler.fit(X)
X=scaler.transform(X)
```

执行结果如图 5-27 所示。

（2）对标准化后的数据 X 做主成分分析，基本步骤如下：

① 导入主成分分析模块 PCA。

```
from sklearn.decomposition import PCA
```

② 利用 PCA 创建主成分分析对象 pca。

```
pca=PCA(n_components=0.95)        #这里设置累
```
计贡献率为 0.95 以上

③ 调用 pca 对象中的 fit() 方法，对待分析的数据进行拟合训练。

```
pca.fit(X)
```

图 5-27

④ 调用 pca 对象中的 transform() 方法，返回提取的主成分。

```
Y=pca.transform(X)
```

⑤ 利用 pca 对象中的 components_ 属性、explained_variance_ 属性、explained_variance_ ratio_ 属性，返回主成分分析中对应的特征向量、特征值和主成分方差百分比（贡献率）。

```
tzxl=pca.components_                  #返回特征向量
tz=pca.explained_variance_            #返回特征值
gxl=pca.explained_variance_ratio_     #返回主成分方差百分比（贡献率）
```

⑥ 主成分表达式及验证。由前面的分析，我们知道第 i 个主成分表示为：

$$Y_i = l_{i1}x_1 + l_{i2}x_2 + \cdots + l_{ip}x_p$$

其中 $(l_{i1}, l_{i2}, \cdots, l_{ip})$ 代表第 i 个主成分对应的特征向量。例如，可以利用程序验证第 1 个主成分前面 4 个分量的值。示例代码如下：

```
Y00=sum(X[0,:]*tzxl[0,:])
Y01=sum(X[1,:]*tzxl[0,:])
Y02=sum(X[2,:]*tzxl[0,:])
Y03=sum(X[3,:]*tzxl[0,:])。
```

主成分分析的示例代码如下：

```
from sklearn.decomposition import PCA
pca=PCA(n_components=0.95)
pca.fit(X)
Y=pca.transform(X)
tzxl=pca.components_
tz=pca.explained_variance_
gxl=pca.explained_variance_ratio_
Y00=sum(X[0,:]*tzxl[0,:])
Y01=sum(X[1,:]*tzxl[0,:])
Y02=sum(X[2,:]*tzxl[0,:])
Y03=sum(X[3,:]*tzxl[0,:])
```

执行结果如图 5-28 所示。

（3）基于主成分进行综合排名。记综合排名指标为 F，则 F 的计算公式如下：

$$F = g_1F_1 + g_2F_2 + \cdots + g_mF_m$$

其中，m 表示提取的主成分个数，F_i 和 $g_i(i \leqslant m)$ 分别表示第 i 个主成分及其贡献率。综合排名示例代码如下：

```
F=gxl[0]*Y[:,0]+gxl[1]*Y[:,1]+gxl[2]*Y[:,2]   #综合得分=各个主成分×贡献率之和
dq=list(Data['地区'].values)              #提取省、直辖市及地区
Rs=pd.Series(F,index=dq)                  #以省、直辖市及地区作为索引，综合得分为值，构建序列
Rs=Rs.sort_values(ascending=False)        #按综合得分降序进行排序
```

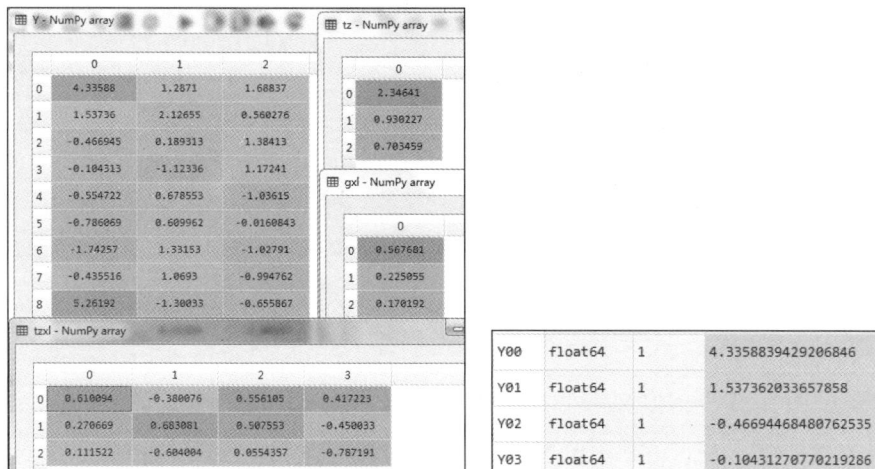

图 5-28

执行结果如图 5-29 所示。

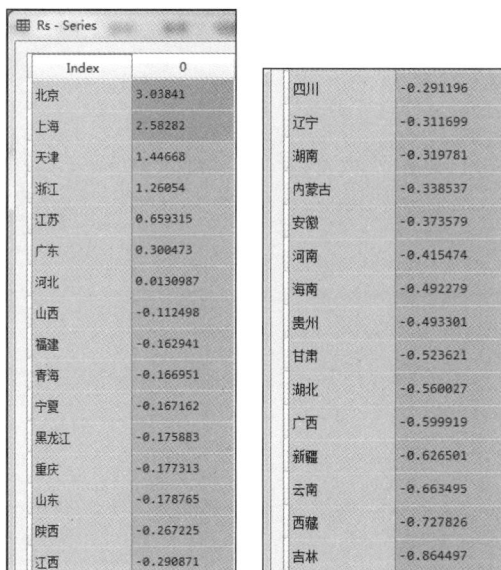

图 5-29

本例中原有 4 个变量，经过主成分分析提取了 3 个主成分变量，这 3 个主成分变量保留了 95% 以上的信息。这种处理方法不仅可以降低数据的维度，还可以保留原来的大部分信息。后续的研究分析可以基于主成分展开，如本例中基于主成分进行综合排名，更多的应用还包括基于主成分的回归、聚类、分类等。

5.9.2 特征选择

特征选择是从原始特征变量中筛选出部分影响显著的特征变量，其结果是原始特征变量的子集。下面我们主要介绍几种常用的特征选择方法和 Python 实现。

1．方差阈值选择法

考察特征变量的信息（方差），可以通过计算特征变量的方差并给定阈值，删除方差小于阈值的特征变量。可以通过机器学习包中的特征选择模块 VarianceThreshold 来实现，示例代码如下：

```
from sklearn.feature_selection import VarianceThreshold #方差阈值选择模块
import pandas as pd
import numpy as np
#加载波士顿房价数据集
X = np.load('boston_data.npy')
X_var = pd.DataFrame(X).var()                    #计算各自变量方差
select1 = VarianceThreshold(threshold=3)         #构建特征选择对象，方差阈值设置为3
X_select1= select1.fit_transform(X)              #对于X训练并转换
X_shape=X.shape                                  #原始数据集规模尺寸
X_select1_shape=X_select1.shape                  #特征选择后的数据集规模尺寸
```

执行结果如图 5-30 所示。

从图 5-30 中可以看出，原始变量数据集有 506 个样本，13 个特征变量，变量数据方差小于阈值 3 的有 3 个，特征选择后的变量个数变为 10 个。

2. Pearson 相关系数法

考察特征变量与目标变量之间的线性相关性是否显著，利用相关系数和 p 值来选择显著特征变量。可以利用 scipy 包中的 stats.pearsonr 方法来实现，该方法返回的值包括相关系数和 p 值。以波士顿房价数据集为例，考察每个特征变量与目标变量的线性相关性。示例代码如下：

```
from scipy import stats
res2=[]   #存放计算结果（相关系数，p值）
y = np.load('boston_target.npy') #提取目标变量
for i in range(X.shape[1]):
    X_pear = stats.pearsonr(X[:, i], y)   #Pearson相关系数方法
    res2.append((X_pear[0],round(X_pear[1],4))) #p值保留4位小数
```

执行结果如图 5-31 所示。

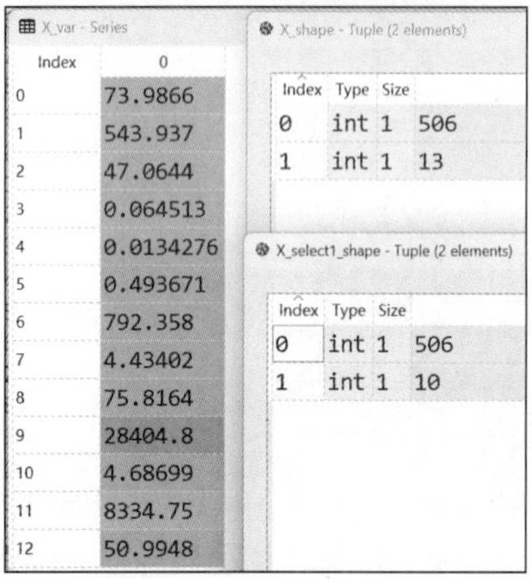

图 5-30

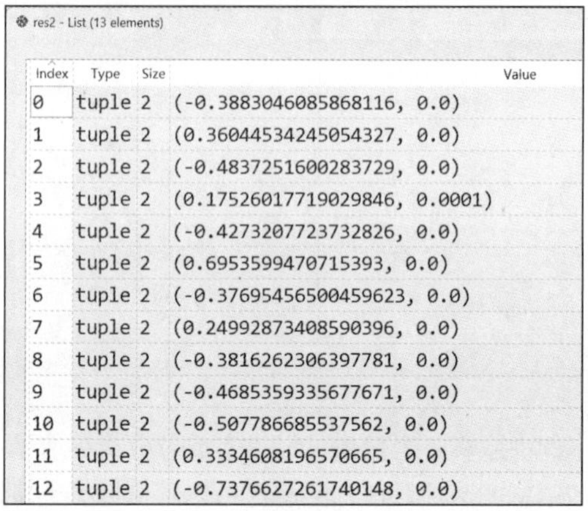

图 5-31

图 5-31 中显示了 13 个特征变量与目标变量之间的相关系数和检验 p 值，若按 $p<0.05$ 来选择，则每个特征都应该保留。

3. 曼惠特尼 U 检验法

对于数据不满足正态分布或方差不齐等情况时，可以使用曼惠特尼 U 检验法进行特征选择，通过 scipy.stats 包的 mannwhitneyu 方法来实现，该方法返回值分别为统计量和对应的 p 值。仍然以波士顿房价数据集为例，示例代码如下：

```
from scipy.stats import mannwhitneyu    #曼惠特尼U检验
res3=[]  #存放计算结果（统计量，p值）
```

```
for i in range(X.shape[1]):
    stat, p=mannwhitneyu(X[:, i], y)
    res3.append((stat,round(p,4)))数
```

执行结果如图 5-32 所示。

图 5-32 中显示了 13 个特征变量与目标变量之间的曼-惠特尼 U 检验统计量与检验 p 值。若按 p<0.05 的标准来选择，则每个特征都应该保留。

4. 卡方检验法

Pearson 相关系数法和曼惠特尼 U 检验法，主要是针对数值型目标变量，而卡方检验法则是针对离散型（分类型）目标变量。可以利用 sklearn.feature_selection 中的 chi2 方法来实现，该方法的返回值分别为统计量值和检验 p 值。这里以鸢尾花数据集为例，示例代码如下：

```
from sklearn.datasets import load_iris #加载鸢尾花数据集
from sklearn.feature_selection import chi2  #卡方检验
import numpy as np
data2=load_iris() #鸢尾花数据集信息
X=data2.data  #鸢尾花数据集特征变量
y = data2.target #鸢尾花数据集目标分类变量
chi2_value,p_value=chi2(X,y) #获得统计量值和检验 p 值
p_value=np.round(p_value,4)
```

执行结果如图 5-33 所示。

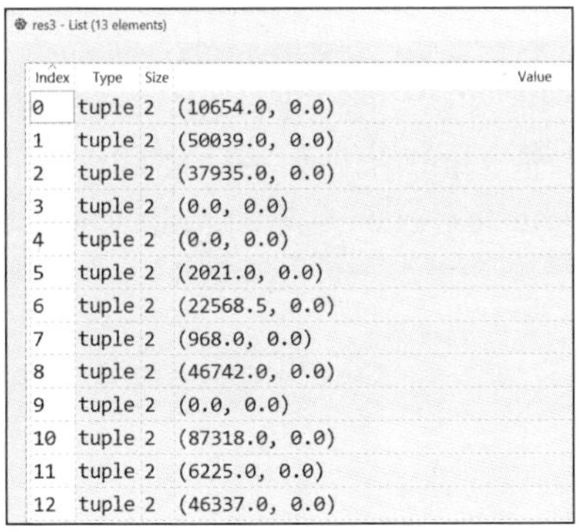
res3 - List (13 elements)

Index	Type	Size	Value
0	tuple	2	(10654.0, 0.0)
1	tuple	2	(50039.0, 0.0)
2	tuple	2	(37935.0, 0.0)
3	tuple	2	(0.0, 0.0)
4	tuple	2	(0.0, 0.0)
5	tuple	2	(2021.0, 0.0)
6	tuple	2	(22568.5, 0.0)
7	tuple	2	(968.0, 0.0)
8	tuple	2	(46742.0, 0.0)
9	tuple	2	(0.0, 0.0)
10	tuple	2	(87318.0, 0.0)
11	tuple	2	(6225.0, 0.0)
12	tuple	2	(46337.0, 0.0)

图 5-32

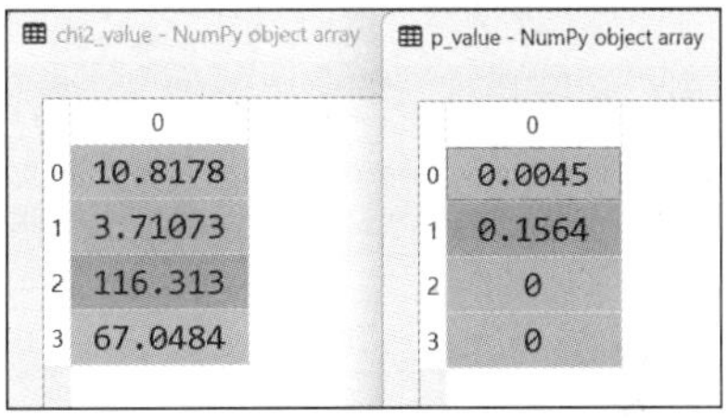
chi2_value - NumPy object array

	0
0	10.8178
1	3.71073
2	116.313
3	67.0484

p_value - NumPy object array

	0
0	0.0045
1	0.1564
2	0
3	0

图 5-33

从图 5-33 中可以看出，若按 p<0.05 进行选择，则第 2 个特征变量将被剔除。也可以根据统计量值（得分）排序来选择特征，得分最高的是第 3 个特征变量，其次分别为第 4、1、2 个。可以结合特征选择包 sklearn.feature_selection 中的 SelectKBest 模块来训练及转换，获得特征选择后的数据集。示例代码如下：

```
from sklearn.feature_selection import SelectKBest
x_select4  =  SelectKBest(chi2,  k=3).fit_transform(X,
y)#chi2 为前面导入的卡方检验
```

执行结果（部分）如图 5-34 所示。

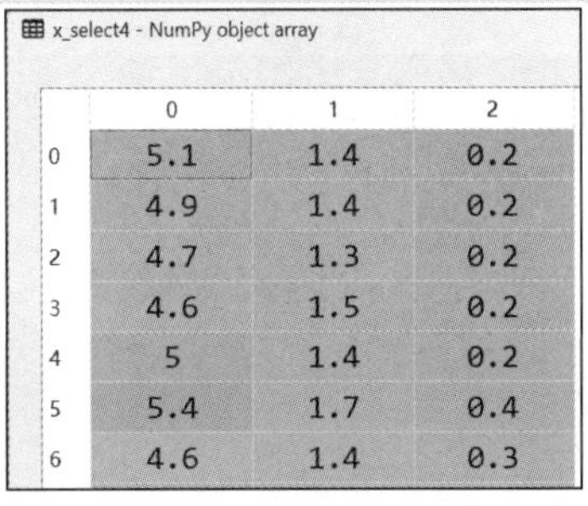
x_select4 - NumPy object array

	0	1	2
0	5.1	1.4	0.2
1	4.9	1.4	0.2
2	4.7	1.3	0.2
3	4.6	1.5	0.2
4	5	1.4	0.2
5	5.4	1.7	0.4
6	4.6	1.4	0.3

图 5-34

如图 5-34 所示，完整结果规模尺寸为（150,3），即从原来的 4 个特征，经过选择之后变为 3 个特征。事实上，SelectKBest 模块对象中，取 k=3，就是选择统计量值（得分）最高的 3 个特征，分别为第 3、4、1 个特征变量。读者可以改变 K 的值观察其变化，本例中 K 最大取 4（所有特征变量），最小取 1（得分最高的特征变量）。

5. 特征重要性法

特征变量选择与模型训练同时进行，可能会选择出更适合模型的特征变量。事实上，部分机器学习模型自身带有特征选择机制可以通过模型的变量系数或特征变量分裂的纯度来选择对模型影响显著的特征变量。前者一般适用于线性模型，后者则通常用于决策树类模型。示例代码如下：

```
from sklearn.linear_model import LinearRegression as LR
from sklearn.ensemble import GradientBoostingRegressor as gbr
#波士顿房价数据集
X = np.load('boston_data.npy')
y = np.load('boston_target.npy')
model_1=LR()                      #线性回归模型对象
model_1.fit(X,y)
r1=model_1.score(X,y)
coef_x=model_1.coef_             #线性回归模型变量系数
model_2=gbr()                     #梯度增强回归模型对象
model_2.fit(X,y)
r2=model_2.score(X,y)
importances_x=model_2.feature_importances_   #特征重要度
```

执行结果如图 5-35 所示。

利用模型变量系数和特征重要度，一定程度上可以发现哪些变量影响比较显著，也可以通过设置阈值来剔除或保留某些特征变量。然而，有些模型自身并没有变量系数或特征重要度相关信息，如支持向量机、神经网络、贝叶斯等。这里将介绍一种应用比较广泛的排列重要性特征选择方法。排列重要性的基本思路是：首先训练好一个模型；其次，对某个特征变量的值随机打乱，其他特征变量和目标变量保持不变，并对打乱后的数据集进行预测，计算预测值和真实值的损失函数，评估其性能指标的变化程度，这个指标值就是该特征的重要度；最后，将该特征变量的值还原，继续操作下一个特征变量，直至结束，最终得到所有特征变量的重要度。可以用 sklearn.inspection 包中的 permutation_importance 模型来实现。数据和模型信息接上例，示例代码如下：

```
from sklearn.inspection import permutation_importance
result_1 = permutation_importance(model_1, X,y, n_repeats=10,random_state=0)
result_2 = permutation_importance(model_2, X,y, n_repeats=10,random_state=0)
importances1_x=result_1.importances_mean
importances2_x=result_2.importances_mean
```

执行结果如图 5-36 所示。

coef_x - NumPy object array		importances_x - NumPy object array	
	0		0
0	-0.108011	0	0.0233976
1	0.0464205	1	0.000338637
2	0.0205586	2	0.00234457
3	2.68673	3	0.000872747
4	-17.7666	4	0.0367027
5	3.80987	5	0.41309
6	0.000692225	6	0.00867841
7	-1.47557	7	0.0848563
8	0.306049	8	0.00124663
9	-0.0123346	9	0.0115729
10	-0.952747	10	0.0325029
11	0.00931168	11	0.0113993
12	-0.524758	12	0.372997

图 5-35

importances1_x - NumPy object array		importances2_x - NumPy object array	
	0		0
0	0.0203637	0	0.0181896
1	0.0286541	1	0.000440999
2	0.000255954	2	0.00232005
3	0.0108191	3	0.0010694
4	0.105162	4	0.0440957
5	0.163876	5	0.388872
6	-5.54891e-06	6	0.0216992
7	0.231576	7	0.132459
8	0.171945	8	0.00253642
9	0.104299	9	0.0195039
10	0.10172	10	0.0369254
11	0.0176412	11	0.0120792
12	0.335809	12	0.472922

图 5-36

图 5-36 显示了之前两个模型 model_1（线性回归）和 model_2（梯度增强回归）的排列重要性特征选择方法的结果。事实上，该方法适用范围很广，例如前面提到的支持向量机、神经网络、贝叶斯等回归或分类模型。对于这些模型，即使它们自身没有模型变量系数或特征重要性的信息，该方法同样适用。

6. 递归特征消除法（RFE）

递归特征消除法旨在返回最优的 K 个特征，其评估方法是通过模型自身的特征变量系数或特征重要性信息来确定的。需要注意的是，如果评估模型自身没有特征变量系数或特征重要性信息，就不能使用递归特征消除法，比如支持向量机、神经网络等回归或分类模型。因此，使用递归特征消除法的评估模型一般是线性模型或决策树类模型。仍然以波士顿房价数据集为例，示例代码如下：

```
from sklearn.feature_selection import RFE            #导入递归特征消除法模块
rfe = RFE(estimator=gbr(), n_features_to_select=6,step=1)#指定最优特征个数K=6
rfe.fit(X,y)
x_select6=rfe.transform(X)
x_support=rfe.support_
```

执行结果如图 5-37 所示。

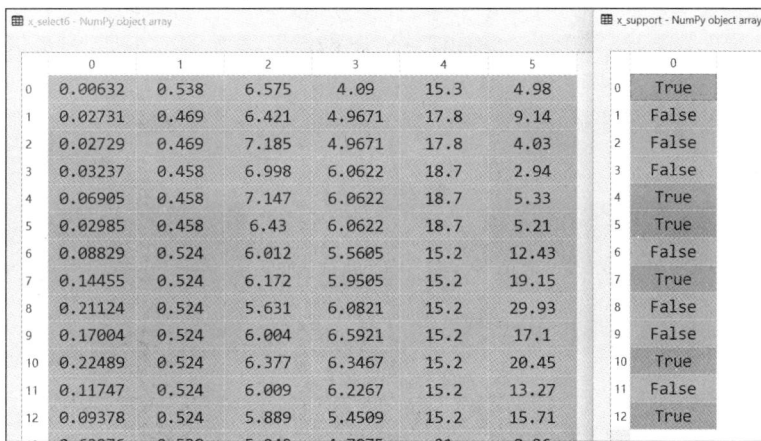

图 5-37

如图 5-37 所示，左边为返回的特征变量选择后的数据集，右边"True"表示对应的特征被选中。这个选择方案是最优的吗？可以通过评估其效果来确定最优的特征个数，示例代码如下：

```
from sklearn.model_selection import cross_val_score #交叉检验模块
import matplotlib.pyplot as plt
re = []
for i in range(1,14):
    rfe = RFE(estimator=gbr(),n_features_to_select=i, step=1)
    rfe.fit(X, y)
    x_select6= rfe.transform(X)
    r = cross_val_score(gbr(), x_select6, y, cv=5).mean()
    re.append(r)
plt.plot(range(1,14),re,'r*-')
plt.show()
```

执行结果如图 5-38 所示。

从图 5-38 中可以看出，当最优特征个数取 8 时，模型效果达到最佳。事实上，无论是特征重要度或特征变量系数阈值的选择，还是最优特征个数的确定，都可以参考这里的优化过程。

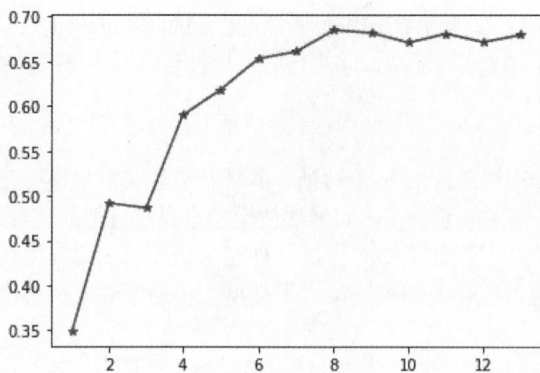

图 5-38

本章小结

  本章在数据预处理方面，介绍了基于数据框的重复值处理、数据的合并与关联操作、时间格式处理与日期元素提取、映射与离散化、滚动计算与分组计算、样本均衡处理、缺失值处理、数据规范化等；在特征工程方面，主要介绍了基于主成分的特征组合和基于统计方法、模型选择方法（特征重要性）的特征选择及处理。

本章练习

  1. 现有 2023 年全国大学生数学建模竞赛 C 题的部分数据，相关数据表结构如表 5-3 和表 5-4 所示。具体数据见本章练习配套的数据集。

表5-3 6个蔬菜品类的商品信息

单品编码	单品名称	分类编码	分类名称
102900005115168	牛首生菜	1011010101	花叶类
102900005115199	四川红香椿	1011010101	花叶类
102900005115625	本地小毛白菜	1011010101	花叶类
……	……	……	……

表5-4 销售流水明细数据

日期	扫码销售时间	单品编码	销量(千克)	销售单价(元/千克)	销售类型	是否打折销售
2020-07-01	09:15:07.924	102900005117056	0.396	7.60	销售	否
2020-07-01	09:17:27.295	102900005115960	0.849	3.20	销售	否
2020-07-01	09:17:33.905	102900005117056	0.409	7.60	销售	否
……	……	……	……	……	……	……

  任务如下：

  （1）表 5-3 和表 5-4 以单品编码作为关联字段进行内连接，合并为一个完整数据表。

  （2）在此基础上，计算 6 个蔬菜品类每天的销售量和销售额。

  2. 基于 2024 泰迪杯数据挖掘挑战赛 A 题的部分示例数据，我们对数据进行了进一步处理和简化，相关数据表格结构信息如表 5-5 所示。具体数据见本章练习配套的数据集 "data.xlsx"。

表 5-5 字段信息说明表

序号	字段名	字段说明	序号	字段名	字段说明
1	x1	日期	15	x15	累计变量：取连续值
2	x2	累计变量：取连续值（时间（秒）累计）	16	x16	累计变量：取连续值
3	x3	状态变量：取 0 或 1	17	x17	累计变量：取连续值
4	x4	状态变量：取 0 或 2	18	x18	累计变量：取连续值
5	x5	累计变量：取连续值	19	x19	累计变量：取连续值
6	x6	累计变量：取连续值	20	x20	累计变量：取连续值
7	x7	累计变量：取连续值	21	x21	累计变量：取连续值
8	x8	累计变量：取连续值	22	x22	累计变量：取连续值
9	x9	累计变量：取连续值	23	x23	累计变量：取连续值
10	x10	状态变量：取 0 或 1	24	x24	累计变量：取连续值
11	x11	状态变量：取 0 或 2	25	x25	累计变量：取连续值
12	x12	累计变量：取连续值	26	x26	累计变量：取连续值
13	x13	累计变量：取连续值	27	x27	累计变量：取连续值
14	x14	累计变量：取连续值	28	y	故障标签：取 0 或 4001

任务如下：

（1）对累计变量做离散化处理，离散区间为[-1,0,当日最大值×0.25,当日最大值×0.5,当日最大值×0.75,当日最大值]。同时对每个离散区间依次用 0、1、2、3、4 来表示。若整个变量只取一个值，则无须进行离散化。

（2）对故障标签值进行映射操作，即 0→0，4001→1。

（3）经过前面的两步处理后，数据集中可能会出现不少重复记录，应删除重复的记录。

（4）将经过前面三步处理后得到的数据集作为训练集。训练集中故障标签为 1 的记录应该是少数（故障类），而标签为 0 的记录占大多数。由于存在类别样本不均衡的问题，请对样本进行均衡处理。

（5）在第（4）步的基础上进行特征选择，并讨论不同特征选择方法的差异。

## 第 6 章

机器学习与实现

Python 之所以能在数据科学与人工智能应用领域中占据重要地位，不仅是因为它免费、开源、易于使用，更重要的是它提供了丰富且功能强大的机器学习模型与算法库。本章主要介绍机器学习的经典模型及其在 scikit-learn 中的实现方法。由于 scikit-learn 库中没有关联规则相关内容，将在第6.6 节单独进行介绍。

6.1 线性回归

线性回归

在数学中，变量之间可以用确定的函数关系来表示，这是一种比较常见的方式。然而，在实际应用中，还存在许多变量之间不能用确定的函数关系来表示的情况。前面已经介绍过，变量之间可能存在相关性，那么变量之间的相关关系该如何表示呢？本节将介绍变量之间存在线性相关关系的模型：线性回归模型。我们将先介绍简单的一元线性回归，进而拓展到较为复杂的多元线性回归，最后给出线性回归模型的 Python 实现方法。

6.1.1 一元线性回归

所谓一元线性回归，就是自变量和因变量各只有一个的线性相关关系模型。下面我们从一个简单的引例开始，介绍一元线性回归模型的提出背景，进而给出一元线性回归模型、一元线性回归方程、一元线性回归方程的参数估计和拟合优度等基本概念。

1．引例

（1）有一则新闻：预计 20××年中国旅游业总收入将超过 3000 亿美元。这个数据是如何预测出来的呢？

旅游总收入（y）　　　　居民平均收入（x）……

（2）身高预测问题：子女的身高（y），父母的身高（x），变量之间的相互关系，主要有以下 3 种：

① 确定的函数关系，$y = f(x)$。

② 不确定的统计相关关系，$y = f(x) + \varepsilon$(随机误差)。

③ 没有关系，不用分析。

以上两个例子均属于第（2）种情况。

2．一元线性回归模型

$$y = \beta_0 + \beta_1 x + \varepsilon$$

这里，y 为因变量（随机变量）；x 为自变量（确定的变量）；β_0 与 β_1 为模型系数；$\varepsilon \sim N(0, \sigma^2)$。每给定一个 x，就得到 y 的一个分布。

3．一元线性回归方程

对回归模型两边取数学期望，得到以下回归方程：

$$E(y) = \beta_0 + \beta_1 x$$

每给定一个 x，便有 y 的一个数学期望值与之对应，它们是一个函数关系。利用样本观测数据，可以估计出以上回归方程的参数，一般形式为：

$$\hat{y} = \hat{\beta}_0 + \hat{\beta}_1 x$$

其中 $\hat{y}$、$\hat{\beta}_0$、$\hat{\beta}_1$ 为对期望值及两个参数的估计。

4. 一元线性回归方程的参数估计

对总体 (x,y) 进行 n 次独立观测，获得 n 个样本观测数据，即 $(x_1,y_1),(x_2,y_2),\cdots,(x_m,y_n)$，将其绘制在图像上，如图 6-1 所示。

如何对这些观测值给出最合适的拟合直线呢？可以使用最小二乘法，其基本思路是使真实观测值与预测值（拟合值）的总体偏差平方和最小。计算公式如下：

$$\min \sum_{i=1}^{n} [y_i - (\hat{\beta}_0 + \hat{\beta}_1 x_i)]^2$$

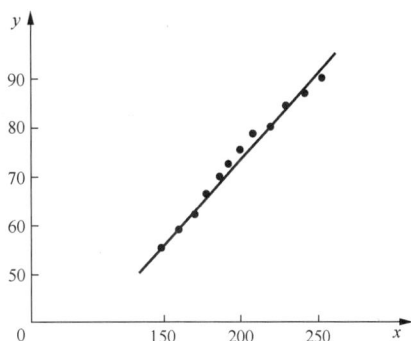

图 6-1

求解以上最优化问题，即得到：

$$\hat{\beta}_0 = \bar{y} - \bar{x}\hat{\beta}_1$$

$$\hat{\beta}_1 = \frac{L_{xy}}{L_{xx}}$$

其中：

$$\bar{x} = \frac{1}{n}\sum_{i=1}^{n} x_i, \bar{y} = \frac{1}{n}\sum_{i=1}^{n} y_i, L_{xx} = \sum_{i=1}^{n}(x_i - \bar{x})^2, L_{xy} = \sum_{i=1}^{n}(x_i - \bar{x})(y_i - \bar{y})$$

于是得到了基于经验的回归方程：

$$\hat{y} = \hat{\beta}_0 + \hat{\beta}_1 x$$

5. 一元线性回归方程的拟合优度

经过前面的步骤，我们获得了回归方程。那么这个回归方程的拟合程度如何？能否利用这个方程进行预测？可以通过拟合优度来判断。在介绍拟合优度之前，先来介绍总离差平方和 TSS、回归平方和 RSS、残差平方和 ESS。计算公式分别如下：

$$TSS = \sum_{i=1}^{n}(y_i - \bar{y})^2$$

$$RSS = \sum_{i=1}^{n}(\hat{y}_i - \bar{y})^2$$

$$ESS = \sum_{i=1}^{n}(y_i - \hat{y}_i)^2$$

可以证明，$TSS = RSS + ESS$。x_i 取不同的值，$\hat{y}_i = \hat{\beta}_0 + \hat{\beta}_1 x_i (\hat{\beta}_1 \neq 0)$ 必然不同，因为 y 与 x 有显著的线性关系，所以 x 取值不同会引起 y 的变化。ESS 是由于 y 与 x 可能不具有明显的线性关系及其他方面的因素产生的误差。如果 RSS 远大于 ESS，就说明回归的线性关系显著，可以用一个指标公式来计算：

$$R^2 = \frac{RSS}{TSS}$$

这称为拟合优度（判定系数），值越大，表明直线拟合程度越好。

6.1.2 多元线性回归

前面介绍了只有一个自变量和一个因变量的一元线性回归模型，然而在现实中，自变量通常包含多个，这时称其为多元线性回归模型。下面介绍多元线性回归模型、多元线性回归方程、多元线性回归方程参数估计和拟合优度等基本概念。

1. 多元线性回归模型

$$Y = \beta_0 + \beta_1 X_1 + \beta_2 X_2 + \cdots + \beta_p X_p + \varepsilon$$

对于总体 $(X_1, X_2, \cdots, X_p; Y)$ 的 n 个观测值：

$$(x_{i1}, x_{i2}, \cdots, x_{ip}; y_i) \quad (i = 1, 2, \cdots, n; n > p)$$

它满足以下公式：

$$\begin{cases} y_1 = \beta_0 + \beta_1 x_{11} + \beta_2 x_{12} + \cdots + \beta_p x_{1p} + \varepsilon_1 \\ y_2 = \beta_0 + \beta_1 x_{21} + \beta_2 x_{22} + \cdots + \beta_p x_{2p} + \varepsilon_2 \\ \qquad\qquad\qquad \cdots \\ y_n = \beta_0 + \beta_1 x_{n1} + \beta_2 x_{n2} + \cdots + \beta_p x_{np} + \varepsilon_n \end{cases}$$

其中 ε_i 相互独立，且设 $\varepsilon_i \sim N(0, \sigma^2)(i = 1, 2, \cdots, n)$，记作：

$$Y = \begin{pmatrix} y_1 \\ y_2 \\ \vdots \\ y_n \end{pmatrix}, \quad X = \begin{pmatrix} 1 & x_{11} & x_{12} & \cdots & x_{1p} \\ 1 & x_{21} & x_{22} & \cdots & x_{2p} \\ \vdots & \vdots & \vdots & \cdots & \vdots \\ 1 & x_{n1} & x_{n2} & \cdots & x_{np} \end{pmatrix}, \quad \beta = \begin{pmatrix} \beta_0 \\ \beta_1 \\ \vdots \\ \beta_p \end{pmatrix}, \quad \varepsilon = \begin{pmatrix} \varepsilon_1 \\ \varepsilon_2 \\ \vdots \\ \varepsilon_n \end{pmatrix}$$

多元线性回归模型的矩阵形式可以表示为 $Y = X\beta + \varepsilon$，其中 β 即为待估计的向量。

2. 多元线性回归方程

两边取期望值，即得到以下回归方程：

$$E(Y) = X\beta$$

其一般形式如下：

$$\hat{Y} = X\hat{\beta}$$

其中 $\hat{Y}$、$\hat{\beta}$ 分别为期望值及回归系数的估计。

3. 多元线性回归方程参数估计

β 的参数估计（最小二乘法，过程略）为：

$$\hat{\beta} = (X^\mathrm{T} X)^{-1} X^\mathrm{T} Y$$

σ^2 的参数估计（推导过程略）为：

$$\hat{\sigma}^2 = \frac{1}{n - p - 1} e^\mathrm{T} e$$

其中，$e = Y - \hat{Y} = (I - H)Y$；$H = X(X^\mathrm{T} X)^{-1} X^\mathrm{T}$，$H$ 称为对称幂等矩阵。

4. 多元线性回归方程拟合优度

与一元线性回归模型类似，总离差平方和、回归平方和、残差平方和的公式如下：

$$TSS = \sum_{i=1}^{n} (y_i - \overline{y})^2 = Y^\mathrm{T} \left(I - \frac{1}{n} J \right) Y$$

$$RSS = \sum_{i=1}^{n} (\hat{y}_i - \overline{y})^2 = Y^T (I - H) Y$$

$$ESS = \sum_{i=1}^{n} (y_i - \hat{y}_i)^2 = Y^\mathrm{T} \left(H - \frac{1}{n} J \right) Y$$

可以证明，$TSS = RSS + ESS$。拟合优度（判定系数）公式如下：

$$R^2 = \frac{RSS}{TSS}$$

6.1.3　Python 线性回归应用举例

在发电场中，电力输出（PE）与温度（AT）、压力（V）、湿度（AP）、压强（RH）有关，相关测试数据（部分）如表6-1所示。

表 6-1　发电场数据

AT	V	AP	RH	PE
8.34	40.77	1010.84	90.01	480.48
23.64	58.49	1011.4	74.2	445.75
29.74	56.9	1007.15	41.91	438.76
19.07	49.69	1007.22	76.79	453.09
11.8	40.66	1017.13	97.2	464.43
13.97	39.16	1016.05	84.6	470.96
22.1	71.29	1008.2	75.38	442.35
14.47	41.76	1021.98	78.41	464
31.25	69.51	1010.25	36.83	428.77
6.77	38.18	1017.8	81.13	484.31
28.28	68.67	1006.36	69.9	435.29
22.99	46.93	1014.15	49.42	451.41
29.3	70.04	1010.95	61.23	426.25

注：数据来源于 UCI 公共测试数据库。

需要实现的功能如下：

（1）利用线性回归分析命令，求出 PE 与 AT、V、AP、RH 之间的线性回归关系式系数向量（包括常数项）和拟合优度（判定系数），并在命令窗口输出。

（2）现有某次测试数据 AT=28.4、V=50.6、AP=1011.9、RH=80.54，试预测其 PE 值。

计算思路及流程如下：

1．读取数据，确定自变量 x 和因变量 y

示例代码如下：

```python
import pandas as pd
data = pd.read_excel('发电场数据.xlsx')
x = data.iloc[:,0:4].values
y = data.iloc[:,4].values
```

执行结果（部分）如图6-2所示。

2．线性回归分析

线性回归分析基本步骤如下：

（1）导入线性回归模块（简称 LR）。

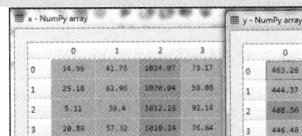

图 6-2

```python
from sklearn.linear_model import LinearRegression as LR
```

（2）利用 LR 创建线性回归对象 lr。

```python
lr = LR()
```

（3）调用 lr 对象中的 fit()方法，对数据进行拟合训练。

```python
lr.fit(x, y)
```

（4）调用 lr 对象中的 score()方法，返回其拟合优度（判定系数），观察线性关系是否显著。

```python
Slr=lr.score(x,y)      # 判定系数 R²
```

（5）取 lr 对象中的 coef_和 intercept_属性，返回 x 对应的回归系数和回归系数常数项。

```python
c_x=lr.coef_           # x 对应的回归系数
c_b=lr.intercept_      # 回归系数常数项
```

3．利用线性回归模型进行预测

（1）可以利用 lr 对象中的 predict() 方法进行预测。

```
import numpy as np
x1=np.array([28.4,50.6,1011.9,80.54])
x1=x1.reshape(1,4)
R1=lr.predict(x1)
```

（2）也可以利用线性回归方程进行预测，但该方法需要自行计算。

```
r1=x1*c_x
R2=r1.sum()+c_b      #计算预测值
```

线性回归完整的示例代码如下：

```
#1. 数据获取
import pandas as pd
data = pd.read_excel('发电场数据.xlsx')
x = data.iloc[:,0:4].values
y = data.iloc[:,4].values
#2. 导入线性回归模块（简称 LR）
from sklearn.linear_model import LinearRegression as LR
lr = LR()                    #创建线性回归模型类
lr.fit(x, y)                 #拟合
Slr=lr.score(x,y)            #判定系数 R²
c_x=lr.coef_                 #x 对应的回归系数
c_b=lr.intercept_            #回归系数常数项
#3. 预测
import numpy as np
x1=np.array([28.4,50.6,1011.9,80.54])
x1=x1.reshape(1,4)
R1=lr.predict(x1)            #采用自带函数预测
r1=x1*c_x
R2=r1.sum()+c_b              #计算预测值
print('x 回归系数为: ',c_x)
print('回归系数常数项为: ',c_b)
print('判定系数为: ',Slr)
print('样本预测值为: ',R1)
```

执行结果如下：

```
x 回归系数为: [-1.97751311 -0.23391642  0.06208294 -0.1580541 ]
回归系数常数项为: 454.609274315
判定系数为: 0.928696089812
样本预测值为: [ 436.70378447]
```

6.2 逻辑回归

逻辑回归

线性回归模型处理的因变量是数值型变量，描述的是因变量期望值与自变量之间的线性关系。然而，在许多实际问题中，我们需要研究的因变量 y 并不是数值型变量，而是名义变量或分类变量，例如 0、1 变量问题。如果我们继续使用线性回归模型预测 y 的值，就可能导致 y 的值并非 0 或 1，从而无法解决问题。下面我们介绍另一种称为逻辑回归的模型，用来解决此类问题。

6.2.1 逻辑回归模型

逻辑回归模型是使用一个函数来归一化 y 值，使 y 的取值在区间（0,1）内，这个函数称为 Logistic

函数。公式如下：

$$g(z) = \frac{1}{1 + \mathrm{e}^{-z}}$$

其中 $z = \beta_0 + \beta_1 X_1 + \beta_2 X_2 + \cdots + \beta_k X_k + \varepsilon$，这样就将预测问题转化为一个概率问题。

一般以 0.5 为界，如果预测值大于 0.5，我们就判断此时 y 更有可能为 1，否则为 0。

6.2.2 Python 逻辑回归模型应用举例

选取 UCI 公共测试数据库中的澳大利亚信贷批准数据集作为本例的数据集，该数据集包含 14 个特征和 1 个分类标签 y（1 表示同意贷款，0 表示不同意贷款），共计 690 条申请者记录。部分数据如表 6-2 所示。

表 6-2 澳大利亚信贷批准数据（部分）

x_1	x_2	x_3	x_4	x_5	x_6	x_7	x_8	x_9	x_{10}	x_{11}	x_{12}	x_{13}	x_{14}	y
1	22.08	11.46	2	4	4	1.585	0	0	0	1	2	100	1213	0
0	22.67	7	2	8	4	0.165	0	0	0	0	2	160	1	0
0	29.58	1.75	1	4	4	1.25	0	0	0	0	2	280	1	0
0	21.67	11.5	1	5	3	0	1	1	11	1	2	0	1	1
1	20.17	8.17	2	6	4	1.96	1	1	14	0	2	60	159	1
0	15.83	0.585	2	8	8	1.5	1	1	2	0	2	100	1	1
1	17.42	6.5	2	3	4	0.125	0	0	0	0	2	60	101	0
0	58.67	4.46	2	11	8	3.04	1	1	6	0	2	43	561	1

......

以前 600 个申请者作为训练数据，后 90 个申请者作为测试数据，利用逻辑回归模型预测准确率。具体的计算思路及流程如下：

1．数据获取

```
import pandas as pd
data = pd.read_excel('credit.xlsx')
```

2．训练样本与测试样本划分

训练样本与测试样本划分，其中训练用的特征数据用 x 表示，预测变量用 y 表示，测试样本分别记为 x1 和 y1。

```
x = data.iloc[:600,:14]
y = data.iloc[:600,14]
x1= data.iloc[600:,:14]
y1= data.iloc[600:,14]
```

3．逻辑回归分析

逻辑回归分析的基本步骤如下：

（1）导入逻辑回归模块（简称 LR）。

```
from sklearn.linear_model import LogisticRegression as LR
```

（2）利用 LR 创建逻辑回归对象 lr。

```
lr = LR()
```

（3）调用 lr 中的 fit()方法进行训练。

```
lr.fit(x, y)
```

（4）调用 lr 中的 score()方法返回模型准确率。

```
r=lr.score(x, y); # 模型准确率（针对训练数据）
```

（5）调用 lr 中的 predict()方法，对测试样本进行预测，获得预测结果。

```
R =lr.predict(x1)
```

逻辑回归分析完整示例代码如下：

```python
import pandas as pd
data = pd.read_excel('credit.xlsx')
x = data.iloc[:600,:14]
y = data.iloc[:600,14]
x1= data.iloc[600:,:14]
y1= data.iloc[600:,14]
from sklearn.linear_model import LogisticRegression as LR
lr = LR()     #创建逻辑回归模型类
lr.fit(x, y)  #训练数据
r=lr.score(x, y);  # 模型准确率（针对训练数据）
R=lr.predict(x1)
Z=R-y1
Rs=len(Z[Z==0])/len(Z)
print('预测结果为: ',R)
print('预测准确率为: ',Rs)
```

执行结果如下：

```
预测结果为: [0 1 1 1 0 0 1 0 1 1 0 0 0 1 1 0 0 1 1 0 1 1 0 1 1 1 0 0 0 0 0 1 0 0 0 0
0 0 0 1 0 0 1 0 1 1 1 1 0 0 1 0 0 1 0 0 0 1 0 1 0 0 0 0 0 0 0 1 1 0 0
0 0 0 0 1 0 1 1 0 1 1 0 0 1 0]
预测准确率为: 0.8
```

6.3 神经网络

人工神经网络是一种模拟大脑神经突触连接结构处理信息的数学模型，在工业界和学术界中通常简称为神经网络。神经网络既可以用于分类问题，也可以用于预测问题，特别是适用于预测非线性关系问题。为了方便理解，下面通过一个简单的例子来说明神经网络的模拟思想，进而介绍其网络结构和数学模型。最后，将展示利用神经网络解决分类问题和预测问题的示例及其 Python 实现方法。

6.3.1 神经网络模拟思想

1. 孩子的日常辨识能力

一个孩子从出生起，就开始不断地学习。他的大脑就好比一个能够不断接受新事物，同时还能识别事物的庞大而复杂的模型。大脑模型不断地接收外界的信息，并对其进行判断和处理。小孩会说话后，小孩总是喜欢问这问那，并不断地说出"这是什么""那是什么"。即使很多答案是错误的，但在大人的纠正下，小孩终于能够辨识日常生活中一些常见的事物了。这就是一个监督学习的过程。某一天，大人带着小孩来到一个农场，远远地看到一大片绿油油的稻田，小孩兴奋地说："好大的一片稻田！"，大人笑了，因为小孩的大脑已经像一个经过长时间学习训练的"模型"，具备了一定的辨识能力。

2. 孩子大脑学习训练的模拟

大脑由非常多的神经元组成，各个神经元之间相互连接，形成一个非常复杂的神经网络。人工模拟大脑的学习训练模型，称为人工神经网络模型。以下是大脑中一个神经元的学习训练模型，如图 6-3 所示。

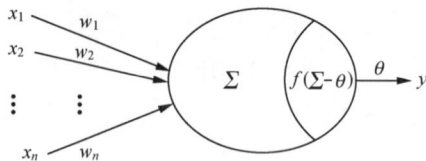

图 6-3

$x_1, x_2, \cdots, x_n$ 可以理解为 n 个输入信号（信息），$w_1, w_2, \cdots, w_n$ 可以理解为对 n 个输入信号的加权，从而得到一个综合信号 $\Sigma = \sum_{i=1}^{n} w_i x_i$（对输入信号进行加权求和）。神经元需要对这个综合信号做出反应，即引入一个阈值 θ 并与综合信号比较，根据比较的结果做出不同的反应，即输出 y。这里用一个被称为激发函数的函数 $f(\varSigma - \theta)$ 来模拟其反应，从而获得反应值并进行判别。

例如，你蒙上眼睛，要判断面前的人是男孩还是女孩。我们可以做一个简单的假设（大脑只有一个神经元），只用一个输入信号 x_1=头发长度（如 50cm），权重为 1，则其综合信号 $\varSigma = x_1$=50。我们用一个二值函数作为激发函数：

$$f(x) = \begin{cases} 1, x > 0 \\ 0, x \le 0 \end{cases}$$

假设阈值 θ=12，由于 $\varSigma = x_1$=50，故 $f(\varSigma - 12) = f(38) = 1$，因此我们可以得到输出 1 表示女孩，0 表示男孩。

那么如何确定阈值是 12，输出 1 表示女孩，而 0 表示男孩呢？这就需要通过日常生活中的大量实践来辨识。

数学模型不像人类可以通过日常生活中漫长的学习和实践训练，它只能通过样本数据来训练，从而获得模型的参数并应用。例如，可以选择 1000 个人，其中 500 个人是男孩，500 个人是女孩，分别测量其头发长度，输入上述模型进行训练。训练的准则是使判别正确率最大化。

（1）取 θ=1 时，判别正确率应该非常低。

（2）θ 取值依次增加，假设当 θ=12 时达到最大值，为 0.95。当 θ>12 时，判别的正确率开始下降，因此可以认为 θ=12 时判别正确率达到最大值。此时，其中 95% 的男孩对应的函数值为 0，同样 95% 的女孩对应的函数值为 1。如果选用该模型进行判别，其判别正确率可达到 0.95。

以上两步训练完成后，即得到参数 θ=12，此时有 95% 的可能性输出 1 表示判别为女孩，输出 0 表示判别为男孩。

以上的分析只是为了便于理解，实际情况要复杂得多。人的大脑由上百亿个神经元组成，其网络结构也极其复杂。借鉴人脑的工作机理和活动规律，简化其网络结构，并用数学模型进行模拟，从而提出神经网络模型。比较常用的神经网络模型有 BP 神经网络模型等。

6.3.2 神经网络结构及数学模型

这里介绍目前常用的 BP 神经网络，其网络结构及数学模型如图 6-4 所示。

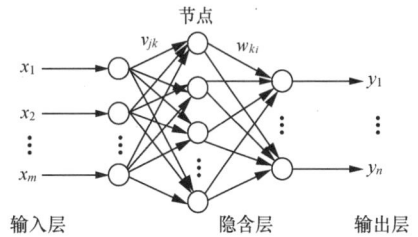

图 6-4

x 为 m 维向量，y 为 n 维向量，隐含层有 q 个神经元。假设有 N 个样本数据，$\{y(t), x(t), t = 1, 2, \cdots, N\}$。从输入层到隐含层的权重记为 $V_{jk}(j = 1, 2, \cdots, m; k = 1, 2, \cdots, q)$，从隐含层到输出层的权重记为 $W_{ki}(k = 1, 2, \cdots, q, i = 1, 2, \cdots, n)$。记第 t 个样本 $x(t) = \{x_1(t), x_2(t), \cdots, x_m(t)\}$ 输入网络时，隐含层单元的输出为 $H_k(t)$ $(k = 1, 2, \cdots, q)$，输出层单元的输出为 $\hat{f}_i(t)$ $(i = 1, 2, \cdots, n)$，即：

$$H_k(t) = g(\sum_{j=0}^{m} V_{jk} x_j(t)) \ (k = 1, 2, \cdots, q)$$

$$\hat{f}_i(t) = f(\sum_{k=0}^{q} W_{ki} H_k(t)) \ (i = 1, 2, \cdots, n)$$

这里，V_{0k} 为对应输入神经元的阈值；$x_0(t)$ 通常为 1；W_{0i} 为对应隐含层神经元的权值；$H_0(t)$ 通常为 1；$g(x)$ 和 $f(x)$ 分别为隐含层、输出层神经元的激发函数。常用的激发函数如下：

$$f(x) = \frac{1}{1 + \mathrm{e}^{-ax}} \ 或 \ f(x) = \tanh(x)（双曲正切函数）$$

由图 6-4 可以看出，我们选定隐含层及输出层神经元的个数和激发函数后，这个神经网络就只有从输入层到隐含层，以及从隐含层到输出层的参数未知了。一旦确定了这些参数，神经网络就可以工作。那么，如何确定这些参数呢？基本思路是：利用输入层的 N 个样本数据，使得真实的 y 值与网络预测值的误差最小即可。这就变成了一个优化问题。记 $w = \{V_{jk}, W_{ki}\}$，则优化问题的函数如下：

$$\min E(w) = \frac{1}{2}\sum_{i,t}(y_i(t) - \hat{y}_i(t))^2 = \frac{1}{2}\sum_{i,t}[y_i(t) - f(\sum_{k=0}^{q}W_{ki}H_k(t))]^2$$

如何求解这个优化问题以获得最优的 w^* 呢？常用的方法有 BP 算法，这里不再介绍该算法的具体细节。

6.3.3 Python 神经网络分类应用举例

仍以第 6.2.2 小节中的澳大利亚信贷批准数据集为例，介绍 Python 神经网络分类模型的应用。具体计算思路及流程如下：

1. 数据获取、训练样本与测试样本的划分

数据获取、训练样本与测试样本的划分同第 6.2.2 小节。

2. 神经网络分类模型构建

（1）导入神经网络分类模块 MLPClassifier。

```
from sklearn.neural_network import MLPClassifier
```

（2）利用 MLPClassifier 创建神经网络分类对象 clf。

```
clf = MLPClassifier(solver='lbfgs', alpha=1e-5,hidden_layer_sizes=(5,2), random_state=1)
```

参数说明如下：

solver：神经网络优化求解算法，包括 lbfgs、sgd 和 adam 3 种，默认值为 adam。

alpha：模型训练的正则化参数，默认值为 0.0001。

hidden_layer_sizes：隐含层神经元个数。如果是单层神经元，就设置具体的数值；本例中隐含层有两层，即 5×2。

random_state：随机数种子，默认设置为 1。

（3）调用 clf 对象中的 fit()方法进行网络训练。

```
clf.fit(x, y)
```

（4）调用 clf 对象中的 score ()方法，获得神经网络的预测准确率（针对训练数据）。

```
rv=clf.score(x,y)
```

（5）调用 clf 对象中的 predict()方法，可以对测试样本进行预测，并获得预测结果。

```
R=clf.predict(x1)
```

示例代码如下：

```
import pandas as pd
data = pd.read_excel('credit.xlsx')
x = data.iloc[:600,:14].values
y = data.iloc[:600,14].values
x1= data.iloc[600:,:14].values
y1= data.iloc[600:,14].values
from sklearn.neural_network import MLPClassifier
clf = MLPClassifier(solver='lbfgs', alpha=1e-5,hidden_layer_sizes=(5,2), random_state=1)
clf.fit(x, y);
rv=clf.score(x,y)
R=clf.predict(x1)
Z=R-y1
Rs=len(Z[Z==0])/len(Z)
print('预测结果为: ',R)
print('预测准确率为: ',Rs)
```

执行结果如下：

```
预测结果为: [0 1 1 1 1 0 0 1 0 1 1 0 0 0 1 1 0 0 0 1 0 1 1 0 1 0 0 0 0 0 0 0 0 0 0 0
 0 0 0 0 1 1 0 1 0 1 0 0 1 0 0 0 1 0 0 1 0 0 0 1 0 1 0 0 0 0 0 0 0 0 0 0
 0 0 0 0 0 1 0 0 1 0 1 1 0 0 1 0]
预测准确率为: 0.8333333333333334
```

6.3.4 Python 神经网络回归应用举例

仍以第 6.1.3 小节中的发电场数据为例，预测当 AT=28.4、V=50.6、AP=1011.9、RH=80.54 时的 PE 值。

计算思路及流程如下：

1．数据获取及训练样本构建

训练样本的特征输入变量用 x 表示，输出变量用 y 表示。

```
import pandas as pd
data = pd.read_excel('发电场数据.xlsx')
x = data.iloc[:,0:4]
y = data.iloc[:,4]
```

2．预测样本的构建

预测样本的输入特征变量用 x1 表示。

```
import numpy as np
x1=np.array([28.4,50.6,1011.9,80.54])
x1=x1.reshape(1,4)
```

3．神经网络回归模型构建

（1）导入神经网络回归模块 MLPRegressor。

```
from sklearn.neural_network import MLPRegressor
```

（2）利用 MLPRegressor 创建神经网络回归对象 clf。

```
clf = MLPRegressor(solver='lbfgs', alpha=1e-5,hidden_layer_sizes=8, random_ state=1)
```

参数说明如下：

solver：神经网络优化求解算法，包括 lbfgs、sgd 和 adam 3 种，默认值为 adam。

alpha：模型训练误差，默认值为 0.0001。

hidden_layer_sizes：隐含层神经元个数。如果是单层神经元，就设置具体的数值，本例隐含层有两层（5×2），即 hidden_layer_sizes=(5,2)。

random_state：默认设置为 1。

（3）调用 clf 对象中的 fit()方法进行网络训练。

```
clf.fit(x, y)
```

（4）调用 clf 对象中的 score ()方法，获得神经网络回归的拟合优度（判定系数）。

```
rv=clf.score(x,y)
```

（5）调用 clf 对象中的 predict()方法，可以对测试样本进行预测，并获得预测结果。

```
R=clf.predict(x1)
```

示例代码如下：

```
import pandas as pd
data = pd.read_excel('发电场数据.xlsx')
x = data.iloc[:,0:4]
y = data.iloc[:,4]
```

```
from sklearn.neural_network import MLPRegressor
clf = MLPRegressor(solver='lbfgs', alpha=1e-5,hidden_layer_sizes=8, random_state=1)
clf.fit(x, y);
rv=clf.score(x,y)
import numpy as np
x1=np.array([28.4,50.6,1011.9,80.54])
x1=x1.reshape(1,4)
R=clf.predict(x1)
print('样本预测值为: ',R)
```

输出结果如下：

样本预测值为: [439.27258187]

6.4 支持向量机

支持向量机

支持向量机（Support Vector Machine，SVM）在小样本、非线性及高维模式识别中具有突出的优势。支持向量机是机器学习中非常优秀的算法，主要用于分类问题，在文本分类、图像识别、数据挖掘等领域中均有广泛的应用。由于支持向量机的数学模型和数学推导较为复杂，下面主要介绍支持向量机的基本原理以及利用 Python 中的支持向量机函数来解决实际问题。

6.4.1 支持向量机原理

支持向量机基于统计学理论，强调结构风险最小化。其基本思想是：对于一个给定有限数量训练样本的学习任务，通过在原空间或投影后的高维空间中构造最优分离超平面，将给定的两类训练样本分开。构造分离超平面的依据是两类样本与分离超平面的最小距离的最大化。其思想可用图 6-5 来说明，图中描述的是两类样本线性可分的情形，圆形和星形分别代表两类样本。

图 6-5

根据支持向量机原理，建立模型的目标是找到最优分离超平面（即最大间隔分离样本的超平面）以分开两类样本。最优分离超平面可以表示为：

$$w^\mathrm{T} x + b = 0$$

这样位于最优分离超平面上方的点满足：

$$w^\mathrm{T} x + b > 0$$

位于最优分离超平面下方的点满足：

$$w^\mathrm{T} x + b < 0$$

通过调整权重 w ，边缘的超平面可以记为：

H_1: $\quad w^\mathrm{T} x + b \geqslant 1 \qquad$ 对所有的 $y_i = +1$

H_2: $\quad w^\mathrm{T} x + b \leqslant -1 \qquad$ 对所有的 $y_i = -1$

即落在 H_1 或其上方的为正类，落在 H_2 或其下方的为负类。综合以上得到：

$$y_i(w^\mathrm{T} x + b) \geqslant 1, \forall i$$

落在 H_1 或 H_2 上的训练样本，称为支持向量。

从最优分离超平面到 H_1 上任意点的距离为 $\dfrac{1}{\|w\|}$ ，同理，到 H_2 上任意点的距离也为 $\dfrac{1}{\|w\|}$ ，则最大边缘间隔为 $\dfrac{2}{\|w\|}$ 。

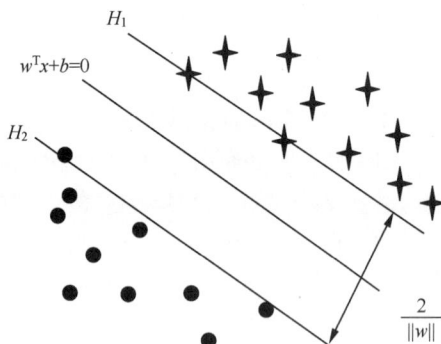

如何寻找最优分离超平面和支持向量机，需要用到更高深的数学理论知识及技巧，这里不再赘述。对于非线性可分的情形，可以通过非线性映射将原数据变换到更高维空间，在新的高维空间中实现线性可分。这种非线性映射可以通过核函数来实现，常用的核函数包括高斯核函数、多项式核函数和 sigmoid 核函数。

1. 高斯核函数

$$K(x_i, x_j) = e^{-\|x_i - x_j\|^2 / 2\delta^2}$$

2. 多项式核函数

$$K(x_i, x_j) = (x_i x_j + 1)^h$$

3. sigmoid 核函数

$$K(x_i, x_j) = \tanh(k x_i x_j - \delta)$$

本小节主要学习和理解支持向量机的基本原理，对于支持向量机更深层次的数学推导和技巧不作要求。下面主要学习如何利用 Python 机器学习包中提供的支持向量机求解命令来解决实际问题。

6.4.2 Python 支持向量机应用举例

取自 UCI 公共测试数据库中的汽车评价数据集作为本例的数据集。该数据集包含 6 个特征、1 个分类标签，共 1728 条记录，部分数据如表 6-3 所示。

表 6-3　汽车评价数据（部分）

a_1	a_2	a_3	a_4	a_5	a_6	d
4	4	2	2	3	2	3
4	4	2	2	3	3	3
4	4	2	2	3	1	3
4	4	2	2	2	2	3
4	4	2	2	2	3	3
4	4	2	2	2	1	3
4	4	2	2	1	2	3
4	4	2	2	1	3	3
4	4	2	2	1	1	3
4	4	2	4	3	2	3
4	4	2	4	3	3	3
4	4	2	4	3	1	3

......

其中特征 $a_1 \sim a_6$ 的含义及取值依次为：

```
buying      v-high, high, med, low
maint       v-high, high, med, low
doors       2, 3, 4, 5-more
persons     2, 4, more
lug_boot    small, med, big
safety      low, med, high
```

分类标签 d 的取值情况为：

```
unacc       1
acc         2
good        3
v-good      4
```

取数据集的前 1690 条记录作为训练集，余下的作为测试集，计算预测准确率。

计算流程及思路如下：

1. 数据获取

```
import pandas as pd
data = pd.read_excel('car.xlsx')
```

2．训练样本与测试样本划分

训练用的特征数据用 x 表示，预测变量用 y 表示，测试样本则分别记为 x1 和 y1。

```
x = data.iloc[:1690,:6].values
y = data.iloc[:1690,6].values
x1= data.iloc[1691:,:6].values
y1= data.iloc[1691:,6].values
```

3．支持向量机分类模型构建

（1）导入支持向量机模块 svm。

```
from sklearn import svm
```

（2）利用 svm 创建支持向量机类 svm。

```
clf = svm.SVC(kernel='rbf')
```

其中核函数可以选择线性核函数、多项式核函数、高斯核函数、sigmoid 核函数，分别用 linear、poly、rbf、sigmoid 表示，默认选择高斯核函数。

（3）调用 svm 中的 fit() 方法进行训练。

```
clf.fit(x, y)
```

（4）调用 svm 中的 score() 方法，考察训练效果。

```
rv=clf.score(x, y);  # 模型准确率（针对训练数据）
```

（5）调用 svm 中的 predict() 方法，对测试样本进行预测，并获得预测结果。

```
R=clf.predict(x1)
```

示例代码如下：

```
import pandas as pd
data = pd.read_excel('car.xlsx')
x = data.iloc[:1690,:6].values
y = data.iloc[:1690,6].values
x1= data.iloc[1691:,:6].values
y1= data.iloc[1691:,6].values
from sklearn import svm
clf = svm.SVC(kernel='rbf')
clf.fit(x, y)
rv=clf.score(x, y);
R=clf.predict(x1)
Z=R-y1
Rs=len(Z[Z==0])/len(Z)
print('预测结果为: ',R)
print('预测准确率为: ',Rs)
```

输出结果如下：

```
预测结果为: [4 3 1 1 3 1 4 3 1 4 3 3 3 3 3 3 3 3 3 3 3 1 3 1 4 3 1 4 3 3 1 3 1 4 3 1 4]
预测准确率为: 0.7027027027027027
```

6.5　K-均值聚类

聚类分析的主要目标是使类内的样本尽可能相似，而类间的样本尽可能相异。聚类　K-均值聚类
问题的一般表述是：设有 n 个样本的 p 维观测数据组成一个数据矩阵为：

$$X = \begin{pmatrix} x_{11} & x_{12} & \cdots & x_{1p} \\ x_{21} & x_{22} & \cdots & x_{2p} \\ \vdots & \vdots & & \vdots \\ x_{n1} & x_{n2} & \cdots & x_{np} \end{pmatrix}$$

其中，每一行表示一个样本，每一列表示一个指标。x_{ij}表示第 i 个样本关于第 j 项指标的观测值。根据观测值矩阵 X，对样本进行聚类。聚类分析的基本思想是：在样本之间定义距离（表示样本之间的相似度），距离越小，相似度越高，关系越紧密。将关系密切的样本聚集为一类，关系疏远的样本聚集为另一类，直到所有样本都完成聚集。

聚类分析旨在找出数据对象之间的关系，对原数据进行分组并定义标签。标准是：每个大组之间存在一定的差异性，而组内的对象存在一定的相似性。因此，大组之间的差异越大，组内对象的相似度越高，最终的聚类效果就越显著。

K-均值聚类算法是数据挖掘中的经典聚类算法，是一种划分型聚类算法。其简洁和高效的优点使得它成为所有聚类算法中被广泛使用的算法之一。下面我们将详细介绍 K-均值聚类算法的原理、执行流程和 Python 实现方法。

6.5.1 K-均值聚类的基本原理

K-均值聚类是一种基于原型的、根据距离划分组的算法，其时间复杂度比其他聚类算法低，用户需指定划分组的个数 K。其中，K-均值聚类常见的距离度量包括欧几里得距离（也称欧氏距离）、曼哈顿距离、切比雪夫距离等。通常情况下，K-均值聚类分析默认采用欧氏距离进行计算，这不仅计算方便，而且很容易解释对象之间的关系。欧氏距离的公式如下：

$$d_{ij} = \sqrt{\sum_{m=1}^{n}(x_{im}-x_{jm})^2}$$

表示第 i 个样本与第 j 个样本之间的欧氏距离。

K-均值聚类算法的直观理解如下：

Step1：随机初始化 K 个聚类中心，即 K 个类中心向量。

Step2：对每个样本计算其与各个类中心向量的距离，并将该样本指派给距离最小的类。

Step3：更新每个类的中心向量。更新的方法是取该类所有样本的特征向量的均值。

Step4：直到各个类的中心向量不再发生变化为止，作为退出条件。

例如，有以下 8 个数据样本。

x_i	1.5	1.7	1.6	2.1	2.2	2.4	2.5	1.8
y_i	2.5	1.3	2.2	6.2	5.2	7.1	6.8	1.9

将 8 个数据样本聚为两类，其 K-均值聚类算法执行如下：

Step1：初始化两个类的聚类中心，这里取第 1 个和第 2 个样本分别作为两个类的聚类中心。

```
C1=(1.5,2.5)
C2=(1.7,1.3)
```

Step2：分别计算每个样本到达各个聚类中心的距离。

```
到达 C1 的距离：0     1.22   0.32   3.75   2.79   4.69   4.41   0.67
到达 C2 的距离：1.22  0      0.91   4.92   3.93   5.84   5.56   0.61
各样本所属类：  1     2      1      1      1      1      1      2
```

Step3：更新聚类中心。更新方法为计算所属类的特征向量的均值。

例如，C1 聚类中心向量的 x 分量为样本 1、3、4、5、6、7 的特征 x 分量的均值，y 分量为样本 1、3、4、5、6、7 的特征 y 分量的均值。C2 聚类中心向量的 x 分量和 y 分量则分别为样本 2、8 的特征 x 分量和特征 y 分量的均值。

```
C1=((1.5+1.6+2.1+2.2+2.4+2.5)/6,(2.5+2.2+6.2+5.2+7.1+6.8)/6)=(2.05,5)
C2=((1.7+1.8)/2,(1.3+1.9)/2)=(1.75,1.6)
```

机器学习与实现 / 第 6 章

返回 Step2，重新计算各样本到达各聚类中心的距离。

到达 C1 的距离:	2.56	3.72	2.84	1.2	0.25	2.13	1.86	3.11
到达 C2 的距离:	0.93	0.3	0.62	4.61	3.63	5.54	5.25	0.3
各样本所属类:	2	2	2	1	1	1	1	2

同理，更新聚类中心得：

$$C1=(2.3,6.325)$$

$$C2=(1.65,1.975)$$

返回 Step2，重新计算各样本到达各聚类中心的距离。

到达 C1 的距离:	3.91	5.06	4.18	0.24	1.13	0.78	0.52	4.45
到达 C2 的距离:	0.55	0.68	0.23	4.25	3.27	5.18	4.9	0.17
各样本所属类:	2	2	2	1	1	1	1	2

同理，更新聚类中心得：

$$C1=(2.3,6.325)$$

$$C2=(1.65,1.975)$$

Step4：这里我们发现，聚类中心不再发生变化，并且类归属也没有发生变化。其实正是因为类归属没有发生变化，才导致聚类中心不再发生变化，从而达到算法的终止条件。因此，样本1、2、3、8归为一类，样本4、5、6、7归为另一类。

我们可以使用 Python 编写 K-均值聚类算法程序，这样能够更好地理解 K-均值聚类算法。参考程序如下：

```python
def K_mean(data,knum):
    #输入：data——聚类特征数据集，数据结构要求为 NumPy 数值数组
    #输入：knum——聚类个数
    #返回值，data 后面加一列类别，显示类别
    import pandas as pd
    import numpy as np
    p=len(data[0,:])                        #聚类数据维度
    cluscenter=np.zeros((knum,p))           #预定义元素为全0的初始聚类中心
    lastcluscenter=np.zeros((knum,p))       #预定义元素为全0的旧聚类中心
    #初始聚类中心和旧聚类中心初始化，取数据的前 knum 行作为初始值
    for i in range(knum):
        cluscenter[i,:]=data[i,:]
        lastcluscenter[i,:]=data[i,:]
    #预定义聚类类别一维数组，用于存放每次计算样本的所属类别
    clusindex=np.zeros((len(data)))
    while 1:
        for i in range(len(data)):
            #计算第 i 个样本到各个聚类中心的欧氏距离
            #预定义 sumsquare，用于存放第 i 个样本到各个聚类中心的欧氏距离
            sumsquare=np.zeros((knum))
            for k in range(knum):
                sumsquare[k]=sum((data[i,:]-cluscenter[k,:])**2)
            sumsquare=np.sqrt(sumsquare)
            #对第 i 个样本到各个聚类中心的欧氏距离进行升序排序
            s=pd.Series(sumsquare).sort_values()
            #判断第 i 个样本的类归属（距离最小，即 s 序列中第0个位置的索引）
            clusindex[i]=s.index[0]
        #将聚类结果添加到聚类数据最后一列
        clusdata=np.hstack((data,clusindex.reshape((len(data),1))))
        #更新聚类中心，新的聚类中心为对应类别样本特征的均值
        for i in range(knum):
            cluscenter[i,:]=np.mean(clusdata[clusdata[:,p]==i,:-1],0).reshape(1,p)
```

```
#新的聚类中心与旧的聚类中心相减
t=abs(lastcluscenter-cluscenter)
#如果新的聚类中心与旧的聚类中心一致, 即聚类中心不发生变化
#返回聚类结果, 并退出循环
if sum(sum(t))==0:
    return clusdata
    break
#如果更新的聚类中心与旧的聚类中心不一致
#将更新的聚类中心赋给旧的聚类中心, 进入下一次循环
else:
    for k in range(knum):
        lastcluscenter[k,:]=cluscenter[k,:]
```

调用该算法函数, 并绘制聚类效果图, 代码如下:

```
import pandas as pd
D=pd.read_excel('D.xlsx',header=None)
D=D.values
r=K_mean(D,2)
x0=r[r[:,2]==0,0]
y0=r[r[:,2]==0,1]
x1=r[r[:,2]==1,0]
y1=r[r[:,2]==1,1]
import matplotlib.pyplot as plt
plt.plot(x0,y0,'r*')
plt.plot(x1,y1,'bo')
```

执行结果如图 6-6 所示。

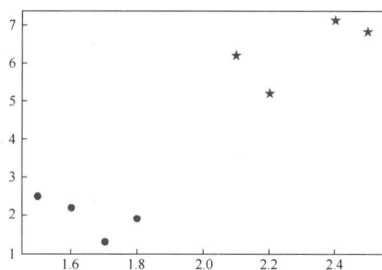

图 6-6

从图 6-6 中可以看出, 样本被明显地归为两类, 即星形为 1 类, 圆形为 2 类。

6.5.2 Python K-均值聚类算法应用举例

对表 6-4 所示的 31 个地区 2016 年农村居民人均可支配收入情况进行聚类分析。

表6-4 2016年农村居民人均可支配收入情况 单位：元

省、直辖市及地区	工资性收入	经营净收入	财产净收入	转移净收入
北京	16637.5	2061.9	1350.1	2260
天津	12048.1	5309.4	893.7	1824.4
河北	6263.2	3970	257.5	1428.6
山西	5204.4	2729.9	149	1999.1
内蒙古	2448.9	6215.7	452.6	2491.7
辽宁	5071.2	5635.5	257.6	1916.4
吉林	2363.1	7558.9	231.8	1969.1
黑龙江	2430.5	6425.9	572.7	2402.6
上海	18947.9	1387.9	859.6	4325
江苏	8731.7	5283.1	606	2984.8

省、直辖市及地区	工资性收入	经营净收入	财产净收入	转移净收入
浙江	14204.3	5621.9	661.8	2378.1
安徽	4291.4	4596.1	186.7	2646.2
福建	6785.2	5821.5	255.7	2136.9
江西	4954.7	4692.3	204.4	2286.4
山东	5569.1	6266.6	358.7	1759.7
河南	4228	4643.2	168	2657.6
湖北	4023	5534	158.6	3009.3
湖南	4946.2	4138.6	143.1	2702.5
广东	7255.3	3883.6	365.8	3007.5
广西	2848.1	4759.2	149.2	2603
海南	4764.9	5315.7	139.1	1623.1
重庆	3965.6	4150.1	295.8	3137.3
四川	3737.6	4525.2	268.5	2671.8
贵州	3211	3115.8	67.1	1696.3
云南	2553.9	5043.7	152.2	1270.1
西藏	2204.9	5237.9	148.7	1502.3
陕西	3916	3057.9	159	2263.6
甘肃	2125	3261.4	128.4	1942
青海	2464.3	3197	325.2	2677.8
宁夏	3906.1	3937.5	291.8	1716.3
新疆	2527.1	5642	222.8	1791.3

注：数据来源于 2016 年《中国统计年鉴》。

计算思路及流程如下：

1．数据获取及标准化处理

```
import pandas as pd
data=pd.read_excel('农村居民人均可支配收入来源2016.xlsx')
X=data.iloc[:,1:]
from sklearn.preprocessing import StandardScaler
scaler = StandardScaler()
scaler.fit(X)
X=scaler.transform(X)
```

2．K-均值聚类分析

（1）导入 K-均值聚类模块 KMeans。

```
from sklearn.cluster import KMeans
```

（2）利用 KMeans 创建 K-均值聚类对象 model。

```
model = KMeans(n_clusters = K, random_state=0, max_iter = 500)
```

参数说明如下：

n_clusters：设置的聚类个数 K。

random_state：随机初始状态，设置为 0 即可。

max_iter：最大迭代次数。

（3）调用 model 对象中的 fit() 方法进行拟合训练。

```
model.fit(X)
```

（4）获取 model 对象中的 labels_ 属性，可以返回聚类的标签。

```
c=model.labels_
```

示例代码如下：

```
import pandas as pd
data=pd.read_excel('农村居民人均可支配收入来源2016.xlsx')
X=data.iloc[:,1:]
from sklearn.preprocessing import StandardScaler
scaler = StandardScaler()
scaler.fit(X)
X=scaler.transform(X)
from sklearn.cluster import KMeans
model = KMeans(n_clusters = 4, random_state=0, max_iter = 500)
model.fit(X)
c=model.labels_
Fs=pd.Series(c,index=data['地区'])
Fs=Fs.sort_values(ascending=True)
```

执行结果如图6-7所示。

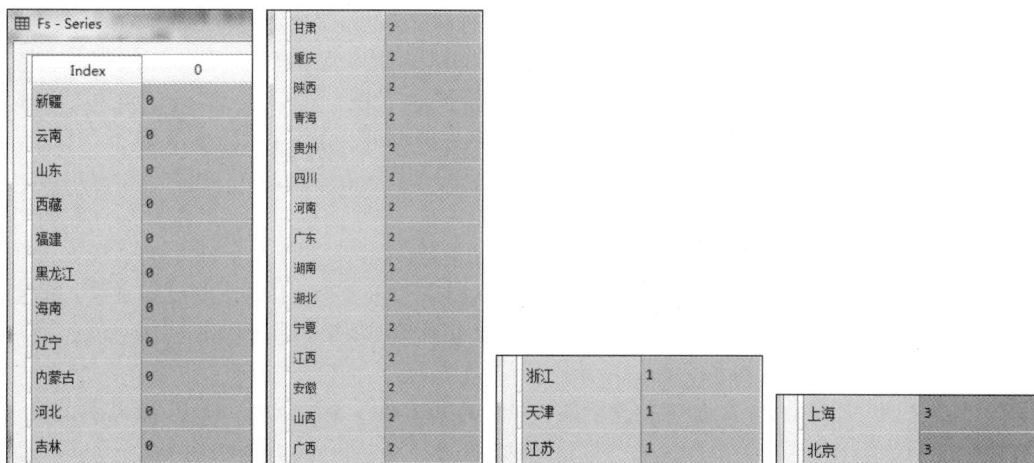

图6-7

从图6-7中可以看出，表6-4所示的31个地区被分为4类，类标签分别为0、1、2、3。例如，第1类为浙江、天津、江苏，第3类为上海、北京。这里需要说明的是，类标签的数值没有实际意义，仅起到分类标注的作用。

6.6 关联规则

关联规则

提到关联规则，不得不先看一个有趣的故事："啤酒与尿布"。它发生在美国沃尔玛连锁超市。沃尔玛拥有庞大的数据仓库系统。为了能够准确地了解顾客的购买习惯，沃尔玛对顾客购物行为进行了购物篮分析，想知道顾客经常一起购买的商品有哪些。沃尔玛的数据仓库系统集中存储了详细的原始交易数据。在这些原始交易数据的基础上，沃尔玛利用数据挖掘方法对这些数据进行分析和挖掘。一个意外的发现是：与尿布一起购买最多的商品竟然是啤酒！大量的实际调查分析揭示了一个隐藏的规律：在美国，一些年轻的父亲下班后经常会到超市去买婴儿尿布，而他们中有30%~40%的人同时也会为自己买一些啤酒。产生这一现象的原因是：美国的太太们常叮嘱她们的丈夫下班后为小孩买尿布，而丈夫们在买尿布后又随手带回了他们喜欢的啤酒。

我们先不讨论这个故事的真实性，但是这种"啤酒与尿布"的关联关系在现实中却广泛存在，例如人们的穿衣搭配、产品交叉销售、各种营销推荐方案等。归结起来，这就是一种关联规则问题。本节主要介绍关联规则的基本概念、关联规则的挖掘方法以及Python实现。

机器学习与实现 / 第6章

6.6.1 关联规则概念

假设有以下数据，每行代表一个顾客在超市的购买记录：

I1：西红柿、排骨、鸡蛋。

I2：西红柿、茄子。

I3：鸡蛋、袜子。

I4：西红柿、排骨、茄子。

I5：西红柿、排骨、袜子、酸奶。

I6：鸡蛋、茄子、酸奶。

I7：排骨、鸡蛋、茄子。

I8：土豆、鸡蛋、袜子。

I9：西红柿、排骨、鞋子、土豆。

假如有一条规则：西红柿—排骨，则同时购买西红柿和排骨的顾客比例为4/9，而购买西红柿的顾客中也购买了排骨的比例是4:5。这两个比例参数在关联规则中是非常有意义的度量，分别称作支持度（Support）和置信度（Confidence）。支持度反映了规则的覆盖范围，置信度反映了规则的可信程度。

在关联规则中，如上例所述，所有商品集合 I={西红柿,排骨,鸡蛋,茄子,袜子,酸奶,土豆,鞋子}称作项集，每一个顾客购买的商品集合 Ii 称为一个事务，所有事务 T={$I1,I2,\cdots,I9$}称作事务集合，且满足 Ii 是 T 的真子集。

项集是项的集合。包含 k 项的项集称作 k 项集，如集合{西红柿,排骨,鸡蛋}是一个 3 项集。项集出现的频率是所有包含该项集的事务计数，又称作绝对支持度或支持度计数。假设某项集 I 的相对支持度满足预定义的最小支持度阈值，则 I 是频繁项集。频繁 k 项集通常记作 k。

一对一关联规则的形式如下：

$A \Rightarrow B$，A、B 满足 A、B 是 T 的真子集，并且 A 和 B 的交集为空集。其中，A 称为前件，B 称为后件。

关联规则有时也表示为形如"如果……那么……"，前者是规则成立的条件，后者是条件下发生的结果。支持度和置信度的计算公式如下：

$$Support(A \Rightarrow B) = \frac{A, B同时发生的事务个数}{所有事务个数} = \frac{Support\_count(A \cap B)}{Total}$$

$$Confidence(A \Rightarrow B) = P(B \mid A) = \frac{Support(A \cap B)}{Support(A)} = \frac{Support\_count(A \cap B)}{Support\_count(A)}$$

支持度表示为项集 A、B 同时发生的概率，而置信度则表示为项集 A 发生的条件下项集 B 发生的概率。

在现实应用中，还存在多对一的关联规则，其形式如下：

$A, B, \cdots \Rightarrow K$，$A$、$B$、$\cdots$、$K$ 满足 A、B、$\cdots$、K 是 T 的真子集，并且 A、B、$\cdots$、K 的交集为空集。其中，$A, B, \cdots$ 称为前件；K 称为后件。多对一关联规则的支持度和置信度计算公式如下：

$$Support(A, B, \cdots \Rightarrow K) = \frac{A, B, \cdots, K同时发生的事务个数}{所有事务个数}$$

$$= \frac{Support\_count(A \cap B \cdots \cap K)}{Total}$$

$$Confidence(A, B, \cdots \Rightarrow K) = P(K \mid A, B, \cdots) = \frac{Support(A \cap B \cdots \cap K)}{Support(A \cap B \cdots)}$$

$$= \frac{Support\_count(A \cap B \cdots \cap K)}{Support\_count(A \cap B \cdots)}$$

支持度表示项集 A、B、$\cdots$、K 同时发生的概率，而置信度则表示在项集 A、B、$\cdots$、K 发生的条件下，项集 K 发生的概率。

6.6.2 布尔关联规则挖掘

布尔关联规则挖掘是指将事务数据集转换为布尔值（0 或 1）数据集，并在布尔数据集基础上挖掘关联规则的一种方法。事实上，在布尔数据集上挖掘关联规则非常方便，由于取值要么是 0，要么是 1，计算关联规则的支持度和置信度仅需通过求和运算即可完成。例如，将第 6.6.1 小节中的购买记录转换为布尔值数据集，如表 6-5 所示。

表 6-5　布尔数据集示例

ID	土豆	排骨	茄子	袜子	西红柿	酸奶	鞋子	鸡蛋
I1	0	1	0	0	0	0	0	1
I2	0	0	1	0	1	0	0	0
I3	0	0	0	1	0	0	0	1
I4	0	1	1	0	1	0	0	0
I5	0	1	0	1	1	1	0	0
I6	0	0	1	0	0	1	0	1
I7	0	1	1	0	0	0	0	1
I8	1	0	0	1	0	0	0	1
I9	1	1	0	0	1	0	1	0

在布尔数据集中，每一行仍然代表一个事务，即超市的购买记录；列为项，即购买的商品名称；值取 0 表示该事务在对应的项中没有出现，即该购买记录中没有购买该商品，否则为 1。下面我们介绍如何在布尔数据集基础上进行关联规则挖掘，以一对一关联规则挖掘为例。

6.6.3 一对一关联规则挖掘及 Python 实现

一对一关联规则是指规则的前件和后件均只有一项。这种关联规则的挖掘相对比较简单，可以直接利用关联规则支持度和置信度的计算公式进行计算。下面我们介绍 Python 的实现方法，具体的计算思路及流程如下：

1．事务数据集转换为布尔（0 或 1）值数据表

首先，定义一个空的字典 D 和包含所有商品的列表 item=['西红柿','排骨','鸡蛋','茄子','袜子','酸奶','土豆','鞋子']。

其次，定义一个长度与数据集长度（事务个数）相同的一维全零数组 z。循环操作商品列表 item，对每一个商品搜索其所在事务序号（行号），并将事务序号对应的 z 位置修改为 1，同时以商品作为键，z 作为值，添加到字典 D 中。

最后，将 D 转换为数据框。

示例代码如下：

```
item=['西红柿','排骨','鸡蛋','茄子','袜子','酸奶','土豆','鞋子']
import pandas as pd
import numpy as np
data = pd.read_excel('tr.xlsx',header = None)
data=data.iloc[:,1:]
D=dict()
for t in range(len(item)):
    z=np.zeros((len(data)))
    li=list()
    for k in range(len(data.iloc[0,:])):
        s=data.iloc[:,k]==item[t]
        li.extend(list(s[s.values==True].index))
    z[li]=1
    D.setdefault(item [t],z)
Data=pd.DataFrame(D)   #布尔值数据表
```

执行结果如图 6-8 所示。

Data - DataFrame

Index	土豆	排骨	茄子	袜子	西红柿	酸奶	鞋子	鸡蛋
0	0	1	0	0	1	0	0	1
1	0	0	1	0	1	0	0	0
2	0	0	0	1	0	0	0	1
3	0	1	1	0	1	0	0	0
4	0	1	0	1	1	1	0	0
5	0	0	1	0	0	1	0	1
6	0	1	1	0	0	0	0	1
7	1	0	0	1	0	0	0	1
8	1	1	0	0	1	0	1	0

图 6-8

2．挖掘两项之间的关联规则，并将结果导出到 Excel 文件中

利用关联规则的置信度定义和支持度定义挖掘两项之间的关联规则，并将结果导出到 Excel 文件中。示例代码如下：

```
#获取字段名称,并转换为列表
c=list(Data.columns)
c0=0.5 #最小置信度
s0=0.2 #最小支持度
list1=[] #预定义列表 list1，用于存放规则
list2=[] #预定义列表 list2，用于存放规则的支持度
list3=[] #预定义列表 list3，用于存放规则的置信度
for k in range(len(c)):
    for q in range(len(c)):
        #对第 c[k]个项与第 c[q]个项挖掘关联规则
        #规则的前件为 c[k]
        #规则的后件为 c[q]
        #要求前件和后件不相等
        if c[k]!=c[q]:
           c1=Data[c[k]]
           c2=Data[c[q]]
           I1=c1.values==1
           I2=c2.values==1
           t12=np.zeros((len(c1)))
           t1=np.zeros((len(c1)))
           t12[I1&I2]=1
           t1[I1]=1
           sp=sum(t12)/len(c1) #支持度
           co=sum(t12)/sum(t1) #置信度
           #取置信度大于等于 c0 的关联规则
           if co>=c0 and sp>=s0:
              list1.append(c[k]+'--'+c[q])
              list2.append(sp)
              list3.append(co)
#定义字典，用于存放关联规则及其置信度、支持度
R={'rule':list1,'support':list2,'confidence':list3}
#将字典转换为数据框
R=pd.DataFrame(R)
#将结果导出到 Excel
R.to_excel('rule1.xlsx')
```

执行结果如表6-6所示。

表6-6 一对一关联规则挖掘示例结果

ID	rule	support	confidence
0	排骨—西红柿	0.444444444	0.8
1	茄子—排骨	0.222222222	0.5
2	茄子—西红柿	0.222222222	0.5
3	茄子—鸡蛋	0.222222222	0.5
4	袜子—鸡蛋	0.222222222	0.666666667
5	西红柿—排骨	0.444444444	0.8

本章小结

本章首先介绍了数值线性回归模型，包括一元线性回归和多元线性回归；对于非线性回归模型，本章介绍了神经网络回归。其次，介绍了数据挖掘中的经典分类模型，包括逻辑回归模型、神经网络模型和支持向量机模型。最后，介绍了数据挖掘中的经典聚类算法——K-均值聚类算法。由于scikit-learn包中没有关联规则的内容，本章在最后一节介绍了关联规则的概念及一对一关联规则的Python实现方法。

本章练习

1. 油气藏的储量密度 Y 与生油门限以下平均地温梯度 X_1、生油门限以下总有机碳百分比 X_2、生油岩体积与沉积岩体积百分比 X_3、砂泥岩厚度百分比 X_4、有机质转化率 X_5 有关，数据如表6-7所示。

表6-7 油气存储特征数据表

样本	X_1	X_2	X_3	X_4	X_5	Y
1	3.18	1.15	9.4	17.6	3	0.7
2	3.8	0.79	5.1	30.5	3.8	0.7
3	3.6	1.1	9.2	9.1	3.65	1
4	2.73	0.73	14.5	12.8	4.68	1.1
5	3.4	1.48	7.6	16.5	4.5	1.5
6	3.2	1	10.8	10.1	8.1	2.6
7	2.6	0.61	7.3	16.1	16.16	2.7
8	4.1	2.3	3.7	17.8	6.7	3.1
9	3.72	1.94	9.9	36.1	4.1	6.1
10	4.1	1.66	8.2	29.4	13	9.6
11	3.35	1.25	7.8	27.8	10.5	10.9
12	3.31	1.81	10.7	9.3	10.9	11.9
13	3.6	1.4	24.6	12.6	12.76	12.7
14	3.5	1.39	21.3	41.1	10	14.7
15	4.75	2.4	26.2	42.5	16.4	21.3

注：数据来源于《MATLAB数据分析方法》。

任务如下：

（1）利用线性回归分析命令，求出 Y 与5个因素之间的线性回归关系式系数向量（包括常数项），并在命令窗口输出该系数向量。

（2）求出线性回归关系的判定系数。

（3）今有一个样本 X_1=4，X_2=1.5，X_3=10，X_4=17，X_5=9，试预测该样本的 Y 值。

2. 企业到金融机构贷款，金融机构需要对企业进行评估。评估结果为0和1两种形式，0表示企业两年后破产，将拒绝贷款；1表示企业两年后具备还款能力，可以贷款。如表6-8所示，已知前20家企业的3项评价指标值和评估结果，试建立逻辑回归模型、支持向量机模型、神经网络模型对剩余 5 家企业进行评估。

表 6-8　企业贷款审批数据表

企业编号	X_1	X_2	X_3	Y
1	−62.8	−89.5	1.7	0
2	3.3	−3.5	1.1	0
3	−120.8	−103.2	2.5	0
4	−18.1	−28.8	1.1	0
5	−3.8	−50.6	0.9	0
6	−61.2	−56.2	1.7	0
7	−20.3	−17.4	1	0
8	−194.5	−25.8	0.5	0
9	20.8	−4.3	1	0
10	−106.1	−22.9	1.5	0
11	43	16.4	1.3	1
12	47	16	1.9	1
13	−3.3	4	2.7	1
14	35	20.8	1.9	1
15	46.7	12.6	0.9	1
16	20.8	12.5	2.4	1
17	33	23.6	1.5	1
18	26.1	10.4	2.1	1
19	68.6	13.8	1.6	1
20	37.3	33.4	3.5	1
21	−49.2	−17.2	0.3	?
22	−19.2	−36.7	0.8	?
23	40.6	5.8	1.8	?
24	34.6	26.4	1.8	?
25	19.9	26.7	2.3	?

注：数据来源于《MATLAB 在数学建模中的应用（第 2 版）》。

3. 我国各地区普通高等教育发展状况数据（见表 6-9）：x_1 为每百万人口高等院校数，x_2 为每十万人口高等院校毕业生数，x_3 为每十万人口高等院校招生数，x_4 为每十万人口高等院校在校生数，x_5 为每十万人口高等院校教职工数，x_6 为每十万人口高等院校专职教师数，x_7 为高级职称占专职教师的比例，x_8 为平均每所高等院校的在校生数，x_9 为国家财政预算内普通高等教育经费占国内生产总值的比重，x_{10} 为生均教育经费。

任务如下：

（1）对以上指标数据进行主成分分析，并提取主成分（累计贡献率达到 0.9 以上即可）。

（2）基于提取的主成分，对以下 30 个地区进行 K-均值聚类分析（K=4），并在命令窗口输出各类别的地区名称。

表 6-9　我国各省、直辖市及地区普通高等教育发展状况数据

省、直辖市及地区	x_1	x_2	x_3	x_4	x_5	x_6	x_7	x_8	x_9	x_{10}
北京	5.96	310	461	1557	931	319	44.36	2615	2.2	13631
上海	3.39	234	308	1035	498	161	35.02	3052	0.9	12665
天津	2.35	157	229	713	295	109	38.4	3031	0.86	9385
陕西	1.35	81	111	364	150	58	30.45	2699	1.22	7881
辽宁	1.5	88	128	421	144	58	34.3	2808	0.54	7733
吉林	1.67	86	120	370	153	58	33.53	2215	0.76	7480
黑龙江	1.17	63	93	296	117	44	35.22	2528	0.58	8570
湖北	1.05	67	92	297	115	43	32.89	2835	0.66	7262
江苏	0.95	64	94	287	102	39	31.54	3008	0.39	7786

省、直辖市及地区	x_1	x_2	x_3	x_4	x_5	x_6	x_7	x_8	x_9	x_{10}
广东	0.69	39	71	205	61	24	34.5	2988	0.37	11355
四川	0.56	40	57	177	61	23	32.62	3149	0.55	7693
山东	0.57	58	64	181	57	22	32.95	3202	0.28	6805
甘肃	0.71	42	62	190	66	26	28.13	2657	0.73	7282
湖南	0.74	42	61	194	61	24	33.06	2618	0.47	6477
浙江	0.86	42	71	204	66	26	29.94	2363	0.25	7704
新疆	1.29	47	73	265	114	46	25.93	2060	0.37	5719
福建	1.04	53	71	218	63	26	29.01	2099	0.29	7106
山西	0.85	53	65	218	76	30	25.63	2555	0.43	5580
河北	0.81	43	66	188	61	23	29.82	2313	0.31	5704
安徽	0.59	35	47	146	46	20	32.83	2488	0.33	5628
云南	0.66	36	40	130	44	19	28.55	1974	0.48	9106
江西	0.77	43	63	194	67	23	28.81	2515	0.34	4085
海南	0.7	33	51	165	47	18	27.34	2344	0.28	7928
内蒙古	0.84	43	48	171	65	29	27.65	2032	0.32	5581
西藏	1.69	26	45	137	75	33	12.1	810	1	14199
河南	0.55	32	46	130	44	17	28.41	2341	0.3	5714
广西壮族自治区	0.6	28	43	129	39	17	31.93	2146	0.24	5139
宁夏回族自治区	1.39	48	62	208	77	34	22.7	1500	0.42	5377
贵州	0.64	23	32	93	37	16	28.12	1469	0.34	5415
青海	1.48	38	46	151	63	30	17.87	1024	0.38	7368

4. 公路运量主要包括公路客运量和公路货运量两个方面。根据研究，某地区的公路运量主要与该地区的人口数量、机动车数量和公路面积有关。表 6-10 给出了某地区 20 年的公路运量相关数据。根据相关部门提供的数据，该地区 2010 年和 2011 年的人口数量分别为 73.39 万和 75.55 万，机动车数量分别为 3.9635 万辆和 4.0975 万辆，公路面积分别为 0.9880 万平方千米和 1.0268 万平方千米。请利用 BP 神经网络预测，该地区 2010 年和 2011 年的公路客运量与公路货运量如下。

表 6-10　运力数据表

年份	人数 /万人	机动车数量 /万辆	公路面积 /万平方千米	公里客运量 /万人	公里货运量 /万吨
1990	20.55	0.6	0.09	5126	1237
1991	22.44	0.75	0.11	6217	1379
1992	25.37	0.85	0.11	7730	1385
1993	27.13	0.9	0.14	9145	1399
1994	29.45	1.05	0.2	10460	1663
1995	30.1	1.35	0.23	11387	1714
1996	30.96	1.45	0.23	12353	1834
1997	34.06	1.6	0.32	15750	4322
1998	36.42	1.7	0.32	18304	8132
1999	38.09	1.85	0.34	19836	8936
2000	39.13	2.15	0.36	21024	11099
2001	39.99	2.2	0.36	19490	11203
2002	41.93	2.25	0.38	20433	10524
2003	44.59	2.35	0.49	22598	11115
2004	47.3	2.5	0.56	25107	13320
2005	52.89	2.6	0.59	33442	16762
2006	55.73	2.7	0.59	36836	18673

年份	人数 /万人	机动车数量 /万辆	公路面积 /万平方千米	公里客运量 /万人	公里货运量 /万吨
2007	56.76	2.85	0.67	40548	20724
2008	59.17	2.95	0.69	42927	20803
2009	60.63	3.1	0.79	43462	21804

注：数据来源于《MATLAB 在数学建模中的应用（第 2 版）》。

5. 假设有以下数据集，每行代表一个顾客在超市的购买记录。

I1：西红柿、排骨、鸡蛋、毛巾、水果刀、苹果。

I2：西红柿、茄子、水果刀、香蕉。

I3：鸡蛋、袜子、毛巾、肥皂、苹果、水果刀。

I4：西红柿、排骨、茄子、毛巾、水果刀。

I5：西红柿、排骨、酸奶、苹果。

I6：鸡蛋、茄子、酸奶、肥皂、苹果、香蕉。

I7：排骨、鸡蛋、茄子、水果刀、苹果。

I8：土豆、鸡蛋、袜子、香蕉、苹果、水果刀。

I9：西红柿、排骨、鞋子、土豆、香蕉、苹果。

任务如下：

试利用关联规则支持度和置信度定义挖掘出任意两个商品之间的关联规则，其中最小支持度和最小置信度分别为 0.2 和 0.4。

第7章 集成学习与实现

在机器学习中，通过利用各模型之间的差异性来构建比单个模型更好的模型，其目标是提出一个在性能上具有一定竞争力且较为稳定的预测算法。然而，在现实中往往难以如愿，反而会得到多个各具特色的分类器。为了集成这些分类器的优点，集成算法被提出。集成算法是一种通过构建和结合多个学习器以完成学习任务的算法。当前主流的集成算法分为两种：第一种是 Bagging 算法，该算法训练多个分类器，这些分类器之间相互独立，不存在强依赖关系。在训练完成后，利用集成策略将各个分类器的结果进行整合，以得到最终的预测结果；第二种是 Boosting 算法，这是一种将弱学习器提升为强学习器的算法。Boosting 算法需要利用上一个分类器的结果对下一个分类器的训练进行调整，从而逐步增强学习器的性能。

7.1 集成学习的概念

7.1.1 集成学习的基本原理

集成学习的概念（1）

集成学习（Ensemble Learning）是将多个基础学习器（也称个体学习器）通过结合策略进行组合，形成一个性能优良的集成学习器来完成学习任务的一种方法，也称多分类器系统或基于委员会的学习。如图 7-1 所示，在集成学习中，个体学习器一般由一个现有的学习算法从训练数据中训练得到，例如决策树算法、BP 神经网络算法等。在这种情况下，集成学习模型中只包含同种类型的个体学习器，比如"决策树集成"中全是决策树，这样的集成被称为"同质"的。

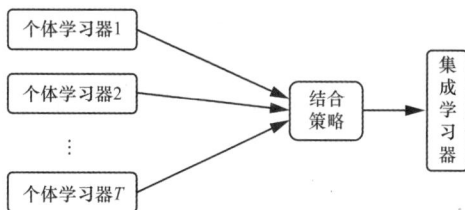

图 7-1

在训练集成学习模型时：

如果所有个体学习器都是"同质"模型（例如，在集成学习模型中每个个体学习器都是决策树模型），那么由这些同类个体学习器相结合产生的集成学习模型被称为同质集成模型。同质集成模型中的个体学习器也被称为"基学习器"，相应的学习算法被称为"基学习算法"。

如果个体学习器不是"同质"模型（例如，在集成学习模型中同时包含决策树分类模型和 k 近邻分类模型），那么由这些不同类别的个体学习器相结合产生的集成学习模型被称为异质集成模型。异质集成模型中的个体学习器常称为"组件学习器"。

7.1.2 个体学习器对集成学习模型性能的影响

集成学习是通过一定的结合策略将多个个体学习器结合得到的模型。模型的性能会受到个体学习器的预测准确率、多样性和数量等因素的影响。

集成学习的概念（2）

例如，在二分类任务中，如果 3 个不同的个体学习器在 3 个测试样本中的预测准确率均为 66.6%，集成学习模型的预测准确率可能会达到 100%，即集成学习模型的性能有所提升，如表 7-1 所示（√表示样本预测正确，×表示样本预测错误）；如果 3 个不同的个体学习器在 3 个测试样本中的预测准确率均为 33.3%，集成学习模型的预测准确率可能为 0，即集成学习模型的性能有所降低，如表 7-2 所示；如果 3 个个体学习器是完全相同的学习器，集成学习模型的性能则不会发生变化，如表 7-3 所示。

表 7-1 集成学习模型性能提升

学习器	测试样本 1	测试样本 2	测试样本 3	模型预测准确率
个体学习器 1	√	√	×	66.6%
个体学习器 2	×	√	√	66.6%
个体学习器 3	√	×	√	66.6%
集成学习器	√	√	√	100%

表 7-2 集成学习模型性能降低

学习器	测试样本 1	测试样本 2	测试样本 3	模型预测准确率
个体学习器 1	√	×	×	33.3%
个体学习器 2	×	√	×	33.3%
个体学习器 3	×	×	√	33.3%
集成学习器	×	×	×	0

表 7-3 集成学习模型性能不变

学习器	测试样本 1	测试样本 2	测试样本 3	模型预测准确率
个体学习器 1	√	√	×	66.6%
个体学习器 2	√	√	×	66.6%
个体学习器 3	√	√	×	66.6%
集成学习器	√	√	×	66.6%

可见，要想获得好的集成学习模型，个体学习器应"好而不同"，即个体学习器要有一定的预测准确率（一般情况下，个体学习器的预测准确率应大于 60%），并且每个个体学习器之间要存在差异（多样性）。

例如，在二分类任务中，假设个体学习器的预测误差率相互独立，则集成学习模型的预测误差率为：

$$P = \sum_{k=0}^{[T/2]} C_T^k (1-\varepsilon)^k \varepsilon^{T-k} \leqslant e^{-\frac{1}{2} T(1-2\varepsilon)^2}$$

其中，T 表示个体学习器的数量；ε 表示个体学习器的预测误差率；该放缩推导利用了 Hoeffding 不等式。

可以看出，随着集成学习模型中个体学习器数量 T 的增大，集成学习模型的预测误差率将呈指数级下降，最终趋向于零。然而，这个结论是基于假设"个体学习器的误差相互独立"得到的。在实际任务中，个体学习器是为解决同一问题而训练出来的，显然它们不可能完全相互独立。事实上，个体学习器的"准确性"和"多样性"本身就存在冲突。一般来说，当准确性较高时，要增加多样性就必须牺牲一定的准确性。因此，如何训练出"好而不同"的个体学习器，是集成学习研究的核心内容。

7.1.3　集成学习的结合策略

常见的集成学习结合策略有平均法、投票法和学习法3种，下面将分别进行介绍。

1．平均法

当模型的预测结果是数值型数据时，常用的结合策略就是平均法，即模型的预测结果是每个个体学习器预测结果的平均值。平均法包含简单平均法和加权平均法两种。

假设集成学习模型中包含 T 个个体学习器 $\{h_1, h_2, \cdots, h_T\}$，其中个体学习器 h_i 对样本 x 的预测值表示为 $h_i(x)$，则简单平均法的计算公式为：

$$H(x) = \frac{1}{T} \sum_{i=1}^{T} h_t(x)$$

加权平均法的计算公式为：

$$H(x) = \sum_{i=1}^{T} w_i h_i(x)$$

其中，w_i 表示个体学习器 h_i 的权重，通常要求 $w_i \geq 0$，且 $\sum_{i=1}^{T} w_i = 1$。

加权平均法的权重一般是从训练集中学习得到的。现实任务中的训练样本通常不充分或存在噪声，这使得模型从训练集中学习得到的权重并不完全可靠。尤其是对于规模较大的数据集来说，由于需要学习的权重过多，模型容易产生过拟合现象。因此，加权平均法不一定优于简单平均法。一般而言，当个体学习器的性能差异较大时，宜使用加权平均法；而当个体学习器的性能相近时，宜使用简单平均法。

2．投票法

在分类任务中，通常使用投票法。具体流程为：首先，每个个体学习器从类别标签集合 $\{c_1, c_2, \cdots, c_n\}$ 中预测出一个标签，然后通过投票决定最终的模型预测结果。投票法分为绝对多数投票法、相对多数投票法和加权投票法3种。

（1）绝对多数投票法：若某标签的票数超过半数，则模型预测为该标签；否则拒绝预测。这在可靠性要求较高的学习任务中是一种很好的机制。

（2）相对多数投票法：预测值为票数最多的标签。如果同时有多个标签获得最高票数，则从中随机选取一个。

（3）加权投票法：与加权平均法类似，在投票时需要考虑个体学习器的权重。

3．学习法

当训练集很大时，一种更为强大的结合策略就是学习法。学习法是指通过一个学习器将各个个体学习器进行结合的一种策略。通常将个体学习器称为初级学习器，用于结合的学习器称为次级学习器或元学习器。

学习法的典型代表是 Stacking。Stacking 先从初始数据集中训练出初级学习器，然后"生成"一个新数据集用于训练次级学习器。在这个新数据集中，各个初级学习器的输出值是特征变量，而初始样本的标签仍然是新数据集中对应样本的标签。

对于一个待测样本，初级学习器可预测出该样本的所属类别，然后将各个初级学习器的输出值（预测完成的类别标签）作为次级学习器的输入值传入次级学习器，次级学习器即可输出集成学习模型的最终预测结果。

7.1.4　集成学习的类型

根据个体学习器的生成方式不同，集成学习可分为两大类：一类是并行化集成学习，即个体学习器之间不存在强依赖关系，可同时生成的集成学习模式，其代表算法是 Bagging 和随机森林；另一类是串行化集成学习，即个体学习器之间存在强依赖关系，必须串行生成的集成学习模式，其代表算法是 Boosting。

7.2 Bagging 算法

Bagging 算法

7.2.1 Bagging 算法的基本原理

Bagging（Bootstrap Aggregating），又称装袋算法，是集成学习中的一种经典集成算法。其基本原理是：在集成框架下，对于多个相同算法组成的基分类器，通过有放回的自助采样方法（Bootstrap Sampling）从包含 m 个样本的数据集中进行采样。具体来说，我们先随机取出一个样本放入采样集中，然后将该样本放回初始数据集，使得下次采样时该样本仍有可能被选中。经过 m 次随机采样操作，就能得到一个包含 m 个样本的采样集。通过这种方式，可以生成 T 个包含 m 个训练样本的采样集。接着，基于每个采样集训练出一个基学习器，通过不同子集的方式使得各个基分类器具有一定的独立性。最后，通过投票法集成最终的预测结果，从而提高模型的泛化能力。如图 7-2 所示为 Bagging 集成算法的流程。

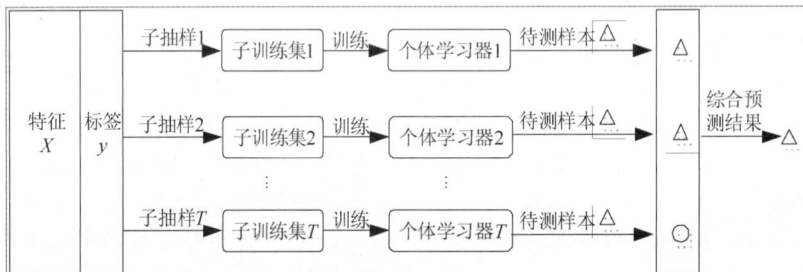

图 7-2

7.2.2 Bagging 算法的 Sklearn 实现

Sklearn 的 ensemble 模块提供了 BaggingClassifier 类和 BaggingRegressor 类，分别用于实现 Bagging 分类和回归算法。在 Sklearn 中，可以通过以下语句导入 Bagging 算法模块。

```
from sklearn.ensemble import BaggingClassifier    #导入 Bagging 分类模块
from sklearn.ensemble import BaggingRegressor      #导入 Bagging 回归模块
```

BaggingClassifier 类和 BaggingRegressor 类均有以下几个参数：

（1）参数 base_estimator 用于指定个体学习器的基础算法。

（2）参数 n_estimators 用于设置要集成的个体学习器的数量。

（3）在 Sklearn 中，Bagging 算法允许用户设置训练个体学习器的样本数量和特征数量，分别使用参数 max_samples 和 max_features。

（4）参数 random_state 用于设置随机数生成器的种子，以便随机抽取样本和特征。

7.2.3 Bagging 算法的应用举例

使用 Bagging 算法（用 k 近邻算法训练个体学习器）与 k 近邻算法对 Sklearn 自带的鸢尾花数据集进行分类，并比较两个模型的预测准确率。

导入 Sklearn 自带的鸢尾花数据集，将数据集拆分为训练集和测试集，并寻找 k 近邻模型的最优 k 值。

1．导入 Sklearn 自带的鸢尾花数据集

```
from sklearn.datasets import load_iris
from sklearn.model_selection import train_test_split
from sklearn.ensemble import BaggingClassifier
from sklearn.neighbors import KNeighborsClassifier
from sklearn.metrics import accuracy_score
from sklearn.model_selection import cross_val_score
import matplotlib.pyplot as plt
```

2．拆分花卉数据集

```
x,y=load_iris().data,load_iris().target
x_train,x_test,y_train,y_test=train_test_split(x,y,random_state=0,test_size=0.5)
```

3．寻找 k 近邻模型的最优 k 值

```
k_range=range(1,15)              #设置 k 值的取值范围
k_error=[]                       #k_error 用于保存预测准确率数据
for k in k_range:
    model=KNeighborsClassifier(n_neighbors=k)
    scores=cross_val_score(model,x,y,cv=5,scoring='accuracy')
    k_error.append(1-scores.mean())
```

4．画图，计算模型的预测准确率（x 轴表示 k 的取值，y 轴表示预测准确率）

```
plt.rcParams['font.sans-serif']='Simhei'
plt.plot(k_range,k_error,'r-')
plt.xlabel('k 的取值')
plt.ylabel('预测准确率')
plt.show()
```

程序运行结果如图 7-3 所示。从图中可以看出，当 k 的值为 6、7、10、11 或 12 时，模型的预测准确率最低。

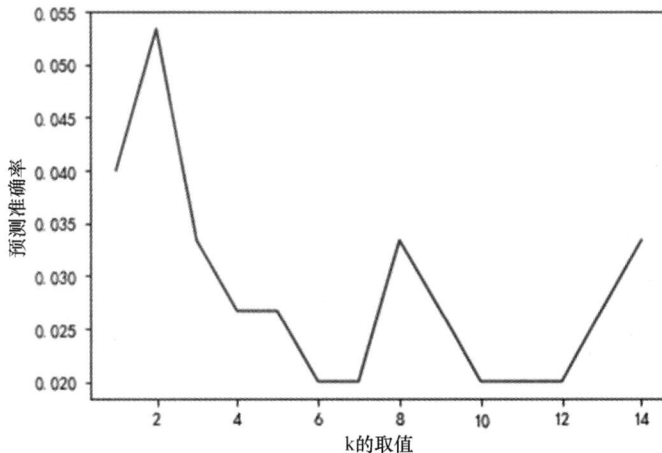

图 7-3

当 k=6 时，分别训练 k 近邻模型和基于 k 近邻算法的 Bagging 模型。

1．定义模型

```
kNNmodel=KNeighborsClassifier(6)          #k 近邻模型
Baggingmodel=BaggingClassifier(KNeighborsClassifier(6),
n_estimators=130,max_samples=0.4,max_features=4,random_state=1)
                              #Bagging 模型
```

2．训练模型

```
kNNmodel.fit(x_train,y_train)
Baggingmodel.fit(x_train,y_train)
```

3．评估模型

```
kNN_pre=kNNmodel.predict(x_test)
kNN_ac=accuracy_score(y_test,kNN_pre)
print("k近邻模型预测准确率: ",kNN_ac)
Bagging_pre=Baggingmodel.predict(x_test)
Bagging_ac=accuracy_score(y_test,Bagging_pre)
print("基于k近邻算法的Bagging模型的预测准确率: ",Bagging_ac)
```

程序运行结果如图 7-4 所示。

```
k近邻模型预测准确率: 0.9333333333333333
基于k近邻算法的Bagging模型的预测准确率: 0.9466666666666667
```

图 7-4

从图 7-4 中可以看出，基于 k 近邻算法的 Bagging 模型对 k 近邻模型进行了加强，其预测准确率高于 k 近邻模型。

7.3 随机森林算法

7.3.1 随机森林算法的基本原理

随机森林（random forest, RF）算法是 Bagging 算法的一个扩展变体，其基学习器指定为决策树，但在训练过程中加入了随机属性选择。即在构建单棵决策树的过程中，随机森林算法并不会利用子数据集中所有的特征属性来训练决策树模型，而是在树的每个节点处从 m 个特征属性中随机挑选 k 个特征属性（$k < m$），通常按照节点基尼指数最小的原则，从这 k 个特征属性中选出一个特征属性对节点进行分裂。随机森林算法让每棵树充分生长，不进行通常的剪枝操作。

在随机森林算法生成单棵决策树的过程中，参数 k 控制了特征属性的选取数量。若 $k=m$，则随机森林中单棵决策树的构建与传统的决策树算法相同。一般情况下，推荐 k 的取值为 $\log_2 m$。

随机森林模型往往具有很高的预测准确率，对异常值和噪声有很好的容忍度，并且不容易出现过拟合现象。在实际应用中，随机森林算法的优点包括：

① 构建单棵决策树时，选择部分样本及部分特征，能够在一定程度上避免过拟合现象；

② 构建单棵决策树时，随机选择样本及特征，使得模型具有良好的抗噪能力，性能稳定；

③ 能处理高维度的数据，并且不需要进行特征选择和降维处理。

随机森林算法的缺点在于参数较为复杂，模型训练和预测速度较慢。

7.3.2 随机森林算法的 Sklearn 实现

Sklearn 的 ensemble 模块提供了 RandomForestClassifier 类和 RandomForestRegressor 类，分别用于实现随机森林分类和回归算法。在 Sklearn 中，可以通过以下语句导入随机森林算法模块。

```
from sklearn.ensemble import RandomForestClassifier  #导入随机森林分类模块
from sklearn.ensemble import RandomForestRegressor  #导入随机森林回归模块
```

RandomForestClassifier 类和 RandomForestRegressor 类均有以下几个参数

（1）参数 n_estimators 用于设置要集成的决策树的数量。

（2）参数 criterion 用于设置特征属性的评价标准。RandomForestClassifier 中参数 criterion 的取值

有 gini 和 entropy，gini 表示基尼指数，entropy 表示信息熵，默认值为 gini；RandomForestRegressor 中 criterion 的取值有 mse 和 mae，mse 表示均方误差，mae 表示平均绝对误差，默认值为 mse。

（3）参数 max_features 用于设置单棵决策树允许使用的最大特征数。

（4）参数 random_state 表示随机种子，用于控制随机模式。当 random_state 取某一个固定值时，即可确定一种规则。

7.3.3　Python 随机森林算法的应用举例

使用随机森林算法对 Sklearn 自带的鸢尾花数据集进行分类。

使用随机森林算法训练模型，并输出模型的预测准确率。

1．导入 Sklearn 自带的鸢尾花数据集

```
from sklearn.datasets import load_iris
from sklearn.model_selection import train_test_split
from sklearn.ensemble import RandomForestClassifier
from sklearn.metrics import accuracy_score
import matplotlib.pyplot as plt
from matplotlib.colors import ListedColormap
import numpy as np
```

2．拆分数据集

```
x,y=load_iris().data[:,2:4],load_iris().target
x_train,x_test,y_train,y_test=train_test_split(x,y, random_state=0,test_size=50)
```

3．训练模型

```
model=RandomForestClassifier(n_estimators=10,random_state=0)
model.fit(x_train,y_train)
```

4．评估模型

```
pred=model.predict(x_test)
ac=accuracy_score(y_test,pred)
print("随机森林模型的预测准确率: ",ac)
```

程序运行结果如图 7-5 所示。

随机森林模型的预测准确率：　0.94

图 7-5

使用 Matplotlib 绘制图形，显示模型的分类效果。

1．绘制 3 种类别鸢尾花的样本点

```
x1,x2=np.meshgrid(np.linspace(0,8,500),np.linspace(0,3,500))
x_new=np.stack((x1.flat,x2.flat),axis=1)
y_predict=model.predict(x_new)
y_hat=y_predict.reshape(x1.shape)
iris_cmap=ListedColormap(["#ACC6C0","#FF8080","#A0A0FF"])
plt.pcolormesh(x1,x2,y_hat,cmap=iris_cmap)
plt.scatter(x[y==0,0],x[y==0,1],s=30,c='g',marker='^')
plt.scatter(x[y==1,0],x[y==1,1],s=30,c='r',marker='o')
plt.scatter(x[y==2,0],x[y==2,1],s=30,c='b',marker='s')
```

2．设置坐标轴的名称并显示图形

```
plt.rcParams['font.sans-serif']='Simhei'
plt.xlabel('花瓣长度')
plt.ylabel('花瓣宽度')
plt.show()
```

程序运行结果如图 7-6 所示。

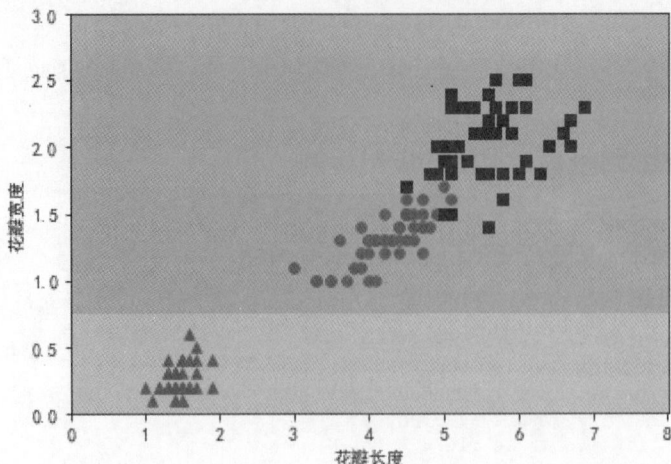

图 7-6

从图 7-6 中可见，随机森林模型能够有效地对样本数据进行分类。

7.4 Boosting 算法

Boosting 算法

Boosting 是一类可以将弱学习器提升为强学习器的算法，是串行式集成学习方法中最著名的代表。Boosting 家族中各种算法的工作原理类似，即先从初始训练集中训练出一个个体学习器，并对该个体学习器预测错误的样本给予更多关注；然后调整训练样本的分布，基于调整后的样本训练下一个个体学习器，如此重复，直到个体学习器的数量达到事先指定的值 T；最后将这 T 个个体学习器进行加权结合，得到最终模型。

Boosting 家族中比较有代表性的算法有 AdaBoost、GBDT 和 XGBoost。

7.5 AdaBoost 算法

7.5.1 AdaBoost 算法的基本原理

AdaBoost 算法

AdaBoost 算法从训练样本出发，通过不断调整训练样本的权重或概率分布来训练模型。其基本流程如下：

（1）将初始训练集 D 中每个样本的权重均设置为一个相同的值 $1/N$（N 为初始训练集的样本数量），使用初始训练集训练一个个体学习器；

（2）使用训练完成的个体学习器对训练数据进行预测，然后增加预测错误样本的权重，减少预测正确样本的权重，获得带权重的训练集；

（3）使用上一步迭代完成的训练集重新训练模型，得到下一个个体学习器；

（4）重复步骤（2）和步骤（3），直到个体学习器的数量达到事先指定的值 T，然后将这 T 个个体学习器进行加权结合，得到最终模型。

在 AdaBoost 算法中，训练样本的权重会被逐步修改。随着迭代次数的增加，难以预测正确的样本对模型的影响越来越大，弱学习器会更加关注这些样本，其预测准确率也会逐渐提升，最终将弱学习器提升为强学习器。

AdaBoost算法有多种推导方式,其中比较容易理解的一种是基于"加性模型",即基学习器的线性组合。

$$H(x) = \sum_{t=1}^{T} \alpha_t h_t(x)$$

引入最小化指数损失函数$L(\alpha_t h_t \mid D_t) = E_{X \sim D_t}[e^{-f(x)\alpha_t h_t(x)}]$。其中,$f(x)$是真实函数;D是训练集;$t$是迭代次数;第一个基分类器$h_1$是通过直接将基学习算法用于初始数据分布而得,此后迭代生成α_t和h_t。将此式进一步展开得:

$$L(\alpha_t h_t \mid D_t) = E_{X \sim D_t}[e^{-f(x)\alpha_t h_t(x)}]$$
$$= E_{X \sim D_t}[e^{-\alpha_t} I(f(x) = h_t(x)) + e^{\alpha_t} I(f(x) \neq h_t(x))]$$
$$= e^{-\alpha_t} P(f(x) = h_t(x)) + e^{\alpha_t} P(f(x) \neq h_t(x))$$
$$= e^{-\alpha_t}(1 - \varepsilon_t) + e^{\alpha_t} \varepsilon_t$$

其中,基分类器的错误率为$\varepsilon = P(f(x) \neq h_t(x))$。进一步对基分类器的权重$\alpha_t$求偏导:

$$\frac{\partial L(\alpha_t h_t \mid D_t)}{\partial \alpha_t} = -e^{-\alpha_t}(1 - \varepsilon_t) + e^{\alpha_t} \varepsilon_t$$

令上式为0可解得:

$$\alpha_t = \frac{1}{2} \ln \frac{1 - \varepsilon_t}{\varepsilon_t}$$

AdaBoost算法在获得H_{t-1}之后,样本分布将进行调整,使下一轮的基学习器h_t能纠正H_{t-1}的一些错误。理想的h_t能纠正H_{t-1}的全部错误,即最小化误差。

$$L(H_t + h_t \mid D_t) = E_{X \sim D_t}[e^{-f(x)(H_{t-1}(x) + h_t(x))}] = E_{X \sim D_t}[e^{-f(x)H_{t-1}(x)} e^{-f(x)h_t(x)}]$$
$$= E_{X \sim D_t}[e^{-\alpha_t} I(f(x) = h_t(x)) + e^{\alpha_t} I(f(x) \neq h_t(x))]$$

利用泰勒公式导出样本分布更新公式:

$$D_{t+1}(x) = D_t(x) e^{-f(x)\alpha_t h_t(x)} \frac{E_{x \sim D_t}[e^{-f(x)H_{t-1}(x)}]}{E_{x \sim D_t}[e^{-f(x)H_t(x)}]}$$

Boosting算法要求基学习器能够对特定的数据分布进行学习,这可以通过重赋权法(re-weighting)来实现,即在训练过程的每一轮中,根据样本分布为每个训练样本重新赋予一个权重。对于无法接受带权样本的基学习算法,则可以通过重采样法(re-sampling)来处理,即在每一轮学习中,根据样本分布对训练集重新进行采样,再用重采样得到的样本集对基学习器进行训练。一般而言,这两种做法没有显著的优劣差别。需要注意的是,Boosting算法在训练的每一轮都要检查当前生成的基学习器是否满足基本条件,一旦条件不满足,当前基学习器即被抛弃,且学习过程停止。在这种情况下,初始设置的学习轮数T可能还远未达到,这可能会导致最终集成中只包含很少的基学习器,从而性能不佳。若采用"重采样法",则可以获得"重启动"机会,以避免训练过程过早停止。即在抛弃不满足条件的当前基学习器之后,可以根据当前分布重新对训练样本进行采样,再基于新的采样结果重新训练出基学习器,从而使得学习过程可以持续到预设的T轮完成。

7.5.2 AdaBoost算法的Sklearn实现

Sklearn的ensemble模块提供了AdaBoostClassifier类和AdaBoostRegressor类,分别用于实现AdaBoost分类和回归算法。在Sklearn中,可以通过下面语句导入AdaBoost算法模块。

```
from sklearn.ensemble import AdaBoostClassifier    #导入AdaBoost分类模块
from sklearn.ensemble import AdaBoostRegressor      #导入AdaBoost回归模块
```

AdaBoostClassifier 类和 AdaBoostRegressor 类均有以下几个参数。

（1）参数 base_estimator 用于指定个体学习器的基础算法，常用的算法是 CART 决策树或神经网络（神经网络算法将在后面的内容中介绍）。

（2）参数 n_estimators 用于设置要集成的个体学习器的数量，默认值为 50。一般来说，若 n_estimators 值设置得较小，则模型容易出现欠拟合现象；若 n_estimators 值设置得较大，则模型容易出现过拟合现象。在实际调参过程中，该参数经常与参数 learning_rate 一起调节。

（3）参数 learning_rate 为弱学习器的权重缩减系数，其取值范围为 0～1。对于同样的训练集拟合效果，较小的 learning_rate 值意味着需要更多数量的弱学习器。

7.5.3 AdaBoost 算法的应用举例

使用 AdaBoost 算法对 Sklearn 自带的鸢尾花数据集进行分类。

1. 导入 Sklearn 自带的鸢尾花数据集

```
from sklearn.datasets import load_iris
from sklearn.model_selection import train_test_split
from sklearn.ensemble import AdaBoostClassifier
```

2. 采用 AdaBoostClassifier 建立分类模型

```
from sklearn.tree import DecisionTreeClassifier
from sklearn.metrics import accuracy_score
from sklearn.model_selection import GridSearchCV
from sklearn.model_selection import StratifiedShuffleSplit
```

3. 拆分数据集

```
x,y=load_iris().data,load_iris().target
x_train,x_test,y_train,y_test=train_test_split(x,y,
random_state=0,test_size=50)
```

4. 网格搜索法寻找参数的最优值

```
param_grid={'n_estimators':[10,20,30,40,50,60,70,80,90,100],'learning_rate':[0.0001,
0.0005,0.001,0.005,0.01,0.05,0.1,0.5,0.6,0.7,0.8,0.9]}
cv=StratifiedShuffleSplit(n_splits=5,test_size=0.3,
random_state=420)
grid=GridSearchCV(AdaBoostClassifier(DecisionTreeClassifier(criterion='gini',max_dep
th=3),random_state=0),param_grid=param_grid,cv=cv)
grid.fit(x_train,y_train)
```

5. 获取最优模型

```
model=grid.best_estimator_
pred=model.predict(x_test)
ac=accuracy_score(y_test,pred)
print("最优参数值为: %s"%grid.best_params_)
print("最优参数值对应模型的预测准确率为: %f"%ac)
```

程序运行结果如图 7-7 所示。从图中可以看出，网格搜索法找到的最优参数值为{'learning_rate': 0.005,'n_estimators':40}，这组参数值对应的模型表现出了较高的预测准确率。

```
最优参数值为: {'learning_rate': 0.005, 'n_estimators': 40}
最优参数值对应模型的预测准确率为: 0.960000
```

图 7-7

从 scikit-learn 加载糖尿病定量分析数据集，利用 AdaBoostRegressor 建立回归预测模型。

sklearn.ensemble 中的 AdaBoostRegressor 类实现了对基本回归器的自适应梯度提升回归建模。AdaBoostRegressor 类创建回归器对象时的初始化参数格式为：AdaBoostRegressor(base_estimator=

None, *, n_estimators=50, learning_rate=1.0, loss='linear', random_state=None)。参数 base_estimator 是用于构建集成回归器的基本回归器对象时，如果为 None，则默认采用深度为 3 的决策树回归器 DecisionTreeRegressor 的对象。参数 loss 表示更新权重时使用的损失函数，可以从集合 {'linear', 'square', 'exponential'} 中取值，默认为'linear'。

1. 加载数据集

```
from sklearn.datasets import load_diabetes
from sklearn.model_selection import train_test_split
from sklearn.tree import DecisionTreeRegressor
from sklearn.ensemble import AdaBoostRegressor
```

2. 划分训练集和测试集

```
diabetes = load_diabetes()
X,y = diabetes.data, diabetes.target
```

3. 创建基本回归模型对象

```
X_train, X_test, y_train, y_test = train_test_split(X,y,random_state=0)
```

4. 创建回归集成器

```
#base_regressor = Ridge(random_state=0)
base_regressor = DecisionTreeRegressor(max_depth=2, random_state=0)
```

5. 训练模型

```
ada_regressor=AdaBoostRegressor(base_regressor,n_estimators=1000,random_state=0)
for regressor in (base_regressor, ada_regressor):
    regressor.fit(X_train, y_train)
    print(regressor.__class__.__name__,"在训练集决定系数 R^2 为: ",
regressor.score(X_train, y_train),sep="")
print(regressor.__class__.__name__,"在测试集决定系数 R^2 为: ",
    regressor.score(X_test, y_test),sep="")
    print(regressor.__class__.__name__,"在测试集前 3 个样本的预测值: \n",
    regressor.predict(X_test[:3]),sep="")
    print("测试集前 3 个样本的真实值: ", y_test[:3], sep="")
```

执行结果如下：

```
DecisionTreeRegressor 在训练集决定系数 R² 为: 0.4963948286497547
DecisionTreeRegressor 在测试集决定系数 R² 为: 0.10503501139562899
DecisionTreeRegressor 在测试集前 3 个样本的预测值:
[172.94827586 249.11290323 172.94827586]
AdaBoostRegressor 在训练集决定系数 R² 为: 0.5770350089630116
AdaBoostRegressor 在测试集决定系数 R² 为: 0.26991386390077454
AdaBoostRegressor 在测试集前 3 个样本的预测值:
[250.37614679 219.14150943 183.98165138]
测试集前 3 个样本的真实值: [321. 215. 127.]
```

7.6 GBDT 算法

GBDT 算法

7.6.1 GBDT 算法的基本原理

基本模型采用决策树的梯度提升法，称为梯度提升决策树（Gradient Boosting Decision Tree，GBDT），是近年来企业界常用的学习方法之一，分为梯度提升回归树和梯度提升分类树。Scikit-learn 中用类 GradientBoostingRegressor 实现梯度提升回归树，用类 GradientBoostingClassifier 实现梯度提升分类树。梯度提升决策树算法是 Boosting 算法家族中的重要组成部分，因此也具备 Boosting 算法家族的共同特点是利用一系列的弱分类器组合成强分类器，从而达到提升模型拟合效果的目的。GBDT 的实现思想是构建多棵决策树，并将所有决策树的输出结果进行综合，得到最终的结果。

GBDT 算法的构建过程与分类决策树类似，主要区别在于回归树节点的数据类型为连续性数据，每一个节点均有一个具体数值，此数值是该叶节点上所有样本数值的平均值。同时，衡量每个节点的每个分支属性表现时，不再使用熵、信息增益或 Gini 指标等纯度指标，而是通过最小化每个节点的损失函数值来进行每个节点处的分支划分。

回归树分裂终止的条件为每个叶节点上的样本数值唯一，或者达到预设的终止条件，如决策树层数或叶节点个数达到上限。若最终存在叶节点上的样本数值不唯一，则以该节点上所有样本的平均值作为该节点的回归预测结果。

提升决策树使用提升法的思想，结合多棵决策树来共同进行决策。首先介绍 GBDT 算法中的残差概念，残差为真实值与决策树预测值之间的差值。GBDT 算法采用平方误差作为损失函数，每一棵回归树都要学习之前所有决策树累加起来的残差，拟合得到当前的残差决策树。提升决策树是利用加法模型和前向分布算法来实现学习和过程优化。当提升决策树使用平方误差这种损失函数时，提升决策树每一步的优化较为简单；然而当提升决策树中使用的损失函数为绝对值损失函数时，每一步的优化往往不那么简单。

GBDT 算法是利用梯度下降的思想，使用损失函数的负梯度在当前模型的值作为提升决策树中残差的近似值，以此来拟合回归决策树。梯度提升决策树的算法过程如下：

（1）初始化决策树，估计一个使损失函数最小化的常数，构建一个只有根节点的树。

（2）不断进行迭代：

① 计算当前模型中损失函数的负梯度值，作为残差的估计值；

② 根据残差的近似值，拟合回归树并划分叶子节点的区域；

③ 利用线性搜索估计叶子节点区域的值，使损失函数最小化；

④ 更新决策树。

（3）经过若干轮提升法的迭代过程后，输出最终的模型。

7.6.2　GBDT 算法的 Sklearn 实现

在 scikit-learn 中，GradientBoostingRegressor 用于实现梯度提升回归树算法。创建该类对象的初始化格式为：GradientBoostingRegressor(*,loss='squared_error',learning_rate=0.1,n_estimators=100,subsample=1.0,criterion='friedman_mse',min_samples_split=2,min_samples_leaf=1,min_weight_fraction_leaf=0.0,max_depth=3,min_impurity_decrease=0.0,init=None,random_state=None,max_features=None, alpha=0.9, verbose=0, max_leaf_nodes=None, warm_start=False, validation_fraction=0.1, n_iter_no_change=None, tol=0.0001, ccp_alpha=0.0)。

基本模型采用决策树算法，因此没有基本学习器的参数。可以通过帮助文档了解这些参数的详细用法。

scikit-learn 中的 GradientBoostingClassifier 实现了梯度提升分类树算法。创建该类对象的初始化格式为：GradientBoostingClassifier(*, loss='deviance', learning_rate=0.1, n_estimators=100, subsample=1.0, criterion='friedman_mse', min_samples_split=2, min_samples_leaf=1, min_weight_fraction_leaf=0.0, max_depth=3, min_impurity_decrease=0.0, init=None, random_state=None, max_features=None, verbose=0, max_leaf_nodes=None, warm_start=False, validation_fraction=0.1, n_iter_no_change=None, tol=0.0001, ccp_alpha=0.0)。

7.6.3　GBDT 算法的应用举例

加载加利福尼亚住房数据集，训练梯度提升回归树模型，并显示训练集和测试集上的决定系数。

1. 加载加利福尼亚住房数据集，并划分训练集和测试集

```
from sklearn.datasets import fetch_california_housing
from sklearn.model_selection import train_test_split
from sklearn.ensemble import GradientBoostingRegressor
```

2. 创建并训练梯度提升回归树模型

```
housing = fetch_california_housing(data_home="./dataset")
X, y = housing.data, housing.target
X_train, X_test, y_train, y_test = train_test_split(X, y, test_size=0.2, random_state=0)
gbr = GradientBoostingRegressor(n_estimators=500)
gbr.fit(X_train, y_train)
print("训练集决定系数 R^2: ",gbr.score(X_train,y_train))
print("测试集决定系数 R^2: ",gbr.score(X_test,y_test))
print("测试集前 3 个样本的预测值: ",gbr.predict(X_test[:3]))
print("测试集前 3 个样本的真实值: ",y_test[:3])
```

执行结果如下：

训练集决定系数 R^2: 0.8706501361869171
测试集决定系数 R^2: 0.8253575490464196
测试集前 3 个样本的预测值: [1.50264772 2.60085857 1.49035211]
测试集前 3 个样本的真实值: [1.369 2.413 2.007]

加载玻璃分类数据集，采用 GradientBoostingClassifier 建立分类器模型。显示训练集和测试集的预测准确率，并显示测试集中前两个样本的预测标签。

1. 加载数据集，并划分训练集和测试集

```
import pandas as pd
from sklearn.model_selection import train_test_split
from sklearn.ensemble import GradientBoostingClassifier
```

2. 创建并训练梯度提升决策树分类器模型

```
filename="./glass.data"
glass_data = pd.read_csv(filename,index_col=0,header=None)
X,y = glass_data.iloc[:,:-1].values, glass_data.iloc[:,-1].values
X_train, X_test, y_train, y_test = train_test_split(X, y, shuffle=True, stratify=y, random_state=1)
gbc = GradientBoostingClassifier(n_estimators=500)
gbc.fit(X_train, y_train)
print("训练集准确率: ", gbc.score(X_train, y_train), sep="")
print("测试集准确率: ", gbc.score(X_test, y_test), sep="")
print("对测试集前两个样本预测的分类标签: \n",gbc.predict(X_test[:2]), sep="")
print("对测试集前两个样本预测的分类概率: \n", gbc.predict_proba(X_test[:2]), sep="")
print("分类器中的标签排列: ",gbc.classes_)
# 预测概率转换为预测标签
print("根据预测概率推算预测标签: ",end="")
for i in gbc.predict_proba(X_test[:2]).argmax(axis=1):
    print(gbc.classes_[i], end="  ")
print("\n 测试集前两个样本的真实标签: ",y_test[:2],sep="")
```

执行结果如下：

训练集准确率: 1.0
测试集准确率: 0.7592592592592593
对测试集前两个样本预测的分类标签: [3 2]
对测试集前两个样本预测的分类概率:
[[2.20584863e-01 1.34886892e-01 6.38114639e-01 4.34071098e-03 3.99628946e-04 1.67326553e-03]
 [3.25851887e-09 9.99999972e-01 4.22518469e-14 5.25297471e-11 7.07414283e-15 2.48198735e-08]]
分类器中的标签排列: [1 2 3 5 6 7]

根据预测概率推算预测标签：3　2
测试集前两个样本的真实标签：[3 2]

7.7 XGBoost 算法

7.7.1　XGBoost 算法的基本原理

对于 GBDT 算法的具体实现，表现较为出色的是 XGBoost 树提升系统。该模型的性能已得到广泛认可，并被广泛应用于 Kaggle 等数据挖掘比赛中，取得了极佳的效果。在 XGBoost 系统的实现过程中，对 GBDT 算法进行了多方面的优化。由于这些优化措施的实施，XGBoost 在性能和运行速度上均优于一般的 GBDT 算法。

XGBoost 算法是一种基于 GBDT 的算法，其基本思想与 GBDT 类似，每一次计算都要减少前一次的残差值。但 XGBoost 算法进行了优化，包括在损失函数中增加正则化项、缩减树权重和列采样。在工程实现方面，XGBoost 采用了行列块并行学习，从而减少了时间开销。

7.7.2　XGBoost 算法的 Sklearn 实现

XGBoost 软件包是对原始梯度提升算法的高效实现，常用于一些数据挖掘竞赛中。在使用之前，可以通过 pip install xgboost 在线安装，也可以先下载 whl 文件，然后在本地安装。XGBClassifier 类和 XGBRegressor 类分别实现了梯度提升分类和回归，这两个类均位于模块 xgboost.sklearn 中。XGBoost 中 API 的调用方法与 scikit-learn 中的调用方法类似。

下面是在 Python 环境下使用 XGBoost 模块进行回归的调用示例。首先使用 pandas 构造一个最简单的数据集 df，其中 x 的值为[1,2,3]，y 的值为[10,20,30]，并构建训练集矩阵 T_train_xgb。示例代码如下：

```
import pandas as pd
import xgboost as xgb
df = pd.DataFrame({'x':[1,2,3], 'y':[10,20,30]})
X_train = df.drop('y',axis=1)
Y_train = df['y']
T_train_xgb = xgb.DMatrix(X_train, Y_train)
params = {"objective": "reg:linear", "booster":"gblinear"}
gbm = xgb.train(dtrain=T_train_xgb,params=params)
Y_pred = gbm.predict(xgb.DMatrix(pd.DataFrame({'x':[4,5]})))
print(Y_pred)
```

XGBClassifier 中初始化参数 use_label_encoder 已被弃用，在线文档建议使用新的设置 use_label_encoder=False。此时，要求类别标签值是从 0 开始到类别总数减一的连续整数值。由于在玻璃类别数据集中，只有 1、2、3、5、6、7 6 种类别，因此依次将其编码为 0~5。程序的执行结果中，标签是转换后的标签值。0~2 对应原标签的 1~3，3~5 对应原标签的 5~7。读者也可以在程序中将标签转换为原标签的值。

7.7.3　XGBoost 算法的应用举例

读取 glass.data 中的玻璃分类数据集，划分训练集和测试集，使用 XGBClassifier 从训练集中学习预测模型，输出模型在训练集和测试集的预测准确率、测试集中前两个样本的预测标签和预测概率值，并与真实值进行比较。

1．加载数据集，并划分训练集和测试集

```
import pandas as pd
from sklearn.model_selection import train_test_split
from xgboost import XGBClassifier
```

2．调整参数

```
filename="./glass.data"
glass_data = pd.read_csv(filename,index_col=0,header=None)
X,y = glass_data.iloc[:,:-1].values, glass_data.iloc[:,-1].values
#XGBClassifier 中初始化参数 use_label_encoder 已被弃用
#新的程序建议设置 use_label_encoder=False, 此时，
# 类别标签必须为整数，值从 0 开始到类别总数-1，并且是连续的值
y=y-1                        # 原来类别编码从 1 开始，所以要减去 1
#原始类别编号没有 4，因此 y=y-1 后没有 3，新编号 4～6 的要再减去 1
y[y==4]=3
y[y==5]=4
y[y==6]=5
#print(y)
```

3．用 XGBClassifier 创建并训练梯度提升分类器模型

```
X_train, X_test, y_train, y_test = train_test_split(X, y, shuffle=True, stratify=y,
random_state=0)
# 用 XGBClassifier 创建并训练梯度提升分类器模型
# 从 XGBoost 1.3.0 开始，与目标函数 objective='multi:softprob' 一起使用的默认评估指标从
# 'merror' 更改为 'mlogloss'。如果想恢复为'merror'，就显式地设置 eval_metric="merror"。
xgbc=XGBClassifier(n_estimators=500,use_label_encoder=False,objective='multi:softprob',
eval_metric="merror")
xgbc.fit(X_train, y_train)
print("训练集准确率: ", xgbc.score(X_train, y_train), sep="")
print("测试集准确率: ", xgbc.score(X_test, y_test), sep="")
print("对测试集前 2 个样本预测的分类标签: \n",xgbc.predict(X_test[:2]), sep="")
print("对测试集前 2 个样本预测的分类概率: \n",
xgbc.predict_proba(X_test[:2]), sep="")
print("分类器中的标签排列: ",xgbc.classes_)
# 预测概率转换为预测标签
print("根据预测概率推算预测标签: ",end="")
for i in xgbc.predict_proba(X_test[:2]).argmax(axis=1):
    print(xgbc.classes_[i], end=" ")
print("\n 测试集前 2 个样本的真实标签: ",y_test[:2],sep="")
```

执行结果如下：

```
训练集准确率: 1.0
测试集准确率: 0.7037037037037037
对测试集前 2 个样本预测的分类标签: [1 1]
对测试集前 2 个样本预测的分类概率:
[[0.00660993 0.8969995  0.08692417 0.00445392 0.0021914  0.00282117]
 [0.00159596 0.99195415 0.00179094 0.00152664 0.00130955 0.00182281]]
分类器中的标签排列: [0 1 2 3 4 5]
根据预测概率推算预测标签: 1  1
测试集前 2 个样本的真实标签: [1 1]
```

加载 Scikit-learn 自带数据集中的加利福尼亚房价数据，划分训练集与测试集，利用 XGBRegressor 根据训练集数据建立模型，计算并输出模型在训练集和测试集上的决定系数，测试集中前 3 个样本的预测目标值，并输出测试集前 3 个样本的真实目标值。

1．加载加利福尼亚住房数据集，并划分训练集和测试集

```
from sklearn.datasets import fetch_california_housing
from sklearn.model_selection import train_test_split
from xgboost import XGBRegressor
```

2. 用 XGBRegressor 创建并训练梯度提升模型

```
housing = fetch_california_housing(data_home="./dataset")
X, y = housing.data, housing.target
X_train, X_test, y_train, y_test = train_test_split(X, y, test_size=0.2, random_state=0)
xgbr = XGBRegressor(n_estimators=500)
xgbr.fit(X_train, y_train)
print("训练集决定系数R^2: ",xgbr.score(X_train,y_train))
print("测试集决定系数R^2: ",xgbr.score(X_test,y_test))
print("测试集前3各样本的预测值: ",xgbr.predict(X_test[:3]))
print("测试集前3各样本的真实值: ",y_test[:3])
```

执行结果如下：

训练集决定系数 R^2：0.9948176343427406

测试集决定系数 R^2：0.8370187514220251

测试集前 3 各样本的预测值：[1.5725694 2.6259604 1.4354842]

测试集前 3 各样本的真实值：[1.369 2.413 2.007]

本章小结

本章从基学习器的组合方式角度介绍了不同的集成学习方法，并详细介绍了当前主流的两大类集成算法——Bagging 算法和 Boosting 算法的常用框架，其中随机森林算法是 Bagging 算法的一个扩展变体。AdaBoost、GBDT、XGBoost 是 Boosting 家族中比较有代表性的算法，同时给出了它们各自的 Python 应用实例。

本章练习

1. 使用 UCI Machine Learning Repository 的混凝土数据 concrete.csv，进行随机森林的估计，其中响应变量 CompressiveStrength 表示混凝土的抗压强度，而 8 个特征变量包括 age（混凝土天数）及 7 种成分的重量。

（1）使用 random_state=0 随机选取 300 个观测值作为测试集。

（2）使用参数 "n_estimators=100" "max_features=3" 与 "random_state=123" 估计随机森林模型，并计算测试集的拟合优度。

（3）在测试集中进行预测，并计算均方误差。

（4）通过测试集误差，选择最优调节参数 max_features，并画图展示。

2. 对上题中的数据进行回归问题的提升法估计。

（1）使用 random_state=0 随机选取 300 个观测值作为测试集。

（2）使用参数 "random_state=123" 估计提升法模型（其余参数为默认设置），并计算测试集误差。

（3）在测试集中进行预测，并计算均方误差。

（4）使用以上参数设置，让决策树数目从 1 增至 200，考察测试误差的变化，并画图展示。

## 第 8 章

深度学习与实现

2016 年 3 月 9 日 15 时 30 分，在韩国首尔，一场非比寻常的围棋比赛引起了世界的关注。代表人类当下最高围棋水平的韩国棋手李世石与谷歌公司研发的围棋软件 AlphaGo 之间的对决，最终的结果是人类输了。类似的人类与计算机对决的比赛还有 1997 年 IBM 公司研发的"深蓝（Deep Blue）"与当时人类国际象棋棋王卡斯帕罗夫之间的比赛，结果也是人类输了。围棋每盘棋的行棋总变化量约为 10 的 808 次方，而国际象棋的总变化量约为 10 的 201 次方，这个差别是非常大的。而 AlphaGo 的运算能力大约是"深蓝"的三万倍。这场 AlphaGo 与人类的对决引发了世界范围的热议。AlphaGo 本身具有自我学习能力，其主要工作原理就是深度学习。那么问题来了，什么是深度学习呢？本章主要介绍深度学习的概念、深度学习的常用框架及比较热门的卷积神经网络等。

深度学习与实现

8.1 深度学习

在 2006 年，加拿大多伦多大学教授、机器学习领域的泰斗 Geoffrey Hinton 和他的学生在《科学》上发表了一篇文章，开启了深度学习在学术界和工业界的浪潮，提出了在无监督数据上建立多层神经网络的一种有效方法，这就是深度学习。其本质是通过构建具有多隐层的机器学习模型和海量的训练数据来学习更有用的特征，从而提升分类或预测的准确性。

简单来说，深度学习是机器学习的一个分支领域：一种从数据中学习表示的新方法。它强调通过连续层次的学习，逐步获取越来越有意义的表示，而这些层次的表示通常是通过神经网络模型学习得到的。"深度学习"中的"深度"并不是指利用这种方法获得更深层次的理解，而是指数据模型中包含的连续展示层的数量，这被称为模型的深度。深度学习通常包含数十个甚至上百个连续的表示层，这些表示层均从训练数据中自动学习而来。

总之，深度学习的概念源于人工神经网络的研究。随着计算机硬件的不断进步，以及各类丰富的数据集和算法的改进，运用深度学习最成功的莫过于视觉和听觉等感知问题，比如在图像处理、人脸识别、语音识别等各个领域突飞猛进。依托于互联网、智能手机等成熟技术的应用，在实践中取得了革命性的突破进展。而这些问题所涉及的技术也驱动着深度学习的发展更加繁荣，开始向软硬件方向进一步发展，比如以最新的 AI 芯片硬件和 AlphaGo 为代表的软件方面的快速发展。新的智能时代正在到来！

8.2 深度学习框架

深度学习的本质是由许多隐藏层组成的各种神经网络拓扑结构，其深度神经网络的层数往往非常庞大。那么，如何简化这些复杂的网络结构呢？接下来将介绍几种当前较为热门且实用的深度学习模型框架，比如 TensorFlow、PyTorch 和 PaddlePaddle 等。得益于各大主流科技公司的开源生态模式，这些框架快速推动了深度学习在工业界的落地应用，并促进了学术界的进一步发展。

8.2.1 PyTorch 框架

PyTorch 是基于 Torch 开发的。Torch 于 2002 年诞生于纽约大学，底层由 C++实现，并使用了一种受众面较小的语言 Lua 作为接口。考虑到 Python 在计算科学领域的领先地位及其生态的完整性和接口的易用性，Torch 团队推出了 PyTorch，对其模块进行了重构，新增了先进的自动求导系统，成为当下流行的动态图框架。PyTorch 可以看作是加入了 GPU 支持的 NumPy，简洁直观，因此被广泛应用于人工智能领域。

8.2.2 PaddlePaddle 框架

PaddlePaddle 框架是由百度自主研发的开源深度学习平台，是国内首款深度学习框架，中文名为"飞桨"。PaddlePaddle 框架于 2016 年正式开源，集深度学习核心框架、基础模型库、端到端开发套件、工具组件和服务平台于一体，支持 CPU/GPU 的单机和分布式模式，对 NLP 的支持较好，目前正处于快速发展中。

8.2.3 TensorFlow 框架

TensorFlow 是由谷歌大脑团队的研究人员和工程师开发的，是深度学习领域中常用的软件库。TensorFlow 完全开源，为大多数复杂的深度学习模型预先编写了代码，比如递归神经网络和卷积神经网络，支持 Python、C++、Java 等语言，几乎所有开发者都可以从自己熟悉的语言入手开始深度学习。此外 TensorFlow 拥有活跃的社区和完善的文档体系。大大降低了学习成本。不过，其社区和文档主要以英文为主，中文支持仍有待加强。

TensorFlow 到目前为止有两个主要版本：2.0 版本和 1.x 版本。TensorFlow 2.0 是一个与 TensorFlow 1.x 使用体验完全不同的框架，并且两者的代码互不兼容，编程风格、函数接口设计等也存在显著差异。Google 即将停止支持 TensorFlow 1.x，因此不建议学习 TensorFlow 1.x 版本。

对于刚刚接触深度学习、以学习为目的的开发者，建议从 TensorFlow 框架开始学习。作为当前较为流行的深度学习框架，TensorFlow 取得了极大的成功。下面就让我们通过学习 TensorFlow 框架开启深度学习的旅程吧。

8.3 TensorFlow 基础

本节主要介绍 TensorFlow 的安装、基础函数的应用等基础知识。

8.3.1 TensorFlow 安装

TensorFlow 的 Python API 目前支持 Python 2.7 和 Python 3.3 以上版本。支持 GPU 运算的版本需要 CUDA Toolkit 7.0 和 CUDNN 6.5 V2 以上版本。由于不同显卡类型对 CUDA 安装和 TensorFlow 版本有严格的限制要求，这里主要以 CPU 版的 TensorFlow 安装与使用为例，步骤如下所述：

1. 安装 TensorFlow

在 cmd 中输入以下命令：pip install tensorflow -i https://pypi.doubanio.com/simple

```
(tf) C:\Users\lukas>pip install tensorflow -i https://pypi.doubanio.com/simple
Looking in indexes: https://pypi.doubanio.com/simple
Collecting tensorflow
```

即可安装 CPU 版的 TensorFlow 框架。

2. 验证 TensorFlow 是否安装成功

在 Anaconda 文件夹中打开 Spyder 界面，在 Console 框中输入以下代码并运行。

```
import tensorflow as tf    #加载tensorflow
hello = tf.constant('Hello, TensorFlow!')    # Tensor 赋值常量
print(hello)  #所输出结果
```

执行结果如下：

```
>>> print(hello) #所输出结果
tf.Tensor(b'Hello, TensorFlow!', shape=(), dtype=string)
```

Print 函数输出上述所示结果即表示安装成功。

8.3.2   TensorFlow 命令简介

TensorFlow 是一个面向深度学习算法的科学计算库，内部数据保存在张量(Tensor)对象中，所有的运算操作（Operation，OP）也是基于张量对象进行的。由于 TensorFlow 2.0 支持动态图优先模式，在计算时可以同时获得计算图与数值结果，搭建网络也像搭积木一样，层层堆叠。因此，在学习深度学习算法之前，先学习并掌握 TensorFlow 张量的基础操作方法。

运行 TensorFlow 程序时，需要导入 tensorflow 模块。 从 TensorFlow 2.0 开始，默认情况下会启用 Eager 模式执行。Eager 模式是一种命令式、由运行时定义的接口，一旦从 Python 中被调用，其操作就会立即执行，无须事先构建静态图。

1．张量（Tensors）

张量是 Tensor 的翻译，本质上是一个多维数组。可以简单地将张量看作是 N×N 维数组，但它实际上代表着更广泛的概念。tf.Tensor 对象具有数据类型和形状属性。根据张量的不同用途，TensorFlow 中主要有两种张量类型，分别是：tf.Variable：变量张量，需要指定初始值，常用于定义可变参数。tf.constant：常量张量，需要指定初始值，用于定义不可变的张量。

例如输入以下代码：

```
import tensorflow as tf
a = tf.Variable([[1,2],[3,4]])  # (2,2) 的二维变量
b = tf.constant([[1,2],[3,4]])  # (2,2) 的二维常量
print(a)
print(b)
```

执行结果如下：

```
<tf.Variable 'Variable:0' shape=(2, 2) dtype=int32, numpy=
array([[1, 2],
       [3, 4]])>
tf.Tensor(
[[1 2]
[3 4]], shape=(2, 2), dtype=int32)
```

从输出结果可以看出 tf.Variable 是变量，输出包含了其数据类型 dtype、形状 shape 和对应的 NumPy 数组等信息。同样，b 输出得到的结果也包含了张量的属性，这里可以直观地看出变量与常量的区别。

由上面的常量、变量输出结果可以看出，数据结构里面包含 NumPy 数组，因此 Tensors 和 NumPy ndarrays 可以自动相互转换。Tensors 使用.numpy()方法可以显式转换为 NumPy 数组。

```
c = a.numpy()    #提取 NumPy 数组
print(c)
```

执行结果如下：

```
[[1 2]
 [3 4]]
```

反过来，用 tf.convert_to_tensor()函数可以将 NumPy 数据类型转换为张量。

```
d = tf.convert_to_tensor(c)    #Numpy 数据类型转换为张量
print(d)
```

执行结果如下：

```
tf.Tensor(
[[1 2]
 [3 4]], shape=(2, 2), dtype=int32)
```

表 8-1 列举了几个常用的新建特殊常量张量的方法。

表 8-1　常用新建特殊常量张量方法

张量	使用说明
tf.zeros()	新建指定形状且全为 0 的常量 Tensor
tf.zeros_like()	参考某种形状，新建全为 0 的常量 Tensor
tf.ones()	新建指定形状且全为 1 的常量 Tensor
tf.ones_like()	参考某种形状，新建全为 1 的常量 Tensor
tf.fill()	新建一个指定形状且全为某个标量值的常量 Tensor

2．动态图机制（Eager Execution）

TensorFlow 2.0 提供了丰富的操作库，例如 tf.add()、tf.matmul()、tf.linalg.inv()，使用这些库函数会生成 tf.Tensor，然后可以通过 .numpy() 方法将其转换为原生 Python 类型，从而与 NumPy 对应的函数进行配合使用。

示例代码如下：

```
import tensorflow as tf
a = tf.Variable([[1,2],[3,4]])  # (2,2) 的二维变量
b = tf.constant([[5,6],[7,8]])  # (2,2) 的二维常量
print(a)
```

执行结果如下：

```
<tf.Variable 'Variable:0' shape=(2, 2) dtype=int32, numpy=
array([[1, 2],
       [3, 4]])>
```

也可以使用表示加法运算的 tf.add() 库函数，例如：print(tf.add(a,b))。

```
print(tf.add(a,b))
```

执行结果如下：

```
tf.Tensor(
[[ 6  8]
 [10 12]], shape=(2, 2), dtype=int32)
```

张量中一些常用的库函数都能在 NumPy 中找到对应的，故熟悉 NumPy 的函数很重要。表 8-2 列举了几个张量常用的方法。

表 8-2　张量常用方法

张量	使用说明
tf.add()	加法计算
tf.matmul()	矩阵相乘计算
tf.multiply()	矩阵对应元素相乘
tf.square()	求平方计算
tf.reduce_mean()	张量某一维度上的平均值
tf.reduce_sum()	计算张量指定方向的所有元素的累加和
tf.reduce_max()	计算张量指定方向的各个元素的最大值

3．常用模块介绍

上面已经学习了 TensorFlow2.0 的一些基础知识，接下来我们学习 TensorFlow 的常用模块如表

8-3 所示。对于框架的运用，实际上就是运用各种封装好的类和函数。由于 TensorFlow API 数量太多，更新迭代太快，建议养成随时查阅官方文档的习惯。

表 8-3　TensorFlow 常用模块

张量模块	使用说明
tf.data	输入数据处理模块，提供 tf.data.Dataset 等类用于封装的数据
tf.image	图像处理模块，提供如图像裁剪、变换、编码、解码等类
tf.linalg	线性代数模块，提供大量线性代数计算方法和类
tf.losses	损失函数模块，用于神经网络定义损失函数
tf.math	数学计算模块，提供大量数学计算函数
tf.saved_model	模型保存模块，用于模型的保存和恢复
tf.train	提供训练的组件模块，如优化器、学习率衰减策略等
tf.nn	提供构建神经网络的底层函数，帮助实现深度神经网络各类功能层

8.3.3　TensorFlow 案例

为了熟悉 TensorFlow 框架的应用，这里列举了一个比较简单的拟合线性模型案例。构建一个简单的线性模型：$f(x) = Wx + b$，其中 W 和 b 为参数。运用 TensorFlow 框架的步骤包括获取训练数据、定义模型、定义损失函数、模型训练、使用优化器调整变量。下面按步骤详细分析。

1. 获取训练数据

构建一个简单的线性模型：$f(x) = Wx + b$，其中 W 和 b 为参数，令 $W=2$，$b=1$，然后运用 tf.random.normal() 产生 1000 个随机数，生成 x，y 数据。代码如下：

```
W = 3.0   # W 参数设置
b =1.0    # b 参数设置
num = 1000
# x 随机输入
x = tf.random.normal(shape=[num])
# 随机偏差
c = tf.random.normal(shape=[num])
# 构造 y 数据
y = W * x + b + c
print(y)
```

执行结果如下：

```
<tf.Tensor: id=27481, shape=(1000,), dtype=float32, numpy=
array([ 5.082836 , -1.5567464, 0.8388922, 0.5975957, -1.8583007,
      3.4691072, -0.46266577, 3.6029766, 0.20698868, 3.400014 ,
       ...      ...      ...      ...      ...      # 数据过多，省略
      1.531948 , 4.544757 , -2.3614318, 2.3366177, 4.5476093,
      1.5863258, 5.6305704, 4.859169 , -1.6694468, 1.1994925 ],
    dtype=float32)>
```

数据已经获取，接下来需要对数据进行分析。假设对数据不够了解，首先需要观察数据的形态。这里使用 matplotlib 库绘图，并用蓝色绘制训练数据。

```
import matplotlib.pyplot as plt    #加载画图库
plt.scatter(x, y, c='b')    # 画离散图
plt.show()    # 展示图
```

执行结果如图 8-1 所示。

从图 8-1 中可以看出，该样本数据的分布呈线性分布，因此可以尝试用线性模型做进一步的讨论。

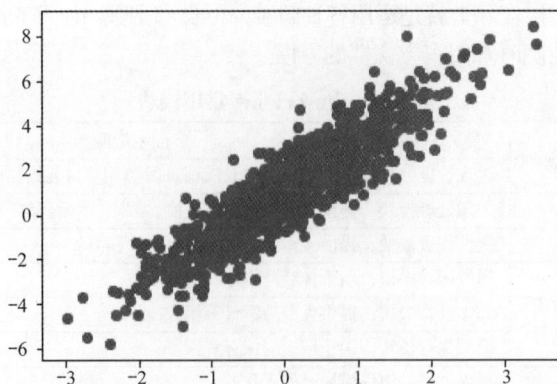

图 8-1

2. 定义模型

通过样本数据的散点图可以判断，数据呈线性规律变化，因此可以建立一个线性模型，即 $f(x)=Wx+b$。将该线性模型定义为一个简单的类，里面封装了变量和计算，变量设置用 tf.Variable()。代码如下：

```
class LineModel(object):   # 定义一个 LineModel 的类
    def __init__(self):
        # 初始化变量
        self.W = tf.Variable(5.0)
        self.b = tf.Variable(0.0)

    def __call__(self, x):    #定义返回值
        return self.W * x + self.b
```

3. 定义损失函数

损失函数是衡量给定输入的模型输出与期望输出匹配程度的指标。从图 8-1 中可以看出，数据比较集中，没有异常点，因此采用均方误差（L2 范数损失函数）。其中，$f(x_i)$ 表示第 i 个预测值，Y_i 表示第 i 个真实值。计算公式如下：

$$loss = \frac{1}{n}\sum_{i=1}^{n}(Y_i - f(x_i))^2$$

在 TensorFlow 中的函数是 tf.reduce_mean()，代码如下：

```
def loss(predicted_y, true_y):   # 定义损失函数
    return tf.reduce_mean(tf.square(true_y -predicted_y))  # 返回均方误差值
```

4. 定义训练循环

根据前面的步骤，已经建立初步的线性模型并获取了原始的训练数据，下面开始运用这些数根据模型训练得到的变量（W 和 b），使用 tf.GradientTape() 实现自动求导功能，并通过 tf.train.Optimizer() 函数实现多种梯度下降法的运算。代码如下：

```
def train(model, x, y, learning_rate):   #定义训练函数
    # 记录 loss 计算过程
    with tf.GradientTape() as t:
        current_loss = loss(model(x), y)   #损失函数计算
    # 对 W, b 求导
    d_W, d_b = t.gradient(current_loss, [model.W, model.b])
    # 减去梯度*学习率
    model.W.assign_sub(d_W*learning_rate)   #减法操作
    model.b.assign_sub(d_b*learning_rate)
```

接下来，运用构建的模型和训练循环反复训练模型，并观察 W 和 b 的变化。

```
model= LineModel()  #运用模型实例化
# 计算 W, b 参数值的变化
W_s, b_s = [], []  #增加新中间变量
for epoch in range(15):  #循环 15 次
    W_s.append(model.W.numpy())  #提取模型的 W 参数添加到中间变量 w_s
    b_s.append(model.b.numpy())
    # 计算损失函数 loss
    current_loss = loss(model(x), y)
    train(model,x, y, learning_rate=0.1)  # 运用定义的 train 函数训练
    print('Epoch %2d: W=%1.2f b=%1.2f, loss=%2.5f' %
        (epoch, W_s[-1], b_s[-1], current_loss))  #输出训练情况
# 画图，把 W,b 的参数变化情况画出来
epochs = range(15)  #这个迭代数据与上面循环数据一样
plt.plot(epochs, W_s, 'r',
        epochs, b_s, 'b')  #画图
plt.plot([W] * len(epochs), 'r--',
        [b] * len(epochs), 'b-*')
plt.legend(['pridect_W', 'pridet_b', 'true_W', 'true_b'])  # 图例
plt.show()
```

最后计算结果，迭代变化情况如下：

```
Epoch  0: W=5.00 b=0.00, loss=6.18178
… … … … … … … … … … … … … …
Epoch 13: W=3.11 b=0.96, loss=0.95896
Epoch 14: W=3.09 b=0.97, loss=0.95497
```

由以上结果可以得知，大约经过 10 次迭代后，W 和 b 的值已经较为接近真实值，如图 8-2 所示。

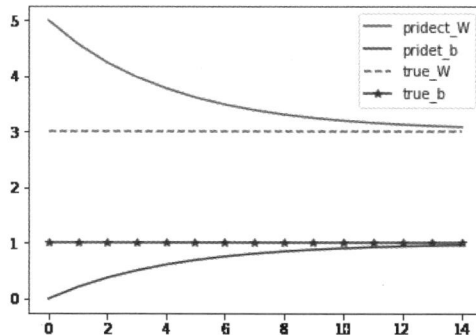

图 8-2

由图 8-2 可以看出，W 的值越来越接近 3，b 的值越来越接近 1，与模型定义的真实参数越来越接近。因此，可以判断该模型较好地满足了条件。

8.4 多层神经网络

在本书的第 5 章中，介绍了神经网络的结构、数学模型及其应用。神经网络的基本单元是神经元。多层神经元的连接形成神经网络，即由输入层、隐层（多层）和输出层组成的多层神经网络。在传统的神经网络中，采用迭代算法来训练整个网络，随机设定初值，计算当前网络的输出，然后根据当前输出和实际样本之间的差进行反馈，改变前面各层的参数，直到收敛，整体是一个梯度下降法，这就是 BP 神经网络。该方法曾经运用十分广泛，但是随着网络层数的增加，残差传播到最

前面的层已经变得太小，梯度也越来越稀疏，收敛到局部最小值等无法克服的难题越来越多，于是神经网络走入了困境。

截至 2006 年，加拿大多伦多大学教授、机器学习领域的泰斗 Geoffrey Hinton 提出了在无监督数据上建立多层神经网络的一种有效方法。简单来说，该方法分为两步：第一步是逐层训练网络；第二步是进行微调。这一方法解决了传统神经网络的一个重大难题，使多层神经网络再次迎来蓬勃发展。

本节主要介绍多层网络的结构特点、数学模型及其简单应用。

8.4.1 多层神经网络结构及数学模型

多层神经网络是由多个层结构组成的网络系统，其每一层都是由若干个神经元结点构成，该层的任意一个结点均与上一层的每一个结点相连，由它们来提供输入，经过计算产生该结点的输出并作为下一层结点的输入。第一层称为输入层，最后一层称为输出层，其他中间层称为隐藏层。整个网络中信号从输入层向输出层单向传播，可用一个有向无环图表示多层神经网络结构，如图 8-3 所示。

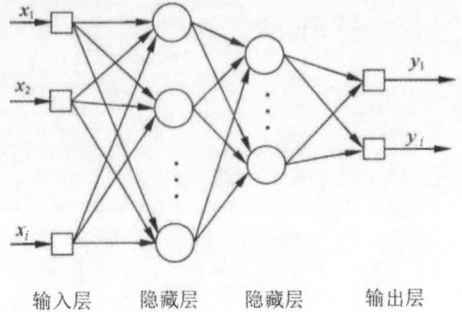

图 8-3

用 i 表示神经网络的层数，M_i 表示第 i 层神经元的个数，$f_i(\cdot)$ 表示第 i 层神经元的激活函数，$W^{(i)} \in \mathbb{R}^{M_i \times M_{i-1}}$ 表示第 $i-1$ 层到第 i 层的权重矩阵，$b^{(i)} \in \mathbb{R}^{M_i}$ 表示第 $i-1$ 层到第 i 层偏置，$z^{(i)} \in \mathbb{R}^{M_i}$ 表示第 i 层神经元的净输入，$a^{(i)} \in \mathbb{R}^{M_i}$ 表示第 i 层神经元的输出。可以推出多层神经网络的数学模型结构。

令 $a^{(0)} = x$，多层神经网络通过不断迭代下面的公式进行信息传播。

$$z^{(i)} = W^{(i)} a^{(i-1)} + b^{(i)}$$
$$a^{(i)} = f_i(z^{(i)})$$

根据第 $i-1$ 层神经元的活性值 $a^{(i-1)}$（Activation）计算第 i 层神经元的净活性值 $z^{(i)}$（Net Activation），然后通过一个激活函数计算第 i 层神经元的活性值。因此，上述两个公式可以合并写成如下形式：

$$z^{(i)} = W^{(i)} f_{i-1}(z^{(i-1)}) + b^{(i)}$$

或

$$a^{(i)} = f_i(W^{(i)} a^{(i-1)} + b^{(i)})$$

从上述公式可知，多层神经网络可以通过逐层神经元进行信息传递，最终得到网络的输出 $a^{(i-1)}$。整个网络可以看作是一个复合函数 $\phi(x:W,b)$，将向量输入 x 作为第一层的输入 $a^{(0)}$，第 i 层的输出 $a^{(i)}$ 作为下一层的输入，最终第 n 层的输出 $a^{(m)}$ 作为整个函数的输出。即用公式表示其参数传递过程如下：

$$x = a^{(0)} \rightarrow z^{(1)} \rightarrow a^{(1)} \rightarrow z^{(2)} \rightarrow \cdots \rightarrow a^{(i-1)} \rightarrow z^{(i)} \rightarrow a^{(i)} = \phi(x:W,b)$$

其中，W、b 分别表示多层神经网络中所有层的连接权重和偏置。

在一般实践过程中，主要运用多层神经网络来解决分类问题和回归问题，下面简单介绍一下其原理。

1. 分类问题

对于多层神经网络，本质上可以看作是一个非线性复合函数 $\phi : \mathbb{R}^D \rightarrow \mathbb{R}^{D'}$，将输入 $x \in \mathbb{R}^D$ 映射到输出 $\phi(x) \in \mathbb{R}^{D'}$；也可以看作是一种特征转换方法，将输出 $\phi(x)$ 作为分类器的输入进行分类。

简单来说，给定一个训练样本 (x, y)，先利用多层神经网络将 x 映射到 $\phi(x)$，然后将 $\phi(x)$ 映射到分类器 $g(\cdot)$，即如下公式所示。

$$\hat{y} = g(\phi(x), \theta)$$

其中，$g(\cdot)$ 为线性或非线性的分类器；θ 为分类器 $g(\cdot)$ 的参数；$\hat{y}$ 为分类器的输出。

2．回归问题

根据上述分类问题的分析，相应地，如果 $g(\bullet)$ 为 Logistic 回归分类器或 Softmax 回归分类器，那么 $g(\bullet)$ 一样可以看作是网络的最后一层，也即神经网络直接输出不同类别的后验概率。

对于二分类问题 $y \in \{0,1\}$，如果运用 Logistic 回归，那么 Logistic 分类器是神经网络的最后一层，这时输出层只有一个神经元，其激活函数就是 Logistic 函数，网络的输出可以直接作为类别 $y=1$ 的后验概率。

$$p(y-1|x) = a^i$$

其中，a^i 为第 i 层神经元的活性值。

对多分类问题 $y \in \{1,2,\cdots C\}$，一般使用 Softmax 回归分类器，即网络最后一层设置 C 个神经元，其激活函数是 Softmax 函数，神经网络最后一层的输出 $z^{(i)}$ 可以作为每个类的后验概率。

$$\hat{y} = soft\max(z^{(i)})$$

其中，$z^{(i)}$ 为第 i 层神经元的净输入；$\hat{y}$ 为第 i 层神经元的活性值。

8.4.2 多层神经网络分类问题应用举例

在图像处理方面，一个很经典的案例就是手写数字的识别问题。该案例使用了 MNIST 数据集，这是机器学习领域一个经典的数据集，在 20 世纪 80 年代由美国国家标准与技术研究院（National Institute of Standards and Technology，NIST）收集得到。训练集由来自 250 个不同人手写的数字构成，其中 50% 是高中学生，50% 来自人口普查局的工作人员，测试集也是同样比例的手写数字数据，该数据集中包含了 60 000 张训练图像和 10 000 张测试图像，划分了 10 个类别（0～9 数字）的手写数字灰度图像（标准图像是 28*28 像素）。运用这个数据集来验证多层神经网络分类问题。

1．MNIST 数据集

因为本例使用的 MNIST 数据集已集成在 TensorFlow 框架中，所以需要加载 TensorFlow 框架。使用 mnist.load_data() 函数进行获取。代码如下：

```
#加载 tensorflow 框架
import tensorflow as tf
mnist = tf.keras.datasets.mnist  #MNIST 数据集加载
#将数据集划分成训练集与测试集
(x_train_all, y_train_all),(x_test, y_test) = mnist.load_data()
```

这里的 x_train、x_test 表示训练集和测试集的输入数据，x 是手写数字图像样本；y_train、y_test 表示标签数字，取值范围是 0～9，图像与标签是一一对应的。

由于图像是灰度图像，在计算机存储中，灰度图像即没有色彩的黑白图像，是由黑白像素组成的，像素点的数值范围是 0～255，数字 0 代表黑色，255 代表白色。由于 MNIST 数据集的各类图像数据存在差异，一般需要进行归一化处理，代码如下：

```
#将 Mnist 数据集简单归一化
x_train_all, x_test = x_train_all / 255.0, x_test / 255.0
```

数据集下载、归一化之后，就将数据划分为训练集与测试验证集。MNIST 数据集共有 60 000 个数据，划分训练集个数为 50 000，剩下的 10 000 为验证集，实现代码如下：

```
# 对数据集进行划分，50000 个为训练集，10000 个为验证集
x_train, x_valid = x_train_all[:50000], x_train_all[50000:]  #验证集 10000 个
y_train, y_valid = y_train_all[:50000], y_train_all[50000:]
print(x_train.shape)
```

输出结果如下：

```
(50000, 28, 28)
```

数据集已加载完成，可以打印出来查看 MNIST 数据集中的数据。定义一个函数读取单张图片，代码如下：

```
#打印一张照片
import matplotlib.pyplot as plt    #加载画图模块
def show_single_image(img_arr):    #定义一个提取图像函数
    plt.imshow(img_arr,cmap='binary')    #展示图像
    plt.show()
show_single_image(x_train[1])
```

执行结果如图 8-4 所示。

2. 多层神经网络模型构建

本案例需要用到的 MNIST 数据集已经准备就绪。接下来进行多层神经网络的构建工作，这里运用 TensorFlow 的核心组件 Keras 来搭建网络结构。神经网络的核心组件是层（layer），它是一种数据处理模块（类似于数据过滤器）。

本案例中的网络包含 4 个 Dense 层，它们是全连接的神经层。第 0 层即输入层，由 $28 \times 28 = 784$ 个神经元组成；第 1、2、3 层是隐藏层；最后一层是输出层，由 10 个 Softmax 神经元组成。输出层将返回一个由 10 个概率值（总和为 1）组成的数组，每个概率值表示当前数字图像属于 10 个数字类别中某一个的概率。

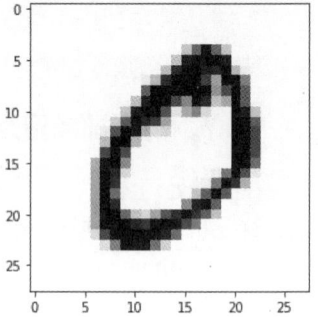

图 8-4

在设计多层神经网络时，网络的结构配置等超参数可以按照经验自由设置，只需要遵循少量的约束即可，比如隐藏层 1 的输入节点数必须与数据的实际特征长度匹配，每层的输入层节点数必须与上一层的输出节点数匹配。输出层的激活函数和节点数需要根据任务的具体要求进行设计。神经网络结构的自由度较大，例如，在图 8-5 所示的网络结构中，每层的输出节点数不一定必须设计为[256,128,64,10]，也可以是[256,256,64,10]或 512,64,32,10]等。至于哪一组超参数是最优的，这需要通过大量实验尝试和各方面领域知识的积累，或者可以通过 AutoML 技术等方法搜索出较优的设定。

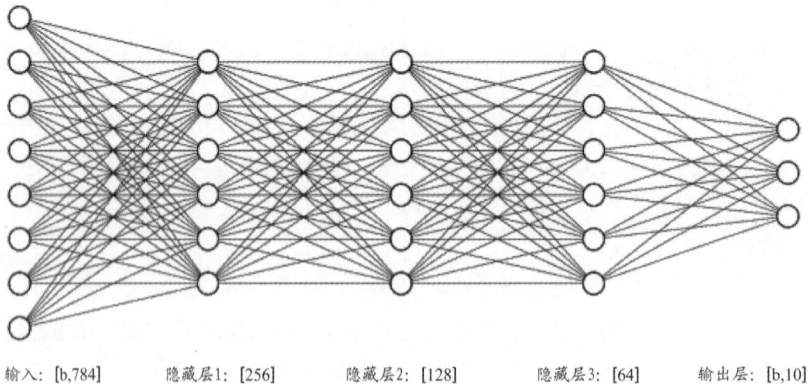

| 输入：[b,784] | 隐藏层1：[256] | 隐藏层2：[128] | 隐藏层3：[64] | 输出层：[b,10] |

图 8-5

可以使用层的方式在 TensorFlow 框架中实现网络层的架构。首先新建各个网络层，并指定各层的激活函数类型，然后使用层实现方式：layers.Dense(units, activation)，只需要指定输出节点数 units

和激活函数类型即可。本例每层用.relu 激活函数。如果网络较为复杂，就需要考虑过拟合情况，将训练和测试的准确率差距缩小，这时可以在每层使用 Dropout 函数改善过拟合，或者使用正则化同样可以改善过拟合情况。本案例使用 Dropout 函数来实现，代码如下：

```
#将模型的各层堆叠起来，以层的方式搭建 tf.keras.Sequential 模型。
import tensorflow.keras as keras
from tensorflow.keras import models, layers, optimizers #序列模型
model = tf.keras.models.Sequential([
  tf.keras.layers.Flatten(input_shape=(28, 28)),  #输入层
  tf.keras.layers.Dense(256, activation=tf.nn.relu),  #隐藏层1
  tf.keras.layers.Dropout(0.2),  #20%的神经元不工作，防止过拟合
  tf.keras.layers.Dense(128, activation=tf.nn.relu),  #隐藏层2
  tf.keras.layers.Dense(64, activation=tf.nn.relu),  #隐藏层3
  tf.keras.layers.Dense(10, activation=tf.nn.softmax)  #输出层
])
```

3. 模型编译步骤

在建立多层神经网络框架之后，需要对模型进行编译，以确定优化器、损失函数以及在训练过程中计算准确率等。这里使用 model.compile()来实现，优化器采用 Adam 算法，损失函数使用交叉熵方法。其代码如下：

```
#Adam 算法为训练选择优化器和 sparse_categorical_crossentropy 为损失函数：
model.compile(optimizer='adam',  #Adam 算法为训练选择优化器
              loss='sparse_categorical_crossentropy',  #损失用交叉熵，速度会更快
              metrics=['accuracy'])  #计算准确率
# 打印网络参数
model.summary()
```

输出结果如下：

```
Model: "sequential_3"

Layer (type)              Output Shape          Param #
=================================================================
flatten_3 (Flatten)       (None, 784)           0

dense_12 (Dense)          (None, 256)           200960

dropout_2 (Dropout)       (None, 256)           0

dense_13 (Dense)          (None, 128)           32896

dense_14 (Dense)          (None, 64)            8256

dense_15 (Dense)          (None, 10)            650
=================================================================
Total params: 242,762
Trainable params: 242,762
Non-trainable params: 0
```

4. 模型训练

多层神经网络模型进行编译之后，确定好各类参数，开始对训练集样本进行训练，获取模型的参数等。训练神经网络采用的是 model.fit()方法，在 Keras 中，这一步是通过调用网络的 fit 方法来完成的，在训练数据上拟合（fit）模型，把训练集导入，训练次数可根据需要自行定义（本例为了排版需要，训练 5 次）。代码如下：

```
# 训练模型
model.fit(x_train, y_train, epochs=5)
```

输出结果如下：

```
Train on 50000 samples
Epoch 1/5
50000/50000 [==============================] - 9s 189us/sample - loss: 0.2706 - accuracy:
0.9182
…… …… …… …… …… …… …… …… …… …… …… …… …… …… ……
Epoch 5/5
50000/50000 [==============================] - 8s 152us/sample - loss: 0.0645 - accuracy:
0.9803
Out[38]: <tensorflow.python.keras.callbacks.History at 0x1d583684ec8>
```

从上面的训练过程中可以看到两个指标：一个是网络在训练数据上的损失（loss）；另一个是网络在训练数据上的准确率（accuracy）。可以发现，在训练数据上第 5 次训练就达到了 0.9803 的准确率。

5．模型验证

到这里，多层神经网络已经算是构建完毕，接下来需要验证一下该模型的精度如何。用 model.evaluate()方法实现，代码如下：

```
# 验证模型:
loss,accuracy = model.evaluate(x_test,y_test,verbose=2)
```

输出结果如下：

```
10000/10000 - 1s - loss: 0.0675 - accuracy: 0.9793
```

从上面的结果可以看到，测试验证集的准确度达到了 0.9793。

6．模型保存与使用

TensorFlow 框架提供了保存和加载模型的功能，可以使用 Keras API 来保存模型参数和权重。训练好的模型有两种格式可以保存，分别是 SavedModel 和 HDF5。其中，SavedModel 是默认的存储方式，保存的模型文件后缀名是.keras；另一个是 HDF5 格式，通过 HDF5 格式可以保存整个模型的权重、模型的架构、模型的训练配置、优化器及其状态等。

（1）模型保存。将训练好的模型使用 TensorFlow 框架自带的 model.save(dir)进行保存，其中 dir 表示保存地址。例如，把上面步骤 4 中训练好的模型进行保存，代码如下：

```
#保存模型
model.save(r"C:\Users\lukas\Desktop\C6\models\手写数字模型.h5")
#或者用.keras
model.save(r"C:\Users\lukas\Desktop\C6\models\手写数字模型.keras")
```

（2）模型使用。一旦模型训练完成，就不需要每次都重新训练，可以直接使用训练好的模型，也可以导入别人已经训练好的模型进行使用。可以通过 tensorflow.keras.models.load_model()方法加载模型，代码如下：

```
#导入训练好的模型
model_2  tf.keras.models.load_model("手写数字识别.keras")
#预测应用
test_image = x_train[1] #导入一张需要识别的数字图片，这里以训练集的一张图片为例
predictions = model_2.predict(tf.expand_dims(test_image, axis=0))
predicted_label = tf.argmax(predictions, axis=1)[0].numpy() #输出预测结果
print("预测的数字是: ",predicted_label)
```

输出的结果如下：

```
1/1 [==============================] - 0s 59ms/step
预测的数字是: 0
```

8.4.3 多层神经网络回归问题应用举例

前面讨论了多层神经网络在分类问题中的应用，分类的目的是从一系列类别中选择一个类别。对于多层神经网络在回归问题中的应用，需要做的是预测如价格或概率这样连续值的输出。为此，本节内容采用经典的汽车的英里加仑数据集，简称 Auto MPG 数据集。该数据集提供了许多汽车数据，包含气缸数(cylinders)、排量(Displacement)、马力(Horsepower)、重量(Weight)、加速度(Acceleration)、车型年号(Model Year)和产地(Origin)等属性，最后对每加仑行驶的英里(Miles Per Gallon）MPG 值进行预测。

1. Auto MPG 数据集

本案例使用的数据集可以从 UCI 机器学习库中获取，下载地址见代码。使用函数 tf.keras.utils.get_file()下载数据集时，需要注意数据集下载后的路径，代码如下：

```
# 加载画图、tensroflow 等必要模块
import matplotlib.pyplot as plt  #画图模块
import pandas as pd  #数据读取、处理模块
import seaborn as sns #数据可视化、画各类图形
import tensorflow as tf

#下载数据
dataset_path = tf.keras.utils.get_file("auto-mpg.data", "http://archive.ics.uci.edu/
ml/machine-learning-databases/auto-mpg/auto-mpg.data")
print(dataset_path)  # 注意数据集下载之后的路径
```

运行结果如下：

```
C:\Users\Lukas\.keras\datasets\auto-mpg.data
```

2. 数据集清洗与划分

下载好数据集后，还需要对该数据集进行读取和处理。这里使用 pandas 包的 read_csv()函数，它可以快速有效地读取数据。由于数据较多，本例选取气缸数(Cylinders)、排量(Displacement)、马力(Horsepower)、重量(Weight)、加速(Acceleration)、车型年份(Model Year)和产地(Origin)等属性来进行研究，代码如下：

```
#使用pandas 导入数据集
column_names = ['MPG','Cylinders','Displacement','Horsepower','Weight',
                'Acceleration', 'Model Year', 'Origin']        #选定需要的数据属性
raw_dataset = pd.read_csv(dataset_path, names=column_names,
                na_values = "?", comment='\t',
                sep=" ", skipinitialspace=True)        #读取刚下载的数据
dataset = raw_dataset.copy()        #复制数据集
print(dataset.shape)
print(dataset.tail())        #查看最后5行数据
```

运行结果如下：

```
(392, 10)
     MPG  Cylinders  Displacement  ...  Acceleration  Model Year  Origin
393  27.0          4         140.0  ...          15.6          82       1
394  44.0          4          97.0  ...          24.6          82       2
395  32.0          4         135.0  ...          11.6          82       1
396  28.0          4         120.0  ...          18.6          82       1
397  31.0          4         119.0  ...          19.4          82       1
```

由于导入后的数据集还处于原始状态，需要对数据中的缺失值和空值进行清理，以确保数据的有效性。使用 isna()函数判断是否存在空值，使用 dropna()函数去除空值，代码如下：

```
#数据清洗,数据集中包括一些缺漏、空值等异常值
dataset.isna().sum()   #判断是否有空值并计算总数
```

输出结果如下:

```
MPG              0
Cylinders        0
Displacement     0
Horsepower       6
Weight           0
Acceleration     0
Model Year       0
Origin           0
dtype: int64
```

```
#为了保证数据值简单可用,删除这些异常值的行
dataset = dataset.dropna()
print(dataset.shape)
print(dataset.head())
```

输出结果如下:

```
(392, 10)
  MPG Cylinders Displacement ... Acceleration Model Year Origin
0 18.0      8        307.0   ...      12.0        70        1
1 15.0      8        350.0   ...      11.5        70        1
2 18.0      8        318.0   ...      11.0        70        1
3 16.0      8        304.0   ...      12.0        70        1
4 17.0      8        302.0   ...      10.5        70        1
```

由以上数据初步处理可知,Origin(出产地)列的数据不仅仅是一个数字,它实际上代表的是分类(不同国家地方),所以将其转换为独热编码(one-hot)。先把 Origin 这一列数据取出来,再把 USA、Europe、Japan 这 3 个国家的 Origin 增加变成 3 列数据,用 0-1 表示,这就是 one-hot 编码的实质。实现代码如下:

```
origin = dataset.pop('Origin')   #把这列取出,pop()函数移除列表中元素并赋值

dataset['USA'] = (origin == 1)*1.0        #添加USA这一列,当orgin为1的时候赋值1

dataset['Europe'] = (origin == 2)*1.0

dataset['Japan'] = (origin == 3)*1.0

dataset.tail()   #倒数最后5列数据
```

输出结果如下:

```
    MPG Cylinders Displacement Horsepower ... Model Year USA Europe Japan
393 27.0     4        140.0       86.0    ...     82     1.0  0.0   0.0
394 44.0     4         97.0       52.0    ...     82     0.0  1.0   0.0
395 32.0     4        135.0       84.0    ...     82     1.0  0.0   0.0
396 28.0     4        120.0       79.0    ...     82     1.0  0.0   0.0
397 31.0     4        119.0       82.0    ...     82     1.0  0.0   0.0
```

数据集清理完毕后,还需要对数据进行划分,分为训练数据集和测试数据集。这里使用 sample()函数完成数据集的划分,按照二八原则,80%的数据为训练集,20%的数据为测试集。实现代码如下:

```
#划分训练数据集和测试数据集,将数据划分为一个训练数据集和一个测试数据集。
train_dataset = dataset.sample(frac=0.8,random_state=0)   #训练集占80%
test_dataset = dataset.drop(train_dataset.index)
print(train_dataset.shape)
```

输出结果如下:

```
(314, 10)
```

数据集确定之后,观察一下这些数据的大致形状、分布情况等。可以借助 describe() 函数快速

查看训练集总体的数据统计信息，代码如下：

```
#也可以查看总体的数据统计：
train_stats = train_dataset.describe()
train_stats.pop("MPG")
train_stats = train_stats.transpose()
print(train_stats)
```

执行结果如下：

```
              count        mean          std   ...      50%      75%      max
Cylinders     314.0     5.477707     1.699788  ...      4.0     8.00      8.0
Displacement  314.0   195.318471   104.331589  ...    151.0   265.75    455.0
Horsepower    314.0   104.869427    38.096214  ...     94.5   128.00    225.0
Weight        314.0  2990.251592   843.898596  ...   2822.5  3608.00   5140.0
Acceleration  314.0    15.559236     2.789230  ...     15.5    17.20     24.8
Model Year    314.0    75.898089     3.675642  ...     76.0    79.00     82.0
USA           314.0     0.624204     0.485101  ...      1.0     1.00      1.0
Europe        314.0     0.178344     0.383413  ...      0.0     0.00      1.0
Japan         314.0     0.197452     0.398712  ...      0.0     0.00      1.0
```

画图查看训练集中几对列的联合分布图，代码如下：

```
sns.pairplot(train_dataset[["MPG", "Cylinders", "Displacement", "Weight"]], diag_kind=
"kde")
```

运行程序结果如图 8-6 所示。

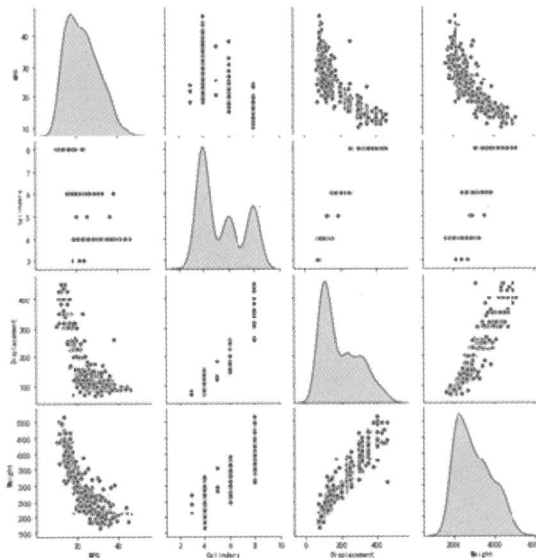

图 8-6

数据集的清洗、划分及其总体分布情况已经了解。接下来，对训练集和测试集的 MPG 值进行标准化处理，需要定义一个 norm()函数来实现。代码如下：

```
train_labels = train_dataset.pop('MPG')  #训练集去掉 MPG 值
test_labels = test_dataset.pop('MPG')
#数据标准化
def norm(x):
  return (x - train_stats['mean']) / train_stats['std']  #标准化公式

normed_train_data = norm(train_dataset)
normed_test_data = norm(test_dataset)
```

3. 多层神经网络模型构建

所有的数据集准备工作已经就绪，下面就到了构建模型的步骤。使用 TensorFlow 的 keras.layers.Dense()方法构建多层神经网络模型。在本案例的模型中，包含两个紧密相连的隐藏层，以及一个返回单个输出的输出层，即 3 层网络。节点分布为[64,64,1]，激活函数使用的是 relu 函数，自定义 RMSprop 优化器，学习率为 0.001。这些参数均是根据实验者的经验设置的。模型的构建步骤封装在一个名为'build_model' 的函数中，其实现代码如下：

```python
#建立3层网络, 结点[64,64,1], 激活函数用的是relu函数
def build_model():
  model = tf.keras.Sequential([
    tf.keras.layers.Dense(64, activation='relu', input_shape=[len(train_dataset.keys())]),
    tf.keras.layers.Dense(64, activation='relu'),
    tf.keras.layers.Dense(1)
  ])
#自定义RMSprop优化器, 学习率是0.001
  optimizer = tf.keras.optimizers.RMSprop(0.001)

  model.compile(loss='mse',    #损失用mse
            optimizer=optimizer,
            metrics=['mae', 'mse'])
  return model

#模型实例化
model = build_model()
```

使用.summary()方法输出该模型的简单描述，代码如下：

```python
model.summary()
```

输出结果如下：

```
Model: "sequential_10"

Layer (type)                 Output Shape              Param #
=================================================================
dense_41 (Dense)             (None, 64)                704

dense_42 (Dense)             (None, 64)                4160

dense_43 (Dense)             (None, 1)                 65
=================================================================
Total params: 4,929
Trainable params: 4,929
Non-trainable params: 0
```

4. 模型训练

多层神经网络模型已经构建完毕，接下来运用 fit()方法对模型进行 100 个周期的训练，并在 history 对象中记录训练和验证的准确率。实现代码如下：

```python
#对模型进行100个循环的训练, 并在history对象中记录训练和验证的准确性
history = model.fit(
  normed_train_data, train_labels,
  epochs=100, validation_split = 0.2, verbose=0)   #verbose=0表示不输出训练记录
#输出训练的各项指标值
hist = pd.DataFrame(history.history)
hist['epoch'] = history.epoch
hist.tail()
```

执行结果如下：

	loss	mae	mse	val_loss	val_mae	val_mse	epoch
95	6.438148	1.783447	6.438148	8.820378	2.195471	8.820378	95
96	6.230543	1.774188	6.230543	9.132760	2.220285	9.132760	96
97	6.272827	1.786977	6.272826	8.617878	2.255281	8.617878	97
98	6.058633	1.735627	6.058633	9.056997	2.217674	9.056997	98
99	6.226841	1.750750	6.226840	8.613014	2.242635	8.613014	99

为了让上面的训练结果有更加直观的体现,把平均绝对误差与均方误差的图画出来。实现代码如下:

```
#把训练结果用图形表示出来
def plot_history(history):
  hist = pd.DataFrame(history.history)
  hist['epoch'] = history.epoch

  plt.figure()
  plt.xlabel('训练次数')
  plt.ylabel('平均绝对误差[MPG]')
  plt.plot(hist['epoch'], hist['mae'],
        label='训练误差')
  plt.plot(hist['epoch'], hist['val_mae'],
        label = '测试集误差')
  plt.ylim([0,5])
  plt.legend()

  plt.figure()
  plt.xlabel('训练次数')
  plt.ylabel('均方误差[$MPG^2$]')
  plt.plot(hist['epoch'], hist['mse'],
        label='训练误差')
  plt.plot(hist['epoch'], hist['val_mse'],
        label = '测试集误差')
  plt.ylim([0,20])
  plt.legend()
  plt.show()

plot_history(history)    #把平均绝对误差与均方误差的图画出来
```

程序运行结果如图 8-7 所示。

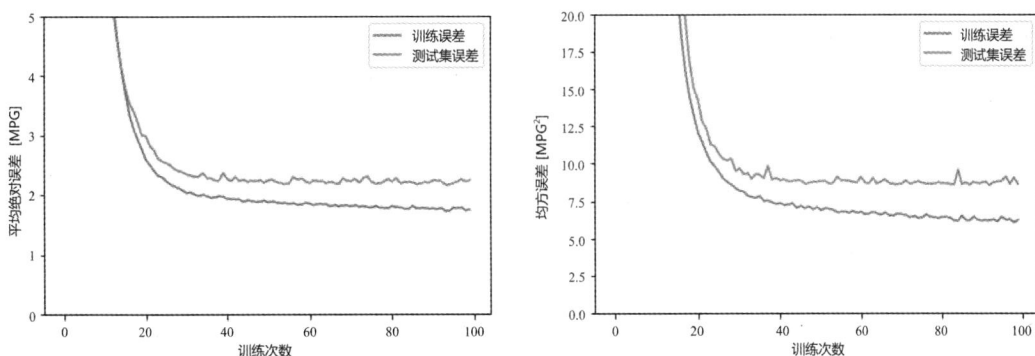

图 8-7

5. 模型验证

多层神经网络模型已经训练完成,可以使用测试集来检验模型的泛化效果。通过 .evaluate() 方法来实现,代码如下:

```
#用测试集来看看泛化模型的效果如何
loss, mae, mse = model.evaluate(normed_test_data, test_labels, verbose=2)
print("测试集的平均绝对误差是: {:5.2f} MPG".format(mae))
输出结果如下:
78/78 - 0s - loss: 5.3656 - mae: 1.7645 - mse: 5.3656
测试集的平均绝对误差是:  1.76 MPG
```

最后运用已经训练好的模型,预测验证测试集中的数据的 MPG 值,并绘制预测图。使用.predict()方法来实现,代码如下:

```
test_predictions = model.predict(normed_test_data).
flatten()
# 画图表示
plt.scatter(test_labels, test_predictions)
plt.xlabel('真实值[MPG]')
plt.ylabel('预测值[MPG]')
plt.axis('equal')
plt.axis('square')
plt.xlim([0,plt.xlim()[1]])
plt.ylim([0,plt.ylim()[1]])
plt.plot([-100, 100], [-100, 100])
```

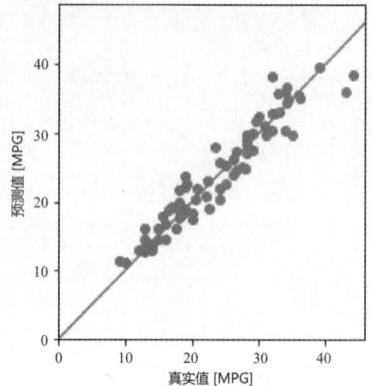

图 8-8

程序运行结果如图 8-8 所示。

从预测结果可以看出,预测效果较好。

6. 模型保存和使用

多层神经网络模型已经训练好,可以将其保存,使用的时候直接加载即可。用 save.model()方法来实现,代码如下:

```
#保存模型
odel.save(r"C:\Users\lukas\Desktop\C6\models\MPG 分类模型.keras")

#导入模型
model_2 =  tf.keras.models.load_model(r"C:\Users\lukas\Desktop\C6\models\MPG 分类模型.keras")

#预测,使用测试集中的数据预测第一个的 MPG 值:
t_predictions = model_2.predict(normed_test_data).flatten()[0]
print("预测测试集的第一个的类别是: ",int(t_predictions))
```

输出结果如下:

```
3/3 [==============================] - 0s 2ms/step
预测第一个类别是: 15
```

8.5 卷积神经网络

卷积神经网络(Convolutional Neural Network, 简称 CNN 或 ConvNet)是一种具有局部连接、权重共享、池化汇聚等特性的多层神经网络。它是一种用于处理具有类似网格结构的数据的神经网络,如时间序列数据(时间轴上有规律地采样形成的一维网格数据)和图像数据(可以看作是二维的像素网格数据)。作为计算机视觉和图像处理领域广泛使用的深度学习模型,卷积神经网络在图像和视频分析的各种任务(如图像分类、人脸识别、物体识别、图像分割等)上的准确率远远超出了其他神经网络模型。

卷积神经网络一般由卷积层、池化汇聚层和全连接层交叉堆叠而成。目前比较流行的卷积神经网络有 LeNet、AlexNet、ZFNet、VGG-Net、GoogLeNet、ResNet 等,这些卷积神经网络基本是在 ILSVRC 比赛中证明了各自的优越性而被广泛应用。本节主要介绍最基本的卷积神经网络的卷积运算原理、池化(pooling)等主要操作步骤,并给出一个经典的 CNN 网络结构搭建和代码实现的案例。

8.5.1 卷积层计算

卷积层（Convolution Layers）的作用是提取一个局部区域的特征，不同的卷积核相当于不同的特征提取器。卷积也叫褶积，是分析数学中一种重要的运算，应用在信号处理或图像处理中。卷积的"卷"指翻转平移操作，"积"指积分运算，其一维卷积数学表达式如下：

$$(f*g)(n) = \int_{-\infty}^{\infty} f(\tau)g(n-\tau)d\tau \quad （连续形式）$$

$$(f*g)(n) = \sum_{\tau=-\infty}^{\infty} f(\tau)g(n-\tau) \quad （离散形式）$$

例如，一维卷积经常用在信号处理过程中计算信号的延迟累积。假设一个信号发生器每个时刻 t 产生一个信号 x_t，其信息的衰减率为 ϖ_k（表示在 $k-1$ 个时间步长后信息为原来的 ϖ_k 倍），如果 $\varpi_1=1, \varpi_2=0.5, \varpi_3=0.25$，那么在时刻 t 收到的信号 y_t 为当前时刻产生的信息与以前时刻延迟信息的叠加。计算如下：

$$
\begin{aligned}
y_t &= 1 \times x_t + 0.5 \times x_{t-1} + 0.25 \times x_{t-2} \\
&= \varpi_1 \times x_t + \varpi_2 \times x_{t-1} + \varpi_3 \times x_{t-2} \\
&= \sum_{k=1}^{3} \varpi_k x_{t-k+1}
\end{aligned}
$$

其中，$\varpi_1, \varpi_2, \cdots$ 称为滤波器（Filter）或卷积核（Convolution Kernel）。假设滤波器长度为 K，其与一个信号序列 $x_1, x_2, \cdots$ 的卷积为：

$$y_t = \sum_{k=1}^{K} \varpi_k x_{t-k+1}$$

那么，信号序列 x 和滤波器 ϖ 的卷积可以定义为：

$$y = \varpi * x$$

其中，$*$ 表示卷积运算。

因为二维卷积计算经常用在图像处理中，所以需要对一维卷积进行扩展。给定一个图像 $X \in \mathbb{R}^{M \times N}$ 和滤波器 $W \in \mathbb{R}^{U \times V}$，一般 $U \ll M, V \ll N$，根据上述公式，有

$$y_{i,j} = \sum_{u=1}^{U} \sum_{v=1}^{V} \varpi_{uv} x_{i-u+1, j-v+1}$$

输入信息 X 和滤波器 W 的二维卷积定义为：

$$Y = W * X$$

其中，$*$ 表示二维卷积计算。

在图像处理中，卷积经常被作为特征提取的有效方法。一张图像在经过卷积操作后得到的结果称为特征映射（Feature Map）。如图 8-9 所示，为了便于理解，讨论单通道输入、单卷积核的情况。输入 X 为 5×5 的矩阵，卷积核为 3×3 的矩阵，首先将卷积核大小的感受野（输入 X 左上方绿框）与卷积核对应元素相乘。

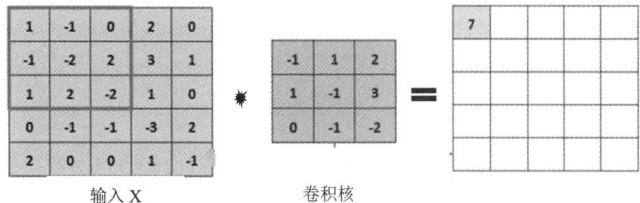

图 8-9

上图中得出：

$$
\begin{vmatrix} 1 & -1 & 0 \\ -1 & -2 & 2 \\ 1 & 2 & -2 \end{vmatrix} \times \begin{vmatrix} -1 & 1 & 2 \\ 1 & -1 & 3 \\ 0 & -1 & -2 \end{vmatrix} = \begin{vmatrix} -1 & -1 & 0 \\ -1 & 2 & 6 \\ 0 & -2 & 4 \end{vmatrix}
$$

得到 3×3 的矩阵后，将该矩阵的 9 个元素值全部相加：

$$-1-1+0-1+2+6+0-2+4=7$$

得到的值为 7，写入输出矩阵的第一行第一列。

完成第一个感受野区域的特征提取后，感受野窗口向右移动 1 个步长单位（Stride，默认为 1）。用同样的计算方法得到如图 8-10 所示的结果。

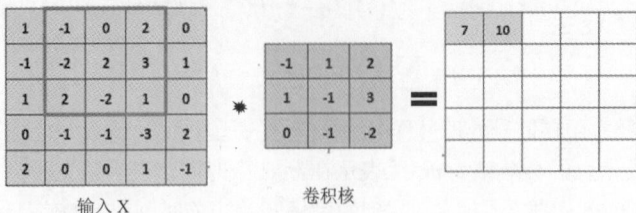

输入 X　　　　卷积核

图 8-10

按照上述方法，每次感受野向右移动 1 个步长单位，若超出输入边界，则向下移动 1 个步长单位并回到行首，直到感受野移动至最右下方位置，如图 8-11 所示。

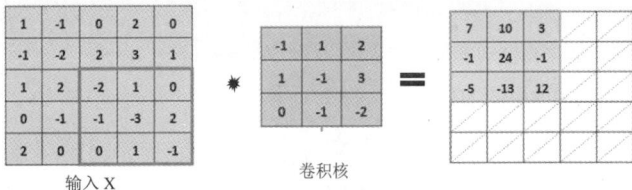

输入 X　　　　卷积核

图 8-11

同理，多通道输入、多卷积核是深度神经网络的计算，简单来说就是上述例子计算的重复。注意在多通道输入的情况下，卷积核的通道数量需要与输入的通道数量相匹配。由于篇幅有限，这里就不一一展开了。

8.5.2　池化层计算

池化层（Pooling Layer）也称汇聚层。一般来说，卷积层的神经元个数过多容易出现过拟合的情况。为了解决这个问题，可以在卷积层之后加上一个池化层，从而降低特征维数。通过减少特征的数量来降低参数数量，进行特征选择并避免过拟合，这就是池化层的作用。

池化层基于局部相关性的思想，通过从局部相关的一组元素中进行采样或信息聚合，从而得到新的元素值。一般有以下两种计算方法：

（1）最大池化（Max Pooling）：对于一个区域 $R_{m,n}^d$，选择这个区域内所有神经元的最大活性值作为这个区域的表示，其中 x_i 表示区域内每个神经元的活性值。

$$y_{n,m}^d = \max_{i \in R_{n,m}^d} x_i$$

（2）平均池化（Average Poling）：通常是取区域内所有神经元激活值的平均值。

$$y_{n,m}^d = \frac{1}{\left| R_{n,m}^d \right|} \sum_{i \in R_{n,m}^d} x_i$$

例如：以 5×5 矩阵作为信息输入 X 的最大池化层为例，考虑以池化的感受野窗口（Receptive Fields）大小为 2×2 矩阵，步长为 1 的情况，如图 8-12 所示。

绿色虚线方框代表第一个感受野的位置。感受野元素集合为：

$$[1,-1;-1,-2]$$

用最大池化采样的计算方法，得：

$$x' = \max([1,-1;-1,-2]) = 1$$

计算完当前位置的感受野后，该感受野的框类似卷积计算一样，按步长为 1 向右移动，见图 8-12 所示的绿色实线方框。用同样的最大池化采样计算得：

$$x' = \max([-1,0;-2,2]) = 2$$

同理，逐渐移动感受野窗口至最右边，此时窗口已经到达矩阵边缘，按与卷积层同样的方式，感受野窗口向下移动 1 个步长并回到行首，继续计算，如图 8-13 所示。

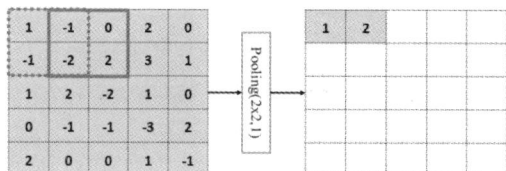

图 8-12

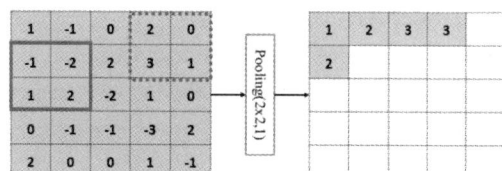

图 8-13

如此循环往复计算，直至最下方、最右边，获得最大池化层的输出，长宽为 4×4，略小于输入 X 的矩阵，如图 8-14 所示。

由于池化层在计算时是根据上一层的特征图进行的，无须学习参数，计算过程十分简单，能够有效缩小特征图的尺寸。因此，池化层非常适合处理图片这类数据，在计算机视觉和图像处理等相关任务中得到广泛的应用。

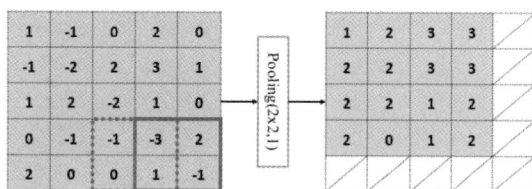

图 8-14

8.5.3　全连接层计算

在卷积神经网络结构中，经过多个卷积层和池化层后，通常会连接一个或一个以上的全连接层（Fully Connected Layers，FC Layers），该层与多层神经网络类似，全连接层中的每个神经元与其前一层的所有神经元进行全连接，将卷积层和池化层的输出展开为一维形式，并在后面接上与普通网络结构相同的回归网络或分类网络。最后，全连接层在整个卷积神经网络中起到"分类器"的作用，其简单示意图如图 8-15 所示。

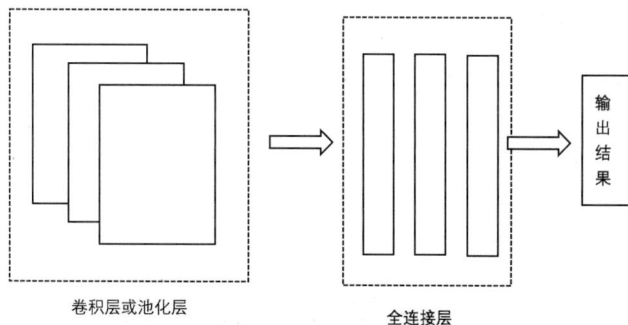

卷积层或池化层　　　　　全连接层

图 8-15

由于全连接层与多层神经网络的内容相似，且篇幅有限，这里不再赘述。

8.5.4　CNN 应用案例

本节主要介绍 CNN 的经典成功案例——图像识别问题。首先引用经典的普适物体识别数据集 CIFAR-10 进行分类任务。CIFAR-10 数据集是由深度学习之父 Hinton 的两位学生 Alex Krizhevsky 和 Ilya Sutskever 收集的一个用于图像物体识别的数据集。该数据集包括 60 000 张 32×32 的彩色图像，共分为 10 类，每一类图片共有 6000 张，其中训练集包含 50 000 张，测试集包含 10 000 张。这 10 类分别是 airplane（飞机）、automobile（汽车）、bird（鸟）、cat（猫）、deer（鹿）、dog（狗）、frog（青蛙）、horse（马）、ship（船）和 truck（卡车），是一个比较适合图像识别分类入门的数据集。

1．CIFAR-10 数据集

本案例使用的数据集约为 162MB 左右，由于数据集存储在国外服务器上，建议先下载到计算机中。下载的数据集文件名为 cifar-10-python.tar.gz，下载后将其重命名为 cifar-10-batches-py.tar.gz，在 Windows 系统中，将其保存在 C:\Users\xxx\.keras\datasets 目录下（其中 xxx 表示用户名）。

数据集准备就绪后，使用 TensorFlow 中的 cifar10.load_data()方法读取数据，并对数据进行简单的标准化处理，同时绘制部分图像的预览图。代码如下：

```python
#加载必要的模块、框架
import tensorflow as tf
from tensorflow.keras import datasets, layers, models
import matplotlib.pyplot as plt

# 数据加载
(train_images, train_labels), (test_images, test_labels) = datasets.cifar10.load_data()
print(train_images.shape, ' ', train_labels.shape) #看看数据集情况
# 数据集简单归一化
train_images, test_images = train_images / 255.0, test_images / 255.0
#数据集的类型
class_names = ['airplane', 'automobile', 'bird', 'cat', 'deer',
               'dog', 'frog', 'horse', 'ship', 'truck']

# 画出数据集的大概预览
plt.figure(figsize=(10,10))
for i in range(25):
    plt.subplot(5,5,i+1)
    plt.xticks([])
    plt.yticks([])
    plt.grid(False)
    plt.imshow(train_images[i], cmap=plt.cm.binary)
    plt.xlabel(class_names[train_labels[i][0]])
plt.show()
```

运行结果如下：

```
(50000, 32, 32, 3)    (50000, 1)
```

从图 8-16 中可以看出，图片数据集 CIFAR-10 是 3 通道的彩色 RGB 图像，训练集包含 50 000 张数据，大小为 32×32 像素。这些图像是现实中真实的图片，但噪声较多，且物体的比例、特征等各不相同。

2．CNN 模型构建

数据集已准备就绪，接下来使用 CNN 模型对数据集 CIFAR-10 进行分类。采用 TensorFlow 框架自带的二维卷积层 layers.Conv2D()方法，池化层使用 layers.MaxPool2D()最大池化采样方法。本次 CNN 模型的架构如图 8-17 所示（各框上下方的数字表示其参数）。

图 8-16

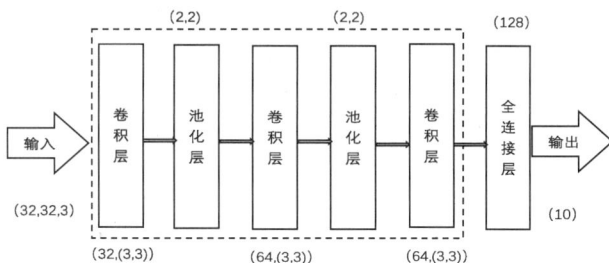

图 8-17

该 CNN 模型构建了 3 个卷积层和 2 个池化层，其中第一卷积层设置了 32 个卷积核，卷积核大小为 3×3，激活函数为 relu，第二层和第三层卷积层均设置了 64 个卷积核，卷积核大小同样 3×3。激活函数用 relu，后面的池化层采用最大池化抽样，窗口为 2*2，全连接层采用 128 层，输出是 10 个品类。代码如下：

```
#CNN 模型构建
model = models.Sequential()
#卷积层
#input_shape 表示卷积层输入 、filter: 卷积核大小     #stride: 卷积步长
#padding: 控制卷积核处理边界的策略，激活函数用 relu
model.add(layers.Conv2D(input_shape=(32, 32, 3),
        filters=32, kernel_size=(3,3), strides=(1,1), padding='valid',
                activation='relu')) #32 个卷积核，卷积核大小 3×3
#池化层，最大池化抽样，窗口是 2*2
model.add(layers.MaxPool2D(pool_size=(2,2)))
#卷积层，64 个卷积核，卷积核大小 3×3
model.add(layers.Conv2D(filters=64, kernel_size=(3,3), strides=(1,1), padding='valid',
activation='relu'))
#池化层，窗口是 2*2
model.add(layers.MaxPool2D(pool_size=(2,2)))
```

```
#卷积层，64 个卷积核，卷积核大小 3×3
model.add(layers.Conv2D(filters=64, kernel_size=(3,3), strides=(1,1), padding='valid',
activation='relu'))
#全连接层、flattern()将卷积和池化后提取的特征摊平后输入全连接网络
model.add(layers.Flatten())
model.add(layers.Dense(128, activation='relu'))
# 分类层——输出 10 个种类分类
model.add(layers.Dense(10))
```

3. 模型编译步骤

CNN 模型框架搭建完成后，还需对模型进行编译，确定优化器、损失函数，并在训练过程中计算准确率等。这里采用 model.compile()来实现，优化器使用 Adam 算法，损失函数采用交叉熵方法，并将训练精度的变化用图形展示。代码如下：

```
#CNN 模型编译
#优化器用 Adam 算法，损失用交叉熵方法
model.compile(optimizer='adam',
loss=tkeras.losses.SparseCategoricalCrossentropy(from_logits=True),
        metrics=['accuracy'])
model.summary()  #输出模型参数结构
```

运行结果如下：

```
Model: "sequential_4"
_____
Layer (type)                 Output Shape              Param #
=================================================================
conv2d_9 (Conv2D)            (None, 30, 30, 32)        896

max_pooling2d_6 (MaxPooling2 (None, 15, 15, 32)        0

conv2d_10 (Conv2D)           (None, 13, 13, 64)        18496

max_pooling2d_7 (MaxPooling2 (None, 6, 6, 64)          0

conv2d_11 (Conv2D)           (None, 4, 4, 64)          36928

flatten_4 (Flatten)          (None, 1024)              0

dense_9 (Dense)              (None, 128)               131200

dense_10 (Dense)             (None, 10)                1290
=================================================================
Total params: 188,810
Trainable params: 188,810
Non-trainable params: 0
_____
```

4. 模型训练

CNN 模型已经构建完毕，接下来使用 fit()方法对模型进行 10 个周期的训练（由于本数据集较大，在配置较好的计算机上运行速度会更快），并在 history 对象中记录训练和验证的准确性。代码如下：

```
#CNN 模型训练
history = model.fit(train_images, train_labels, epochs=10,
            validation_data=(test_images, test_labels))
# history 对象有一个 history 成员，它是一个字典，包含训练过程中的所有数据
plt.plot(history.history['accuracy'], label='accuracy')
plt.plot(history.history['val_accuracy'], label = 'val_accuracy')
plt.xlabel('Epoch')
plt.ylabel('Accuracy')
plt.ylim([0.5, 1])
plt.legend(loc='lower right')
```

运行结果如下：

```
Train on 50000 samples, validate on 10000 samples
Epoch 1/10
50000/50000 [==============================] - 8s 152us/sample - loss: 0.4929 - accuracy:
0.8257 - val_loss: 0.8823 - val_accuracy: 0.7217
…… …… …… …… …… …… …… …… …… …… …… …… …… …… …… …… …… …… …… …… …… …… …… …… ……
Epoch 10/10
50000/50000 [==============================] - 7s 139us/sample - loss: 0.2192 - accuracy:
0.9213 - val_loss: 1.4273 - val_accuracy: 0.6936
10000/10000 - 1s - loss: 1.4273 - accuracy: 0.6936
```

执行结果如图 8-18 所示。

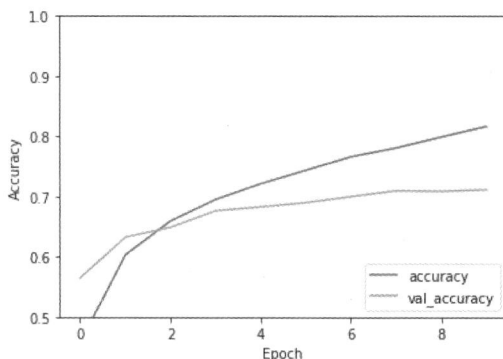

图 8-18

5．模型保存和验证

CNN 模型已经训练完成，可以使用测试集来检验模型的泛化效果。可以使用.evaluate()方法来实现，代码如下：

```
#用测试集来看看泛化模型的效果如何
test_loss, test_acc = model.evaluate(test_images, test_labels, verbose=2)
print(test_acc)  #输出精度
```

输出结果如下：

```
0.6915
```

把训练好的模型保存到本地，用 save.model()来实现，代码如下：

```
# 保存模型
model.save(r"C:\Users\lukas\Desktop\C6\models\CNN 识别分类模型.keras")
```

运用 tf.keras.models.load_model()将已经训练好的 CNN 模型导入，并对测试集的一些图片进行预测，绘制预测图来表示。使用.predict()方法来实现，代码如下：

```
#导入模型
model_2 = tf.keras.models.load_model(r"C:\Users\lukas\Desktop\C6\models\CNN 识别分类模型.keras")
prediction = model_2.predict(test_images)
print("展示测试集第一张图片的模型识别是:")
print("%s\n" % (prediction[0]))
print("测试集第一张的实际结果是: ")
print(test_labels[0])
print("展示该图片")
plt.imshow(test_images[0])
plt.show()
```

运行结果如下：

展示测试集第一张图片的模型识别是：3
测试集第一张的实际结果是：[3]
展示该图片

执行结果如图 8-19 所示。

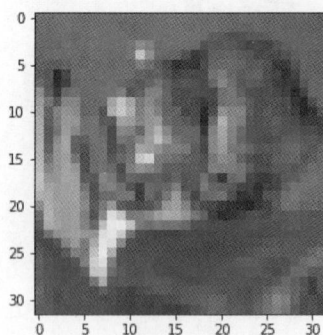
图 8-19

8.6 循环神经网络

循环神经网络（Recurrent Neural Network，RNN）是一类具有短期记忆能力的神经网络，其神经元不仅可以接受其他神经元的信息，也可以接受自身的信息，形成具有环路的网络结构，因此称为循环神经网络。循环神经网络比较适用于处理序列数据的神经网络，能够让网络具备短期记忆能力，以处理一些时序数据并利用其历史信息。

8.6.1 RNN 结构及数学模型

循环神经网络模型是一类具有内部循环的神经网络，简化理解如图 8-20 所示。输入层 x、输出层 y、隐藏层 S 与多层神经网络相似，U 是输入层到隐藏层的权重，V 是隐藏层到输出层的权重。不同之处在于隐藏层部分多了一个返回的箭头，这就是循环神经网络特有的特征，其权重矩阵为 W。

因此，循环神经网络隐藏层的权重矩阵 S，不仅取决于当前输入层 x，还取决于上一次隐藏层的状态，而权重矩阵 W 是将隐藏层上一次的状态作为当前输入的权重。

按时间线将该循环神经网络（图 8-20）展开，即如图 8-21 所示。

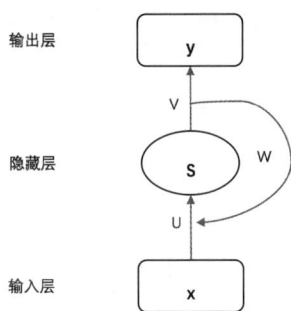

图 8-20

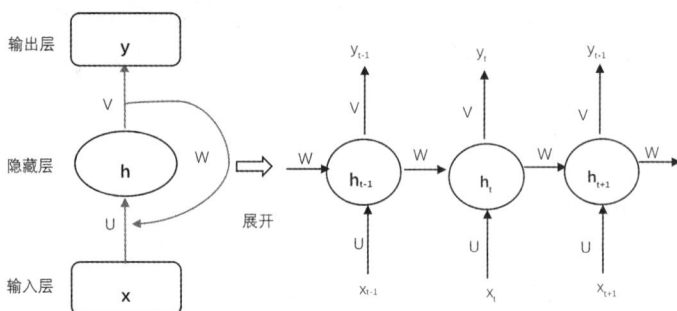

图 8-21

在这个简单的循环神经网络里，t 时刻接收到输入 x_t 之后，隐藏层的神经元活性值是 h_t，输出是 y_t。隐藏层的值 h_t 不仅取决于输入层的 x_t，还与上一个隐藏层 h_{t-1} 相关。用下面的公式表示循环神经网络的计算方法：

$$z_t = Uh_{t-1} + Wx_t + b$$
$$y_t = f(z_t)$$

其中，z_t 表示隐藏层的净输入；b 表示偏置向量；$f(\cdot)$ 表示非线性激活函数，通常使用 Logistic 函数或 Tanh 函数。上述公式也可以直接写成：

$$y_t = f(Uh_{t-1} + Wx_t + b)$$

基于简单循环神经网络的各类变种循环神经网络有很多。对于简单循环神经网络来说，处理一些简单任务是比较有效的。但随着循环神经网络的复杂化，它在学习过程中就越来越容易出现梯度消失或梯度爆炸问题，从而很难建模长时间间隔的状态之间的依赖关系。针对该问题，目前已有不少学者提出了各种实用的改进方法。下面介绍其中一种比较经典的循环神经网络——长短期记忆网络（Long Short-Term Memory Network，LSTM）。

8.6.2　长短期记忆网络

长短期记忆网络（Long Short-Term Memory Network，LSTM）是循环神经网络的一个经典变体，它可以有效解决循环神经网络中的梯度爆炸或梯度消失问题。LSTM 网络的主要改进有两个方面：一是引入了新的内部状态（Internal State）；二是增加了门控机制（Gating Mechanism）来控制信息传递的路径，从而有效地解决这些问题。

1．新的内部状态

LSTM 网络引入了一个新的内部状态（Internal State）$c_t \in \mathbb{R}^D$，用于专门进行线性的循环信息传递，同时（非线性地）将信息输出到隐藏层的外部状态 $h_t \in \mathbb{R}^D$，其计算如下：

$$c_t = f_t \odot c_{t-1} + i_t \tilde{c}_t$$
$$h_t = o_t \odot \tanh(c_t)$$

其中，$f_t \in [0,1]^D$、$i_t \in [0,1]^D$ 和 $o_t \in [0,1]^D$ 为 3 个门（Gate），用于控制信息传递的路径。$\odot$ 表示向量元素的逐元素乘积；c_{t-1} 为上一时刻的记忆单元；$\tilde{c}_t \in \mathbb{R}^D$ 是通过非线性函数得到的候选状态。

$$\tilde{c}_t = \tanh(U_c h_{t-1} + W_c x_t + b_c)$$

即在每个时刻 t，LSTM 网络的内部状态 c_t 记录了当前时刻为止的历史信息。

2．门控机制

在数字电路中，门（Gate）是一个二值变量 {0,1}，0 代表关闭状态，不允许信息通过；1 代表开放状态，允许信息通过。而 LSTM 网络引入门控机制（Gating Mechanism）来控制信息传递的路径。在上述计算公式 c_t 和 h_t 中，3 个"门"分别是输入门 i_t、遗忘门 f_t 和输出门 o_t，它们的作用如下：

（1）输入门 i_t 控制当前时刻的候选状态 $\tilde{c}_t$ 有多少信息保存。

（2）遗忘门 f_t 控制上一个时刻的内部状态 c_{t-1} 需要遗忘多少信息。

（3）输出门 o_t 控制当前时刻的内部状态 c_t 有多少信息需要输出给外部状态 h_t。

当 $f_t = 0, i_t = 1$ 时，记忆单元将历史信息清空，并将候选状态向量 $\tilde{c}_t$ 写入，此时记忆单元 c_t 依然会与上一个时刻的历史信息相关；当 $f_t = 1, i_t = 0$ 时，记忆单元将复制上一时刻的内容，不写入新的信息。

LSTM 网络中的"门"取值在 0～1 之间，表示以一定的比例允许信息通过。这 3 个门的计算如下：

$$f_t = \sigma(U_f h_{t-1} + W_f x_t + b_f)$$
$$i_t = \sigma(U_i h_{t-1} + W_i x_t + b_i)$$
$$o_t = \sigma(U_o h_{t-1} + W_o x_t + b_o)$$

其中，$\sigma(\bullet)$ 表示 Logistic 函数，其输出范围是（0，1）；x_t 为当前时刻的输入；h_{t-1} 为上一时刻的隐藏状态。

LSTM 的计算过程如下：

（1）利用上一时刻的隐藏状态 h_{t-1} 和当前时刻的输入 x_t，计算出上述 3 个门和 $\tilde{c}_t$；

（2）结合遗忘门 f_t 和输入门 i_t，更新记忆单元 c_t；

（3）结合输出门 o_t，将内部状态信息传递到外部状态 h_t。

计算过程如图 8-22 所示的示意图。

利用 LSTM 循环单元，整个网络可以建立长距离的时序依赖关系。循环神经网络中的隐藏层状态 h 存储了历史信息，可以看作是一种记忆。在简单循环神经网络中，隐藏层状态在每个时刻都会被重写，可以看作是一种短期记忆（Short-Term Memory）。而在 LSTM 网络中，记忆单元 c 可以在某个时刻捕捉到某些关键信息，并能够将这些关键信息保存一定的时间间隔，该保存信息的周期要长于短期记忆，但又短于长期记忆（Long-Term Memory，可以看作是网络参数，隐含了从训练数据中学习的信息，更新周期远远慢于短期记忆）。因此，这种机制被称为长短期记忆（Long Short-Term Memory Network, LSTM）。

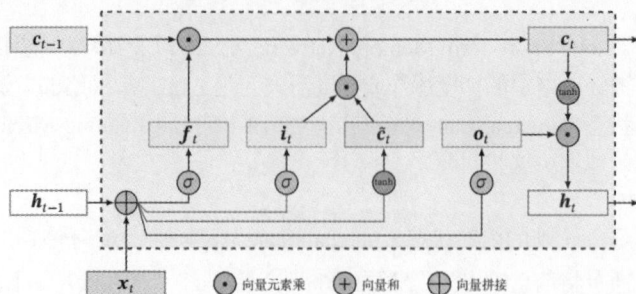

图 8-22

8.6.3　RNN 应用案例

本小节介绍 RNN 的经典成功案例——电影评论情感分类问题。本小节引用的是 IMDB 电影评论数据集，根据电影评论的文本内容预测评论的情感标签。该 IMDB 数据集分为用于训练的 25 000 条评论和用于测试的 25 000 条评论，训练集和测试集都各包含 50% 的正面评价和 50% 的负面评价的英文评论数据。

1. IMDB 数据集

本案例使用的数据集已经集成在 TensorFlow-Datasets 中（包括上文的 MNIST 数据集、CIFAR10、Auto MPG 数据集等），因此可以直接安装该数据集来获取，或者使用 TensorFlow 下的 Keras 数据集也是一样的。利用 imdb.load_data() 方法加载数据集，由于数据集已经进行了处理，需要给词汇固定长度来读取，代码如下：

```
#加载需要用到的模块
from keras.preprocessing import sequence
from keras.models import Sequential
from keras.layers import Dense, Dropout, Embedding, LSTM, Bidirectional
from keras.datasets import imdb
import tensorflow as tf
# 词汇表收录的单词数,
max_features = 10000
# 加载数据,
 (x_train, y_train), (x_test, y_test) = imdb.load_data(num_words=max_features)
```

由于循环神经网络的输入是固定长度的，要给定固定的输入长度，也就是说 IMDB 数据集中的电影评论的长度必须相同。需要借助 pad_sequences() 函数来标准化评论长度，同时给定一个句子的固定长度（maxlen）和分批读取数据量大小，代码如下：

```
# 一个句子长度
maxlen = 100
# 一个批次数据量大小
batch_size = 32
# 循环神经网络输入长度固定
x_train = tf.keras.preprocessing.sequence.pad_sequences(x_train, maxlen=maxlen)
x_test = tf.keras.preprocessing.sequence.pad_sequences(x_test, maxlen=maxlen)
```

由于本数据集已经预处理完成，其评论文本已被转换为整数，每个整数表示字典中的特定单词。文本处理的详细内容将在本书后面的章节中具体讲解，因此本小节重点介绍循环神经网络的构建与运用过程。

2. RNN 模型构建

数据集已准备就绪，接下来开始构建 RNN 模型。RNN 模型有许多变种，这里我们选用较为常见的简单 RNN 模型。由于处理的是文本序列问题，因此在处理时需要一个 Embedding 层，也称为单词表示层。单词的表示向量可以通过训练的方式直接获得，Embedding 层负责将单词编码为某个向量。对于采用数字编码的单词，只需查询对应位置上的向量并返回即可。通常在构建神经网络之前，完成单词到向量的转换，得到的表示向量可以通过神经网络继续完成后续任务。在 TensorFlow 框架中，可以通过 layers.Embedding() 来定义，代码如下：

```
model = Sequential()
# 嵌入层
model.add(Embedding(max_features,
  # 词汇表大小中收录单词数量，也就是嵌入层矩阵的行数
                128, # 每个单词的维度，也就是嵌入层矩阵的列数
                input_length=maxlen)) # 一篇文本的长度
```

文本单词转换成向量后，就可以搭建循环神经网络了。本例选用 TensorFlow 框架下的 LSTM() 方法来实现，构建一个包含 128 个单元的 LSTM 层，输出层使用 Dense() 方法，由于是二分类问题，输出的结果是 1。代码实现如下：

```
# 定义 LSTM 隐藏层
model.add(LSTM(128, dropout=0.2, recurrent_dropout=0.2))
# 模型输出层
model.add(Dense(1, activation='sigmoid'))
```

3．模型编译步骤

RNN 模型搭建完成后，接下来需要对模型进行编译，确定优化器、损失函数以及在训练过程中计算准确率等。这里采用 model.compile() 来实现，优化器使用 Adam 算法，损失函数采用 binary_crossentropy 方法。代码如下：

```
# 模型编译
model.compile(loss='binary_crossentropy',
              optimizer='adam',
              metrics=['accuracy'])
model.summary()
```

运行结果如下：

```
Model: "sequential_3"

Layer (type)              Output Shape           Param #
=================================================================
embedding_3 (Embedding)   (None, 100, 128)       1280000
_____
lstm_3 (LSTM)             (None, 128)            131584
_____
dense_3 (Dense)           (None, 1)              129
=================================================================
Total params: 1,411,713
Trainable params: 1,411,713
Non-trainable params: 0
_____
```

4．模型训练

RNN 模型已经构建完毕，接下来对模型运用 fit() 方法进行 5 个周期的训练。代码如下：

```
# 训练过程
model.fit(x_train, y_train,
          batch_size=batch_size,  # 遍历 1 遍数据集的批次数=len(x_train)/batch_size
          epochs=5,                # 遍历整个数据集 5 遍
          validation_data=[x_train, y_train]) # 验证集
```

运行结果如下：

```
  "Converting sparse IndexedSlices to a dense Tensor of unknown shape. "
  Train on 25000 samples, validate on 25000 samples
  Epoch 1/5
  25000/25000 [==============================] - 240s 10ms/step - loss: 0.4658 - accuracy:
0.7859 - val_loss: 0.3069 - val_accuracy: 0.8747
  …… …… …… …… …… …… …… …… …… …… …… …… …… …… …… ……
  Epoch 5/5
  25000/25000 [==============================] - 217s 9ms/step - loss: 0.1672 - accuracy:
0.9378 - val_loss: 0.1160 - val_accuracy: 0.9618
  25000/25000 [==============================] - 45s 2ms/step
```

5．模型验证

简单的 RNN 模型已经训练好，接下来使用测试集来评估模型的泛化效果。可以通过.evaluate()
方法来实现，代码如下：

```
#模型验证
results = model.evaluate(x_test, y_test)
print(results)
```

运行结果如下：

```
25000/25000 [==============================] - 48s 2ms/step
[0.45406213108062743, 0.835640013217926]
```

可以看到其准确度达到 0.84。最后可以把本次模型
的情况打印出来，代码如下：

```
#模型的画图表示
import matplotlib.pyplot as plt
import matplotlib.image as mpimg
from keras.utils import plot_model
plot_model(model,to_file='RNN-IMDB.png',show_
shapes=True)
RI = mpimg.imread('RNN-IMDB.png') # 读取和代码处
于同一目录下的 RNN-IMDB.png
plt.imshow(RI) # 显示图片
plt.axis('off') # 不显示坐标轴
plt.show()
```

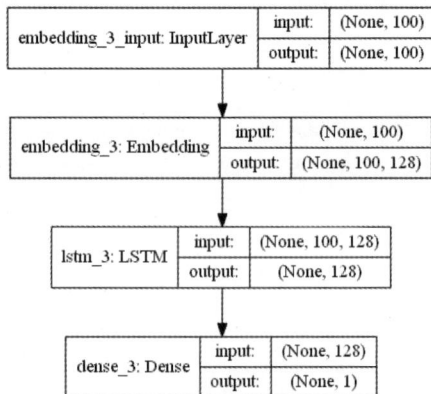

图 8-23

执行结果如图 8-23 所示。

本章小结

本章介绍了深度学习的理论方法、TensorFlow 框架的基础知识、经典的卷积神经网络和循环神
经网络理论及其案例应用。本章所有案例均结合 TensorFlow-Datasets 的数据集进行，这也是快速入
门深度学习的较好的练手案例项目。

本章练习

1．运用卷积神经网络对 MNIST 数据集进行分类。
2．运用卷积神经网络对 CIFAR-10 数据集进行分类。

案例篇

第9章 基于财务与交易数据的量化投资分析

量化投资是金融数据分析的一个重要方向，本章通过一个具体案例介绍其基本原理、方法及实现。首先，基于财务报表及财务指标数据，采用量化的方法，对上市公司基本情况进行综合评价，从而选出优质的上市公司；其次，以选出的上市公司发行的 A 股股票作为研究对象，通过计算股票交易的技术分析指标，利用数据挖掘模型预测下一个交易日股票收盘价相较开盘价的涨跌方向；最后，基于预测结果设计量化投资策略并进行实证检验。下面将从案例背景、案例目标及实现思路、基于总体规模与投资效率指标的上市公司综合评价方法、技术分析指标选择与计算、量化投资模型与策略实现等方面进行详细介绍。

9.1 案例背景

案例背景

随着我国证券市场的不断发展，证券及证券投资在社会经济和生活中的地位日益重要，上市公司的数量也在持续增长。投资者面对众多不同行业、不同背景的公司股票，除了进行基本的政策面分析外，还希望对这些股票的基本面及市场交易机会进行客观、理性的评估。传统的基本面分析投资方法主要通过实地调研、阅读公司投资及经营方面的公告、分析与研究财务报表等手段，寻找优质的上市公司并进行投资。在上市公司数量较少时，传统的基本面分析方法不失为一种有效的手段。然而，在面对庞大的上市公司数量及相关数据时，传统的基本面分析方法存在很大的局限性：一方面，在如此庞大的上市公司数据面前，我们无法及时完成分析，也很难快速找出优质的上市公司；另一方面，在信息高度发达的大数据时代，信息更新速度非常快，我们更难以应对。因此，基于数量化的投资分析方法，即量化投资应运而生。所谓量化投资，就是采用计算机技术及数据挖掘模型，实现投资理念或投资方法的一种过程。量化投资分析方法能够帮助我们快速分析并挖掘数据，从而找到所需的信息，这已经成为投资界人士十分推崇的方法。

9.2 案例目标及实现思路

目标分析

本案例的主要目标是基于年度财务数据及其指标，对上市公司进行综合评价，找出较为优质的上市公司。通过计算上市公司股票交易的技术分析指标，利用数据挖掘模型预测下一个交易日上市公司股票收盘价相较于开盘价的涨跌方向，并基于预测结果设计量化投资策略并进行实证检验。在上市公司综合评价方面，首先介绍基于总体规模与投资效率指标的上市公司综合评价。选择的总体规模指标包括上市公司的营业收入、营业利润、利润总额、净利润、资产总计、固定资产净额；选择的投资效率指标包括净资产收益率、每股净资产、每股资本公积、每股收益。然后获取并处理数据，将标准化的指标数据进行主成分分析，并基于主成分得分获得上市公司综合排名，从而选择排名靠前的上市公司股票作为研究对象。在技术分析指标选择与计算方面，主要选择趋势型、超买超卖型、人气型等指标，包括 5 日、10 日、20 日移动平均线指标（MA），指数平滑异同平均线指标（MACD），随机指标（KDJ），6 日、12 日、24 日相对强弱指标（RSI），5 日、10 日、20 日乖离率指标（BIAS）和能量潮指标（OBV）等，并将这些指标作为自变量。因变量为涨跌趋势指标，即下一个交易日的股票收盘价较开盘价的涨跌方向，上涨为+1，下跌为-1，不变为 0，是一种分类变量。以一定的计算周期计算其自变量和因变量作为训练样本，然后以其后的一定周期的数据作为自变量，作为测试样本，并预测其涨跌方向，即因变量。最后，根据预测的结果设计量化投资策略。这里选择的预测模型为逻辑回归模型。基本的实现思路如图 9-1 所示。

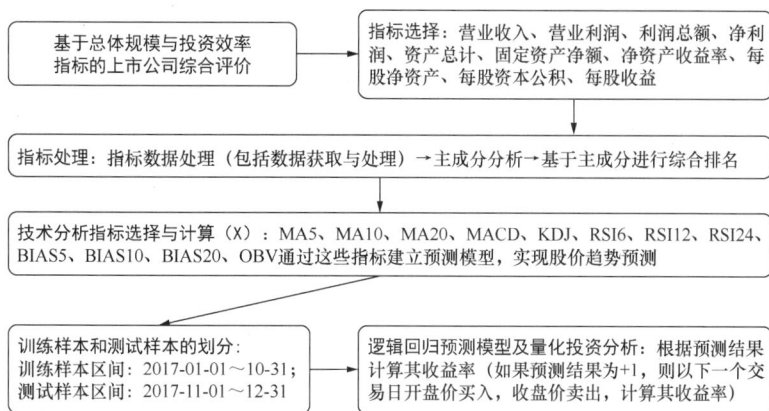

图 9-1

9.3 基于总体规模与投资效率指标的上市公司综合评价

上市公司的总体规模体现了公司的整体竞争能力、市场抗风险能力和影响力。总体规模较大的上市公司在市场上具有优势。除此之外，我们还需要考虑其投资效率。如果投资效率低下，那么其优势可能就会减弱。下面选择能够反映公司总体规模和投资效率的财务数据和财务指标，利用主成分分析模型进行综合评价。

上市公司
综合评价

9.3.1 指标选择

我们选择的总体规模指标包括上市公司的营业收入、营业利润、利润总额、净利润、资产总计、固定资产净额，以及投资效率指标（包括净资产收益率、每股净资产、每股资本公积、每股收益）等，一共计 10 个指标。数据来源于 Tushare 金融大数据社区，具体信息如表 9-1 所示。

表 9-1　上市公司的总体规模与投资效率指标

字段名称	字段中文名称	字段说明
revenue	营业收入	企业经营过程中确认的营业收入
operate_profit	营业利润	与经营业务有关的利润
total_profit	利润总额	公司实现的利润总额
n_income_attr_p	净利润	公司实现的净利润
total_assets	资产总计	资产各项目之总计
fix_assets	固定资产净额	固定资产原价
roe	净资产收益率	净利润/股东权益余额
bps	每股净资产	所有者权益合计期末值/实收资本期末值
capital_rese_ps	每股资本公积	资本公积期末值/实收资本期末值
eps	每股收益	净利润本期值/实收资本期末值

9.3.2　数据获取

本案例基于 Tushare 金融大数据社区提供的 Python API 获取所需的数据。Tushare 金融大数据社区提供免费、开源的各类金融数据获取 API，通过注册社区会员并获得积分即可提取数据，提取权限与积分相关。获得积分及相关事项可与积分管理员联系。本案例基于教师权限（积分值大于 5000）获取 2016 年度数据，下面给出详细的获取方法。

1．Tushare 安装

实际上，Tushare 已经作为一个 Python 扩展包，可以通过安装 Python 扩展包的方法直接安装，如图 9-2 所示。图中显示已经成功安装了 Tushare 包，版本为 1.2.51。

2．数据的获取

获取的数据包括股票的基本信息，并从利润表、资产负债和财务指标表中提取上述指标数据。示例代码如下：

```
import tushare as ts
import pandas as pd
#tushare API 初始化
ts.set_token('you token')#注意这里输入你在 tushare 官网的个人 token
pro = ts.pro_api()
#获取股票基本信息，并保存为 Excel 文件
stkcode = pro.stock_basic(exchange='', list_status='L',
                          fields='ts_code,symbol,name,area,industry')
stkcode.to_excel('stkcode.xlsx')
#从利润表中获取营业收入、营业利润、利润总额、净利润等指标数据
income= pro.income_vip(period='20161231',
       fields='ts_code,revenue,operate_profit,total_profit,n_income_attr_p')
income=income.drop_duplicates(subset=['ts_code'])
#从资产负债表中获取资产总计、固定资产净额等指标数据
balance = pro.balancesheet_vip(period='20161231',
                          fields='ts_code,total_assets,fix_assets')
balance=balance.drop_duplicates(subset=['ts_code'])
#从财务指标表中获取净资产收益率、每股净资产、每股资本公积、每股收益等指标数据
indicator=pro.fina_indicator_vip(period='20161231',
                          fields='ts_code,roe,bps,capital_rese_ps,eps')
indicator=indicator.drop_duplicates(subset=['ts_code'])
#数据集成，以代码为键，内连接，并把集成后的数据导出 Excel 文件
tempdata=pd.merge(income,balance,how='inner',on='ts_code')
Data=pd.merge(tempdata,indicator,how='inner',on='ts_code')
Data.to_excel('Data.xlsx')
```

执行结果如图 9-3 所示。

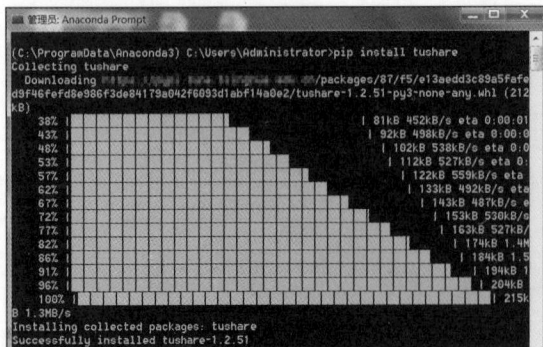

图 9-2

图 9-3

9.3.3 数据处理

1．筛选指标值大于 0 的数据

对上市公司进行评价时，首先应选择指标值大于 0 的公司。指标值小于 0 的公司可能存在资产为负值或利润为负值等问题，此类数据应首先排除。

2．去掉空值

空值（即 nan 值）应予以去除，同时建议将公司指标取值缺失的数据也排除在外。

3．数据标准化

由于指标的单位不统一，或者某些指标的取值较大、某些指标的取值较小，因此需要对指标数据进行标准化处理。

计算思路及流程如下：

（1）读取 2016 年的数据，其中第 0 列为标识列（股票代码）。示例代码如下：

```
import pandas as pd
data=pd.read_excel('Data.xlsx')
```

（2）筛选指标值大于 0 的数据以及去掉空值。示例代码如下：

```
index_tf=data.iloc[:,1].values>0
for i in range(2,len(data)):
    index_tf=index_tf&(data.iloc[:,1].values>0)
data=data.iloc[index_tf,:]
data=data.dropna()
```

（3）数据标准化，注意标准化的数据需要去掉第 0 列（股票代码、标识列），这里数据标准化方法采用均值-方差规范化。示例代码如下：

```
from sklearn.preprocessing import StandardScaler
X=data.iloc[:,1:]
scaler = StandardScaler()
scaler.fit(X)
X=scaler.transform(X)
```

9.3.4 主成分分析

对标准化后的指标数据 X 进行主成分分析，提取其主成分，要求累计贡献率在 0.95 以上。示例代码如下：

```
from sklearn.decomposition import PCA
pca=PCA(n_components=0.95)             #累计贡献率为 0.95
Y=pca.fit_transform(X)                #满足累计贡献率为 0.95 的主成分数据
gxl=pca.explained_variance_ratio_     #贡献率
```

利用主成分分析，可以获得其主成分，接下来就可以根据获得的主成分计算每个上市公司的综合得分。根据综合得分，可以获得上市公司的综合排名。

9.3.5 综合排名

1．计算综合得分

综合得分等于提取的各个主成分与其贡献率的加权求和。示例代码如下：

```
import numpy as np
F=np.zeros((len(Y)))            #预定义综合得分数组 F
for i in range(len(gxl)):
    f=Y[:,i]*gxl[i]            #第 i 个主成分与第 i 个主成分贡献率的乘积
    F=F+f                     #数组累积求和
```

2. 整理排名结果

为了方便排名，采用序列作为排名结果存储的数据结构。排名包括两种索引：一种索引是股票代码，便于后续计算收益率；另一种索引是股票中文简称，便于查看其排名结果。

第一种索引示例代码如下：

```
fs1=pd.Series(F,index=data['ts_code'].values)   #构建序列，值为综合得分 F，索引为股票代码
Fscore1=fs1.sort_values(ascending=False)        #结果排名，降序
```

第二种索引如下：

首先，获取主成分分析指标数据对应的上市公司名称，可以通过 data 数据（经过处理的财务指标数据）中的股票代码，关联股票基本信息表 stkcode.xlsx 筛选获得。stkcode.xlsx 的详细信息如表 9-2 所示。

表 9-2　股票基本信息表

ts_code	symbol	name	area	industry
000001.SZ	000001	平安银行	深圳	银行
000002.SZ	000002	万科 A	深圳	全国地产
000004.SZ	000004	国农科技	深圳	生物制药
000005.SZ	000005	世纪星源	深圳	环境保护
000006.SZ	000006	深振业 A	深圳	区域地产
000007.SZ	000007	全新好	深圳	酒店餐饮
……	……	……	……	……

其中，字段依次表示 Tushare 股票代码、股票简称、股票名称、地区、行业。示例代码如下：

```
stk1=pd.DataFrame({'ts_code':data.iloc[:,0].values,'F':F})
stk=pd.read_excel('stkcode.xlsx')
stk=pd.merge(stk1, stk,how='inner',on=['ts_code'])#主成分数据与股票基本信息表关联
```

其次，以综合得分 F 为值，上市公司名称作为索引，构建序列，并按值做降序排列，以观察其排名结果。示例代码如下：

```
fs2=pd.Series(stk['F'].values,index=stk['name'])
Fscore2=fs2.sort_values(ascending=False)
```

最终得到两种索引的排名结果（部分）如图 9-4 所示。

图 9-4

9.4　技术分析指标选择与计算

第 9.3 节介绍了上市公司的综合评价方法。通过综合评价，可以获得上市公司的综合排名情况。在此基础上，可以选择排名靠前的上市公司股票作为研究对象，进而选择并计算其技术分析指标（自变量）和涨跌趋势指标（因变量）。本节主要选取了 6 种在中国证券交易市场上较为流行且有效的技术分析指标：移动平均线指标（MA）、指数平滑异同平均线指标（MACD）、随机指标（KDJ）、相对强弱指标（RSI）、乖离率指标（BIAS）、能量潮指标（OBV）、涨跌趋势指标。下面将详细介绍相关技术分析指标的计算公式、方法及计算情况。

技术指标计算

9.4.1　移动平均线指标

移动平均线指标（MA）是将某一特定时期的收盘价之和除以该周期，根据时间的长短可以分为

短期、中期和长期3种。移动平均线能够反映价格走势。

计算公式为：

$$MA_t(n) = \frac{1}{n}C_t + \frac{n-1}{n}MA_{t-1}(n)$$

式中，C_t 为第 t 日股票价格；n 为周期数，一般取 5、10、20；t 为时间。Python 计算移动平均线的命令为 P.rolling(n).mean()。

其中，P 为价格序列值；n 为周期数。例如，计算 5 日移动平均线为：

```
P.rolling(5).mean()
```

9.4.2　指数平滑异同平均线指标

指数平滑异同平均线指标是在移动平均线的基础上发展而成的，它利用两条不同速度（一条变动速率较快的短期移动平均线，一条变动速度较慢的长期移动平均线）的指数平滑移动平均线来计算二者之间的差别状况（DIF），作为研判行情的基础，然后计算出 DIF 的 9 日平滑移动平均线 DEA，MACD 即为 DIF 和 DEA 差值的两倍。

计算公式为：

$$MACD_t = 2 \times (DIF_t - DEA_t)$$
$$DIF_t = EMA_t(12) - EMA_t(26)$$
$$DEA_t = \frac{2}{10}DIF_t + \frac{8}{10}DEA_{t-1}$$
$$EMA_t(n) = \frac{2}{n+1}C_t + \frac{n-1}{n+1}EMA_{t-1}(n)$$

Python 计算指数平滑异同平均线的命令为 P.ewm(span=n).mean()。

其中，P 为价格序列值；n 为周期数。例如，计算 12 日、26 日指数平滑异同平均线为：

```
Z12=P.ewm(12).mean()
Z26=P.ewm(26).mean()
```

则 DIF、DEA、MACD 计算的算法如下：

```
DIF=Z12-Z26
If t=1
    DEA[t]=DIF[t]
If t>1
    DEA[t]=(2*DIF[t]+8*DEA[t-1])/10
MACD[t]=2*(DIF[t]-DEA[t])
```

9.4.3　随机指标

随机指标（KDJ）一般用于股票分析的统计体系。根据统计学原理，利用一个特定的周期（常为 9 日、9 周等）内出现的最高价、最低价及最后一个计算周期的收盘价，以及这三者之间的比例关系，计算出最后一个计算周期的未成熟随机值 RSV，然后根据平滑异同平均线的方法计算 K_t 值、D_t 值和 J_t 值，并绘制成曲线图以研判股票价格走势。

计算公式为：

$$K_t = \frac{2}{3}K_{t-1} + \frac{1}{3}RSV_t$$
$$D_t = \frac{2}{3}D_{t-1} + \frac{1}{3}K_t$$
$$J_t = 3D_t - 2K_t$$

$$RSV_t(n) = \frac{C_t - L_n}{H_n - L_n} \times 100\%$$

式中，H_n、L_n分别表示 n 日内最高收盘价和最低收盘价，$n=9$。

Python 计算移动周期内的最大值命令为 P.rolling(n).max()，最小值命令为 P.rolling(n).min()。

其中，P 为价格序列值；n 为周期数。例如，计算 9 日移动平均线的最大值和最小值为：

```
Lmin=P.rolling(9).min()
Lmax=P.rolling(9).max()
RSV=(P-Lmin)/(Lmax-Lmin)
```

则计算 KDJ 指标算法如下：

```
If t=1
    K[t]=RSV[t]
    D[t]=RSV[t]
If t>1
    K[t]=2/3*K[t-1]+1/3*RSV[t]
    D[t]=2/3*D[t-1]+1/3*K[t]
J[t]=3*D[t]-2*K[t]
```

9.4.4　相对强弱指标

相对强弱指标是利用一定时期内平均收盘涨数与平均收盘跌数的比值来反映股市走势的。"一定时期"的选择是不同的。一般而言，选择天数短，容易对起伏的股市产生动感，不易平衡长期投资的心理准备，做空做多的短期行为增多；选择天数长，对短期的投资机会不易把握。因此，RSI 可选用天数为 6、12、24。

计算公式为：

$$RSI_t(n) = \frac{A}{A-B} \times 100\%$$

式中，A 为 n 日内收盘上涨的次数；B 为 n 日内收盘下跌的次数；$n=6$，12，24。

算法如下：

（1）预定义涨跌标识向量 z，即 z=np.zeros(len(P)-1)，其中 P 为价格序列。

（2）涨跌标识向量赋值。示例代码如下：

```
z[P(2:end)- P(1:end-1)≥0]=1          涨
z[P(2:end)- P(1:end-1)<0]=-1         跌
z1=pd.Series(z==1)                   转换为序列
z2=pd.Series(z==-1)                  转换为序列
```

（3）涨跌情况统计。示例代码如下：

```
z1=z1.rolling(N).sum()               N日移动计算涨数
z2=z2.rolling(N).sum()               N日移动计算跌数
z1=z1.values                         取values值，转换为数组
z2=z2.values                         取values值，转换为数组
```

（4）RSI 指标计算。示例代码如下：

```
for t= N to len(P)-1
    rsi[t]= z1[t]/(z1[t]+z2[t])
```

9.4.5　乖离率指标

乖离率指标（BIAS）是通过计算市场指数或收盘价与某条移动平均线之间的差距百分比，反映一定时期内价格与其移动平均线（MA）偏离程度的指标，从而得出价格在剧烈波动时因偏离移动平

均趋势而可能回档或反弹的可能性，以及价格在正常波动范围内移动时继续原有趋势的可信度。

计算公式为：

$$乘离率 = \frac{当日收盘价 - n日平均价}{n日平均价} \times 100\% \quad n = 5, 10, 20$$

算法如下：

（1）预定义乘离率指标，即 bias=np.zeros((len(P)))，其中 P 为价格序列。

（2）计算 n 日移动平均价格，即 man=P.rolling(n).mean()。

（3）采用循环方式依次计算每日的乘离率指标。

```
for t= n to len(P)
        bias[t]=(P[t]-man[t])/man[t]
```

9.4.6 能量潮指标

能量潮指标（OBV）又称能量潮，也称成交量净额指标，是通过累计每日的需求量和供给量并予以数字化，制成趋势线，然后配合证券价格趋势图，从价格变动与成交量增减的关系上推测市场趋势的一种技术分析指标。

计算公式为：

$$今日 OBV = 前一日 OBV + \text{sgn} \times 今日成交量$$

其中，sgn 是符号函数，其数值由下面的公式决定：

若今日收盘价≥昨日收盘价，则 sgn=+1；

若今日收盘价<昨日收盘价，则 sgn=−1。

算法如下：

（1）记 P、S 分别为价格序列和成交量序列，预定义 obv=np.zeros((len(P)))。

（2）根据能量潮指标的计算公式及说明，采用循环的方式依次计算每日的 OBV。示例代码如下：

```
for t = 1 to len(P)
    if t=1
        obv[t]=S[t]
    if t>1
        if P[t]>=P[t-1]
            obv[t]=obv[t-1]+S[t]
        if P[t]<P[t-1]:
            obv[t]=obv[t-1]-S[t]
```

9.4.7 涨跌趋势指标

股价趋势预测主要通过建立预测模型 $F(x,y)$ 进行，其中 x 是自变量，y 是因变量。本小节主要将这些技术分析指标作为自变量 x 输入，而因变量 y 是根据股票每日的收盘价确定的。下一个交易日的收盘价减去当日收盘价，若大于 0，则下一个交易日股价呈现上涨趋势，记为+1 类；反之，则股价呈现下跌趋势，记为−1 类。因变量 y 的计算方法如下：

（1）预定义 y= np.zeros(len(P1))，其中 P1 为收盘价格序列。

（2）预定义标识变量 z=np.zeros(len(y)−1)，并计算其涨跌方向。示例代码如下：

```
z[P2[2:end]-P1[2:end]>0]=1        #涨
z[P2[2:end]-P1[2:end]==0]=0       #平
z[P2[2:end]-P1[2:end]<0]=-1       #跌
```

P2 为收盘价序列。

（3）采用循环的方式依次计算每日涨跌趋势指标 y。示例代码如下：

```
for t = 1 to len(z)
    y[t]=z[t]
```

最终将该问题转化为分类问题或模式识别问题，相关的模型如支持向量机、逻辑回归、神经网络等均能实现分类。

9.4.8　计算举例

下面以上汽集团（股票代码：600104）为例计算其指标。其数据区间为 2017 年 1 月 1 日~12 月 31 日。数据获取的示例代码如下：

```
dta = pro.daily(ts_code='600104.SH',
            start_date='20170101', end_date='20171231')
dta=dta.sort_values('trade_date')
dta.to_excel('dta.xlsx')
```

执行结果（部分）如图 9-5 所示。

Index	ts_code	trade_date	open	high	low	close	pre_close	change	pct_chg	vol	amount
243	600104.SH	20170103	23.57	24.3	23.57	23.89	23.45	0.44	1.88	368556	882590
242	600104.SH	20170104	23.97	24.5	23.89	24.29	23.89	0.4	1.67	335320	814803
241	600104.SH	20170105	24.38	24.38	23.95	24.05	24.29	-0.24	-0.99	208594	502228
240	600104.SH	20170106	24.04	24.16	23.78	23.91	24.05	-0.14	-0.58	229796	551372

图 9-5

字段依次为股票代码、交易日期、开盘价、最高价、最低价、收盘价、昨收价、涨跌额、涨跌幅、成交量和成交额。

根据前文介绍的指标定义、计算公式及实现算法，这里将各类指标的计算采用函数形式进行定义。示例代码如下（用 Ind.py 文件来统一保存这些指标计算函数，具体见该文件）：

```
# 计算移动平均线指标
import pandas as pd
def MA(data,N1,N2,N3):
    ……
    return (MAN1,MAN2,MAN3)

# 计算指数平滑移动平均线指标
def MACD(data):
    ……
    return MACD

#计算随机指标
def KDJ(data,N):
    ……
    return (K,D,J)

#计算相对强弱指标
def RSI(data,N):
    ……
    return rsi

#计算乖离率指标

def BIAS(data,N):
    ……
    return bias
```

```
#计算能量潮指标
def OBV(data):
    ......
    return obv

#计算涨跌趋势指标
def cla(data):
    ......
    return y
```

下面我们使用 Ind.py 文件中定义好的指标计算函数计算上汽集团的指标。计算时需要在计算文件夹中存放 Ind.py 文件，并在计算程序中导入该文件并调用指标计算函数以完成计算。示例代码如下：

```
import Ind
import pandas as pd
data=pd.read_excel('dta.xlsx')
MA= Ind.MA(data,5,10,20)
macd=Ind.MACD(data)
kdj=Ind.KDJ(data,9)
rsi6=Ind.RSI(data,6)
rsi12=Ind.RSI(data,12)
rsi24=Ind.RSI(data,24)
bias5=Ind.BIAS(data,5)
bias10=Ind.BIAS(data,10)
bias20=Ind.BIAS(data,20)
obv=Ind.OBV(data)
y=Ind.cla(data)
#将计算出的技术分析指标、交易日期以及股价的涨跌趋势利用字典整合在一起
pm={'交易日期':data['trade_date'].values}
PM=pd.DataFrame(pm)
DF={'MA5':MA[0],'MA10':MA[1],'MA20':MA[2],'MACD':macd,
    'K':kdj[0],'D':kdj[1],'J':kdj[2],'RSI6':rsi6,'RSI12':rsi12,
    'RSI24':rsi24,'BIAS5':bias5,'BIAS10':bias10,'BIAS20':bias20,'OBV':obv}
DF=pd.DataFrame(DF)
s1=PM.join(DF)
y1={'涨跌趋势':y}
ZZ=pd.DataFrame(y1)
s2=s1.join(ZZ)
#去掉空值
ss=s2.dropna()
#将 ss 中第 6 列不为 0 的值提取出来,存放到 Data 中
Data=ss[ss.iloc[:,6].values!=0]
```

执行以上示例代码，最终得到上汽集团的指标数据集 Data，其执行结果（部分）如图 9-6 所示。

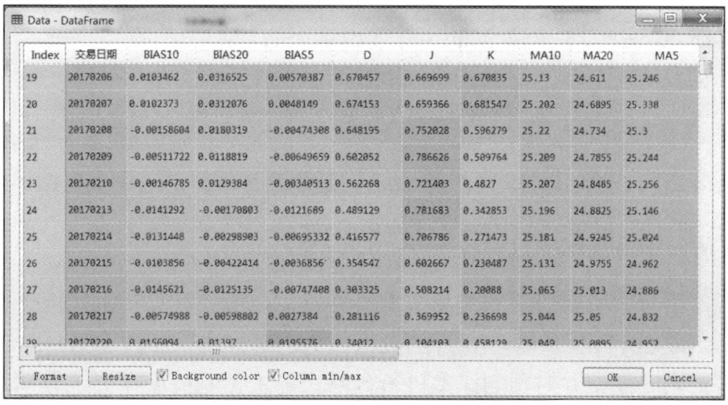
Data - DataFrame

Index	交易日期	BIAS10	BIAS20	BIAS5	D	J	K	MA10	MA20	MA5
19	20170206	0.0103462	0.0316525	0.00570387	0.670457	0.669699	0.670835	25.13	24.611	25.246
20	20170207	0.0102373	0.0312076	0.0048149	0.674153	0.659366	0.681547	25.202	24.6895	25.338
21	20170208	-0.00158604	0.0180319	-0.00474308	0.648195	0.752028	0.596279	25.22	24.734	25.3
22	20170209	-0.00511722	0.0118819	-0.00649659	0.602052	0.786626	0.509764	25.209	24.7855	25.244
23	20170210	-0.00146785	0.0129384	-0.00340513	0.562268	0.721403	0.4827	25.207	24.8485	25.256
24	20170213	-0.0141292	-0.00170803	-0.0121689	0.489129	0.781683	0.342853	25.196	24.8825	25.146
25	20170214	-0.0131448	-0.00298903	-0.00695332	0.416577	0.706786	0.271473	25.181	24.9245	25.024
26	20170215	-0.0103856	-0.00422414	-0.0036856	0.354547	0.602667	0.230487	25.131	24.9755	24.962
27	20170216	-0.0145621	-0.0125135	-0.00747408	0.303325	0.508214	0.20088	25.065	25.013	24.886
28	20170217	-0.00574988	-0.00598802	0.0027384	0.281116	0.369952	0.236698	25.044	25.05	24.832
29	20170220	0.0156094	0.01397	0.0195576	0.34012	0.104103	0.458129	25.049	25.0895	24.952

图 9-6

9.5 量化投资模型与策略实现

首先，利用 9.3 节基于总体规模与投资效率指标的上市公司综合评价方法获得的排名结果，提取排名前 20 家上市公司的股票构建投资组合，并获取投资组合中各个股票在 2017 年的交易数据。其次，基于获取的股票交易数据计算技术分析指标（自变量）和涨跌趋势指标（因变量），并划分训练数据（2017 年 1 月~10 月）和预测数据（2017 年 11 月~12 月），构建逻辑回归预测模型。要求模型的准确率达到 0.7 以上（即针对训练数据的预测准确率）后，才执行量化投资策略。最后，根据模型的预测结果构建量化投资策略。如果预测结果为+1，表示下一个交易日收盘价较开盘价可能会上涨，则在下一个交易日开盘价买入，收盘价卖出。计算每只股票的收益率，最终对每只股票的收益率求和以获得投资组合的收益率，并将其与同期的沪深 300 指数收益率作为基准进行比较。下面进行详细介绍。

9.5.1 投资组合构建

根据排名结果提取排名前 20 只股票代码构建投资组合，并批量获取投资组合中每只股票代码的交易数据，同时导出至 Excel 表格中。示例代码如下：

```
#提取综合排名前 20 的股票代码列表
import fun
r=fun.Fr()
c=r[0]
codelist=list(c.index[0:20])
#构建排名前 20 的股票代码的查询字符（连接）
codelist_str=str()
for i in range(len(codelist)):
    if i<len(codelist)-1:
        codelist_str=codelist[i]+','+codelist_str
    else:
        codelist_str= codelist_str+codelist[i]
print(codelist_str)

#批量获取 20 个股票代码交易数据 stkdata，并导出到 Excel
import tushare as ts
ts.set_token('you token')
pro = ts.pro_api()
stkdata = pro.daily(ts_code=codelist_str,
                start_date='20170101', end_date='20171231')
stkdata=stkdata.sort_values(['ts_code','trade_date'])
stkdata.index=range(len(stkdata))#重新设置 index 属性
stkdata.to_excel('stkdata.xlsx',index=False)
```

执行结果中，前 20 只股票代码查询的字符输出结果如下：

```
601998.SH,601658.SH,600656.SH,600016.SH,601088.SH,601668.SH,601166.SH,600000.SH,600104.SH,
600519.SH,600036.SH,601328.SH,601318.SH,601857.SH,600028.SH,601988.SH,601288.SH,601939.SH,
601398.SH,601628.SH
```

执行结果中，前 20 只股票代码交易数据表结构如图 9-5 所示，这里不再给出。

9.5.2 基于逻辑回归的量化投资策略实现

首先，读取投资组合中所有股票的交易数据，并对每只股票计算技术指标（自变量）和涨跌趋势指标（因变量）。以 2017 年 1 月~10 月的数据作为训练样本，2017 年 11 月~12 月的数据作为预测样本，训练逻辑回归模型并对预测样本进行预测。要求预测模型在训练数据上的预测准确率达到 0.7 以上。若预测结果为+1，则表示下一个交易日的收盘价较开盘价可能会上涨，此时以下一个交易日的开盘价买入，收盘价卖出，计算其投资收益率，完成一次交易机会。将所有交易机会获得的投资收益率求和，即可得到该只股票的收益率。所有股票的收益率之和即为投资组合的收益率。同时，我们计算沪深300指数同期的收益率，并将其与投资组合的收益率进行比较。示例代码如下：

```python
import Ind
import pandas as pd
#获取投资组合所有股票交易数据
stkdata=pd.read_excel('stkdata.xlsx')
#获取投资组合所有股票代码列表
codelist=stkdata.iloc[:,0].value_counts()
codelist=list(codelist.index)
r_total=0  #预定义投资组合收益率
#对每一只股票交易数据计算技术分析指标（自变量）和涨跌趋势指标（因变量）
#划分训练和测试样本，利用逻辑回归模型预测及计算收益率
for code in codelist:
    data=stkdata.iloc[stkdata.iloc[:,0].values==code,:]
    if len(data)>100:
        data.index=range(len(data))
        MA= Ind.MA(data,5,10,20)
        macd=Ind.MACD(data)
        kdj=Ind.KDJ(data,9)
        rsi6=Ind.RSI(data,6)
        rsi12=Ind.RSI(data,12)
        rsi24=Ind.RSI(data,24)
        bias5=Ind.BIAS(data,5)
        bias10=Ind.BIAS(data,10)
        bias20=Ind.BIAS(data,20)
        obv=Ind.OBV(data)
        y=Ind.cla(data)

        #交易日期、技术指标、涨跌趋势指标合并为一个数据Data
        tdate={'交易日期':data['trade_date'].values}
        tdate=pd.DataFrame(tdate)
        Indicator={'MA5':MA[0],'MA10':MA[1],'MA20':MA[2],'MACD':macd,
            'K':kdj[0],'D':kdj[1],'J':kdj[2],'RSI6':rsi6,'RSI12':rsi12,
            'RSI24':rsi24,'BIAS5':bias5,'BIAS10':bias10,'BIAS20':bias20,'OBV':obv}
        Indicator=pd.DataFrame(Indicator)
        tempdata=tdate.join(Indicator)
        Y={'涨跌趋势':y}
        Y=pd.DataFrame(Y)
        Data=tempdata.join(Y)
        Data=Data.dropna()  #去掉空值
        Data=Data[Data.iloc[:,6].values!=0]#去掉第6列为0的数据

        #训练和预测数据划分
        x1=Data['交易日期'].values>=20170101
        x2=Data['交易日期'].values<=20171031
        index=x1&x2
        x_train=Data.iloc[index,1:15]
        y_train=Data.iloc[index,[15]]
        x_test=Data.iloc[~index,1:15]
        y_test=Data.iloc[~index,[15]]

        #数据标准化
        from sklearn.preprocessing import StandardScaler
        scaler = StandardScaler()
        scaler.fit(x_train)
        x_train=scaler.transform(x_train)
        x_test=scaler.transform(x_test)
```

```
#逻辑回归模型
from sklearn.linear_model import LogisticRegression as LR
clf = LR()
clf.fit(x_train, y_train.values.ravel())
result=clf.predict(x_test)      #预测结果
sc=clf.score(x_train, y_train.values.ravel())#模型准确率

result=pd.DataFrame(result)   #预测结果转换为数据框
ff=Data.iloc[~index,0]#提取预测样本的交易日期
#将预测结果与实际结果整合在一起，进行比较
pm1={'交易日期':ff.values,'预测结果':result.iloc[:,0].values,
     '实际结果':y_test.iloc[:,0].values}
result1=pd.DataFrame(pm1)
z=result1['预测结果'].values-result1['实际结果'].values
R=len(z[z==0])/len(z)#预测准确率
#print(code,': ',sc,R)

if sc>0.7:
    r_list=[]
    for t in range(len(result1)-1):
        if result1['预测结果'].values[t]==1:
            p2=data.loc[data['trade_date'].values==
                        result1['交易日期'].values[t+1],'close'].values
            p1=data.loc[data['trade_date'].values==
                        result1['交易日期'].values[t+1],'open'].values
            r=(p2-p1)/p1
            r_list.append(r)
    r_stk=sum(r_list)
    r_total=r_total+r_stk
    print(code,': ',r_stk)
print('投资组合收益率: ',r_total)
hs300=pd.read_excel('hs300.xlsx')
x1=hs300['trade_date'].values>=20171101
x2=hs300['trade_date'].values<=20171231
index=x1&x2
p=hs300.iloc[index,2].values
r_hs300=(p[len(p)-1]-p[0])/p[0]
print('沪深300同期收益率: ',r_hs300)
```

执行结果如下:

```
600016.SH : [0.10771528]
601988.SH : [0.02845355]
601939.SH : [0.12821477]
601857.SH : [0.03613338]
601628.SH : [0.01785019]
601328.SH : [0.05009831]
601318.SH : [0.17527955]
601288.SH : [0.1058068]
601166.SH : [0.08249259]
600519.SH : [0.09088718]
600104.SH : [0.08922271]
600028.SH : [0.08034066]
601998.SH : [0.08531897]
投资组合收益率: [1.07781395]
沪深300同期收益率: 0.00856543329428113
```

执行结果中前13项为投资组合中符合策略执行条件的各股票收益率，最后两项为投资组合收益

率和沪深 300 同期收益率。从结果可以看出，本策略取得了较好的效果。然而，本策略的一个不足之处在于无法直接实现 T+0 交易，但可以通过存量股票或其他方式实现 T+0。

本章小结

本章基于财务与交易数据，通过案例介绍了量化投资的全过程，包括上市公司的选择、技术分析指标的选择与计算、量化投资模型与策略的实现等。需要说明的是，本案例基于历史数据进行实证检验，并未考虑实际的市场政策风险、行业风险及突发事件的影响，不构成投资建议。同时，本案例的交易方式为 T+0，而我国市场尚未实行 T+0 交易机制，只能通过存量股票或其他金融投资工具来实现。本案例的意义在于通过真实的财务和交易数据，详细介绍量化投资的全过程，对量化投资爱好者、个人投资者或机构投资者具有较高的参考价值。

本章练习

本章的案例主要采用 2016 年度的财务数据对上市公司进行综合评价，并选择上市公司 2017 年的股票交易数据构建股票价格涨跌趋势预测模型并实现量化投资策略。本章中的量化投资策略未区分行业。请您根据申银万国行业一级分类标准，对各个行业的上市公司及其股票，基于最近 3 年的财务和交易数据，利用本章的方法进行量化投资分析。

第10章 众包任务定价优化方案

地理信息数据主要以大地坐标系为基础，即地球经纬度。经纬度数据的处理和可视化与常见的平面坐标数据有较大的差异，处理起来也相对繁琐。本章基于众包平台的任务数据和注册会员数据，介绍基于经纬度的地理信息可视化、距离与相关特征指标的计算、模型的构建与实现等，从而为地理信息数据的处理和建模提供一定的基础。下面将从案例背景、案例目标及其实现思路、数据获取与探索、指标计算、模型构建及方案评价等方面进行详细介绍。

10.1 案例背景

"拍照赚钱"是移动互联网时代的一种自助式服务模式。用户下载 App，注册成为 App 会员，然后从 App 上领取需要拍照的任务（如去超市检查某种商品的上架情况），赚取 App 对任务所标定的酬金。这种基于移动互联网的自助式劳务众包平台为企业提供各种商业检查和信息收集服务。相比传统的市场调查方式，它可以大大节约调查成本，并且有效保证调查数据的真实性，缩短调查周期。因此，App 成为该类平台运行的核心，而 App 中的任务定价又是关键要素。如果定价不合理，有些任务可能会无人问津，从而导致任务失败。

附件 1 是一个已结束项目的任务数据，包含每个任务的位置、任务定价和任务执行情况（1 表示被执行，0 表示未被执行）；附件 2 是会员信息数据，包含会员的位置、信誉值、参考其信誉给出的预订任务开始时间和预订任务限额。原则上，会员信誉越高，越优先开始挑选任务，其限额也就越大（任务分配时实际上是根据预订限额所占比例进行分配的）。附件 1 和附件 2 的具体信息如表 10-1 和表 10-2 所示。

表 10-1 附件 1：已结束项目任务数据

任务号码	任务 GPS 纬度	任务 GPS 经度	任务标价/元	任务执行情况
A0001	22.56614225	113.9808368	66	0
A0002	22.68620526	113.9405252	65.5	0
A0003	22.57651183	113.957198	65.5	1
A0004	22.56484081	114.2445711	75	0
A0005	22.55888775	113.9507227	65.5	0
A0006	22.55899906	114.2413174	75	0
A0007	22.54900371	113.9722597	65.5	1
......				

表 10-2 附件 2：会员信息数据

会员编号	会员 GPS 纬度	会员 GPS 经度	预订任务限额/个	预订任务开始时间	信誉值
B0001	22.947097	113.679983	114	6:30	67997.3868
B0002	22.577792	113.966524	163	6:30	37926.5416
B0003	23.192458	113.347272	139	6:30	27953.0363
B0004	23.255965	113.31875	98	6:30	25085.6986
......					

注：案例内容及数据来源于 2017 年全国大学生数学建模竞赛 B 题。

根据附件 1 和附件 2 提供的数据，分析任务定价的影响因素，并构建任务定价模型。最后，利用构建的任务定价模型对附件 1 的任务重新定价，并对新定价方案与原定价方案进行评价。

10.2 案例目标及实现思路

目标分析

本案例的主要目标包括掌握地理信息数据可视化的基本技能，根据实际问题提炼分析指标并进行编程计算，构建分析模型并实现等。基本的实现思路如图 10-1 所示。

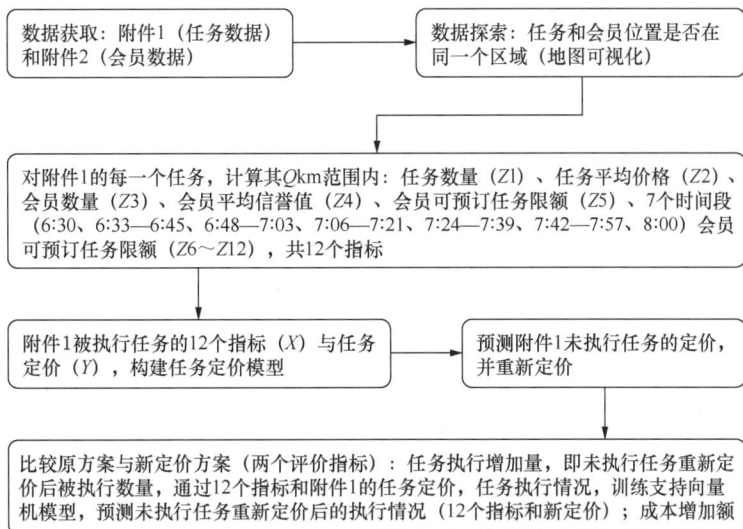

数据获取：附件1（任务数据）和附件2（会员数据） → 数据探索：任务和会员位置是否在同一个区域（地图可视化）

对附件1的每一个任务，计算其 Qkm 范围内：任务数量（$Z1$）、任务平均价格（$Z2$）、会员数量（$Z3$）、会员平均信誉值（$Z4$）、会员可预订任务限额（$Z5$）、7个时间段（6:30、6:33—6:45、6:48—7:03、7:06—7:21、7:24—7:39、7:42—7:57、8:00）会员可预订任务限额（$Z6 \sim Z12$），共12个指标

附件1被执行任务的12个指标（X）与任务定价（Y），构建任务定价模型 → 预测附件1未执行任务的定价，并重新定价

比较原方案与新定价方案（两个评价指标）：任务执行增加量，即未执行任务重新定价后被执行数量，通过12个指标和附件1的任务定价，任务执行情况，训练支持向量机模型，预测未执行任务重新定价后的执行情况（12个指标和新定价）；成本增加额

图 10-1

10.3 数据获取与探索

数据获取与探索

本节主要使用 Python 获取附件 1 的任务数据和附件 2 的会员数据，并将任务和会员的位置信息在地图上进行可视化展示。地图可视化主要采用 Python 第三方包：Folium。

10.3.1 Folium 地理信息可视化包安装

Folium 地理信息可视化包的安装可以通过命令 pip install folium 来实现，如图 10-2 所示。

```
Anaconda Prompt                    ×    +  ∨

(base) C:\Users\su>pip install folium -i https://pypi.tuna.tsinghua.edu.cn/simple
Defaulting to user installation because normal site-packages is not writeable
Looking in indexes: https://pypi.tuna.tsinghua.edu.cn/simple
Collecting folium
```

图 10-2

10.3.2 数据读取与地图可视化

使用 Python 读取附件 1 的任务数据和附件 2 的会员数据，利用 Folium 包依次将任务位置和会员位置绘制在地图上，其中黑色圆点表示任务，红色圆点表示会员。示例代码如下：

```
import pandas as pd
A=pd.read_excel('附件1：已结束项目任务数据.xls')
```

```
B=pd.read_excel('附件 2：会员信息数据.xlsx')

#导入地图可视化包
import folium as f
#利用 Map()函数创建地图，参数依次为地图中心位置（纬度，经度）、地图缩放大小、地理坐标系编码
M=f.Map([A.iloc[0,1],A.iloc[0,2]],zoom_start=14,crs='EPSG3857')
#利用 Circle()函数在地图上画圆，参数依次为半径大小（单位：m）、圆心位置（纬度、经度）、颜色等
for t in range(len(A)):
    f.Circle(radius=50, location=[A.iloc[t,1],A.iloc[t,2]], color='black',
            fill=True, fill_color='black').add_to(M)
for t in range(len(B)):
    f.Circle(radius=50, location=[B.iloc[t,1],B.iloc[t,2]], color='red',
            fill=True, fill_color='red').add_to(M)

#保存地图为.html 文件，可以在浏览器打开
M.save('f.html')
```

运行程序并浏览执行结果可以看出，任务位置和会员位置均位于同一个区域，并且任务与会员相对集中，表现出一定的聚集性。同时，部分任务和会员远离聚集中心。这些特点对指标的定义与设计具有较好的指导意义。

10.4 指标计算

指标计算 1　　指标计算 2

探究影响任务定价的主要因素是本案例的核心任务。实际上，一个任务的定价不仅与其周围的任务数量、会员数量有关，还与任务发布时间存在一定的关系。通过分析数据，我们发现任务的发布时间具有一定的规律，即任务从 6:30 开始发布第一批，之后每隔 3 分钟发布一批，最后一批的发布时间为 8:00。根据这些特点，我们可以设计相关指标并进行计算，下面将进行详细介绍。

10.4.1 指标设计

根据以上分析，我们为附件 1 中的每个任务设计了 12 个指标，如表 10-3 所示。

表 10-3　影响任务定价指标

字段名称	字段中文名称	字段说明
Z1	任务数量	对每一个任务，计算其 Qkm 范围内的所有任务数量
Z2	任务平均价格	对每一个任务，计算其 Qkm 范围内的所有任务平均价格
Z3	会员数量	对每一个任务，计算其 Qkm 范围内的所有会员数量
Z4	会员平均信誉值	对每一个任务，计算其 Qkm 范围内的所有会员信誉平均值
Z5	会员可预订任务限额	对每一个任务，计算其 Qkm 范围内的所有会员所有时段可预订任务限额
Z6	会员在 6:30 可预订任务限额	对每一个任务，计算其 Qkm 范围内的所有会员在 6:30 可预订任务限额
Z7	会员在 6:33～6:45 时段可预订任务限额	对每一个任务，计算其 Qkm 范围内的所有会员在 6:33～6:45 时段可预订任务限额
Z8	会员在 6:48～7:03 时段可预订任务限额	对每一个任务，计算其 Qkm 范围内的所有会员在 6:48～7:03 时段可预订任务限额
Z9	会员在 7:06～7:21 时段可预订任务限额	对每一个任务，计算其 Qkm 范围内的所有会员在 7:06～7:21 时段可预订任务限额
Z10	会员在 7:24～7:39 时段可预订任务限额	对每一个任务，计算其 Qkm 范围内的所有会员在 7:24～7:39 时段可预订任务限额
Z11	会员在 7:42～7:57 时段可预订任务限额	对每一个任务，计算其 Qkm 范围内的所有会员在 7:42～7:57 时段可预订任务限额
Z12	会员在 8:00 可预订任务限额	对每一个任务，计算其 Qkm 范围内的所有会员在 8:00 可预订任务限额

注：Q 为可设置参数，如 5，表示 5km。

10.4.2 指标计算方法

为了更好地理解指标的计算方法，以便于编程计算，下面使用图示的方法介绍指标的具体计算过程。如图 10-3 所示，实心圆形代表任务，实心三角形代表会员，分布在同一个区域上，位置均由经度和纬度确定。以某个任务为圆心，5km 范围为半径，作一个圆。

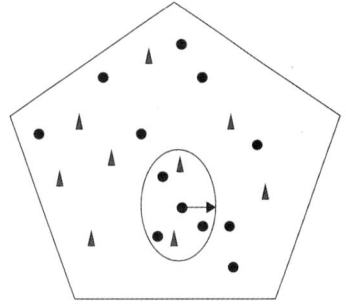

图 10-3

从图 10-3 中可以看出，该任务在 5km 范围内有 4 个任务（包括自身）、2 个会员。对该任务来讲，指标 Z1～Z12 计算思路如下：

Z1=4；

Z2=对应 4 个任务定价的平均值；

Z3=2；

Z4=对应 2 个会员信誉值的平均值；

Z5=对应 2 个会员可预订限额的总和；

Z6=对应 2 个会员在 6:30 可预订限额的总和；

Z7=对应 2 个会员在 6:33～6:45 时段可预订限额的总和；

Z8=对应 2 个会员在 6:48～7:03 时段可预订限额的总和；

Z9=对应 2 个会员在 7:06～7:21 时段可预订限额的总和；

Z10=对应 2 个会员在 7:24～7:39 时段可预订限额的总和；

Z11=对应 2 个会员在 7:42～7:57 时段可预订限额的总和；

Z12=对应 2 个会员在 8:00 可预订限额的总和。

本案例的关键是在计算任务之间、任务与会员之间的距离，从而确定每个任务在 5km 范围内具体包括哪些任务和会员，进而就可以计算其指标值了。

设定 A 点（纬度 φ_1，经度 λ_1）和 B 点（纬度 φ_2，经度 λ_2），则两点之间的距离 Δ 可以用以下公式进行计算：

$$\Delta = 111.199[(\varphi_1 - \varphi_2)^2 + (\lambda_1 - \lambda_2)^2]^{\frac{1}{2}}$$

其中，距离的单位为 km。

10.4.3 程序实现

为了更好地理解指标的具体编程计算过程，本小节详细介绍编程计算的诸多具体细节。我们先计算 Z1～Z5，再计算 Z6～Z12，从而完成所有（12 个）指标的计算。

1. Z1～Z5 的计算

首先，计算第 0 个任务到第 1 个任务、第 0 个任务到第 0 个会员之间的距离。这里计算比较简单，在获得给定两个任务、一个任务和一个会员的经纬度数据之后，直接利用经纬度距离公式计算即可，属于点对点的计算。示例代码如下：

```
import pandas as pd        #导入 Pandas 库
import math                #导入数学函数包
A=pd.read_excel('附件1：已结束项目任务数据.xls')
B=pd.read_excel('附件2：会员信息数据.xlsx')
A_W0=A.iloc[0,1]    #第 0 个任务的维度
A_J0=A.iloc[0,2]    #第 0 个任务的经度
A_W1=A.iloc[1,1]    #第 1 个任务的维度
A_J1=A.iloc[1,2]    #第 1 个任务的经度
```

```
B_W0=B.iloc[0,1]  #第0个会员的维度
B_J0=B.iloc[0,2]  #第0个会员的经度
#第0个任务到第1个任务之间的距离
d1=111.19*math.sqrt((A_W0-A_W1)**2+(A_J0-A_J1)**2*
math.cos((A_W0+A_W1)*math.pi/180)**2);
#第0个任务到第0个会员之间的距离
d2=111.19*math.sqrt((A_W0-B_W0)**2+(A_J0-B_J0)**2*
   math.cos((A_W0+B_W0)*math.pi/180)**2);
print('d1= ',d1)
print('d2= ',d2)
```

执行结果如下：

```
d1=  13.71765563354376
d2=  48.41201229628393
```

其次，计算第0个任务与所有任务、会员之间的距离。在点对点计算的基础上，拓展到点对线的计算，即第0个任务点与所有任务点（线）、第0个任务点与所有会员点（线）之间的距离计算。事实上，在点对点计算的基础上增加一个循环即可实现，示例代码如下：

```
import pandas as pd      #导入Pandas库
import numpy as np       #导入NumPy库
import math              #导入数学函数库
A=pd.read_excel('附件1：已结束项目任务数据.xls')
B=pd.read_excel('附件2：会员信息数据.xlsx')
A_W0=A.iloc[0,1]  #第0个任务的维度
A_J0=A.iloc[0,2]  #第0个任务的经度
# 预定义数组D1，用于存放第0个任务与所有任务之间的距离
# 预定义数组D2，用于存放第0个任务与所有会员之间的距离
D1=np.zeros((len(A)))
D2=np.zeros((len(B)))
for t in range(len(A)):
    A_Wt=A.iloc[t,1]  #第t个任务的维度
    A_Jt=A.iloc[t,2]  #第t个任务的经度
    #第0个任务到第t个任务之间的距离
    d1=111.19*math.sqrt((A_W0-A_Wt)**2+(A_J0-A_Jt)**2*
      math.cos((A_W0+A_Wt)*math.pi/180)**2);
    D1[t]=d1
for k in range(len(B)):
    B_Wk=B.iloc[k,1]  #第k个会员的维度
    B_Jk=B.iloc[k,2]  #第k个会员的经度
    #第0个任务到第k个会员之间的距离
    d2=111.19*math.sqrt((A_W0-B_Wk)**2+(A_J0-B_Jk)**2*
        math.cos((A_W0+B_Wk)*math.pi/180)**2);
    D2[k]=d2
```

执行结果（部分）如图10-4所示。

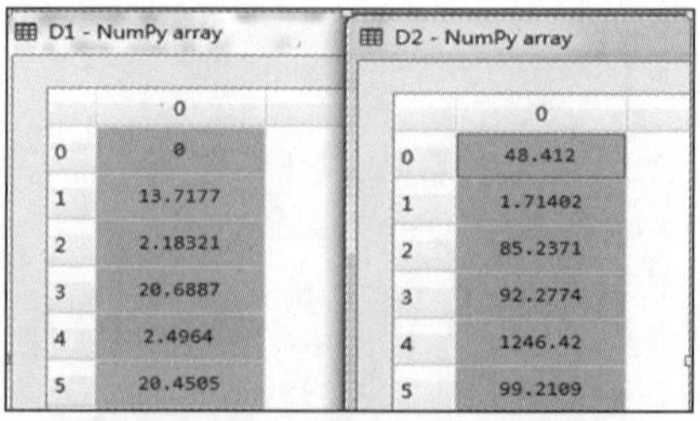

图10-4

再次，对第 0 个任务计算指标 Z1、Z2、Z3、Z4、Z5。只需要在点对线计算结果的基础上，根据案例分析中的指标计算方法进行计算即可，即主要通过逻辑索引找到满足条件的记录进行求和与求平均值。示例代码如下：

```python
import pandas as pd          #导入 Pandas 库
import numpy as np           #导入 NumPy 库
import math                  #导入数学函数包
A=pd.read_excel('附件 1: 已结束项目任务数据.xls')
B=pd.read_excel('附件 2: 会员信息数据.xlsx')
A_W0=A.iloc[0,1]  #第 0 个任务的维度
A_J0=A.iloc[0,2]  #第 0 个任务的经度
# 预定义数组 D1，用于存放第 0 个任务与所有任务之间的距离
# 预定义数组 D2，用于存放第 0 个任务与所有会员之间的距离
D1=np.zeros((len(A)))
D2=np.zeros((len(B)))
for t in range(len(A)):
    A_Wt=A.iloc[t,1]  #第 t 个任务的维度
    A_Jt=A.iloc[t,2]  #第 t 个任务的经度
    #第 0 个任务到第 t 个任务之间的距离
    d1=111.19*math.sqrt((A_W0-A_Wt)**2+(A_J0-A_Jt)**2*
      math.cos((A_W0+A_Wt)*math.pi/180)**2);
    D1[t]=d1
for k in range(len(B)):
    B_Wk=B.iloc[k,1]          #第 k 个会员的维度
    B_Jk=B.iloc[k,2]  #第 k 个会员的经度
    #第 0 个任务到第 k 个会员之间的距离
    D2=111.19*math.sqrt((A_W0-B_Wk)**2+(A_J0-B_Jk)**2*
      math.cos((A_W0+B_Wk)*math.pi/180)**2);
    D2[k]=d2
Z1=len(D1[D1<=5])
Z2=A.iloc[D1<=5,3].mean()
Z3=len(D2[D2<=5])
Z4=B.iloc[D2<=5,5].mean()
Z5=B.iloc[D2<=5,3].sum()
print('Z1= ',Z1)
print('Z2= ',Z2)
print('Z3= ',Z3)
print('Z4= ',Z4)
print('Z5= ',Z5)
```

执行结果如下所示：

```
Z1= 18
Z2= 66.19444444444444
Z3= 45
Z4= 1302.327115555555
Z5= 548
```

最后，计算所有任务的 Z1、Z2、Z3、Z4、Z5。前文介绍了第 0 个任务点与所有任务（线）、会员（线）之间的计算，在此基础上利用循环即可实现所有任务与所有任务、所有任务与所有会员之间的指标计算。示例代码如下：

```python
i import pandas as pd        #导入 Pandas 库
import numpy as np           #导入 NumPy 库
import math                  #导入数学函数包
A=pd.read_excel('附件 1: 已结束项目任务数据.xls')
B=pd.read_excel('附件 2: 会员信息数据.xlsx')
```

```
# 预定义,存放所有任务的指标 Z1、Z2、Z3、Z4、Z5
Z=np.zeros((len(A),6))
for t in range(len(A)):
    A_Wt=A.iloc[t,1]  #第 t 个任务的维度
    A_Jt=A.iloc[t,2]  #第 t 个任务的经度
    # 预定义数组 D1，用于存放第 t 个任务与所有任务之间的距离
    # 预定义数组 D2，用于存放第 t 个任务与所有会员之间的距离
    D1=np.zeros((len(A)))
    D2=np.zeros((len(B)))
    for i in range(len(A)):
      A_Wi=A.iloc[i,1]  #第 i 个任务的维度
      A_Ji=A.iloc[i,2]  #第 i 个任务的经度
      #第 t 个任务到第 i 个任务之间的距离
      d1=111.19*math.sqrt((A_Wt-A_Wi)**2+(A_Jt-A_Ji)**2*
        math.cos((A_Wt+A_Wi)*math.pi/180)**2);
      D1[i]=d1
    for k in range(len(B)):
      B_Wk=B.iloc[k,1]          #第 k 个会员的维度
      B_Jk=B.iloc[k,2]  #第 k 个会员的经度
      #第 q 个任务到第 k 个会员之间的距离
      d2=111.19*math.sqrt((A_Wt-B_Wk)**2+(A_Jt-B_Jk)**2*
        math.cos((A_Wt+B_Wk)*math.pi/180)**2);
      D2[k]=d2
    Z[t,0]=t
    Z[t,1]=len(D1[D1<=5])
    Z[t,2]=A.iloc[D1<=5,3].mean()
    Z[t,3]=len(D2[D2<=5])
    Z[t,4]=B.iloc[D2<=5,5].mean()
    Z[t,5]=B.iloc[D2<=5,3].sum()
```

执行结果（部分）如图 10-5 所示。其中第 0 列为任务编号，第 1～5 列依次为 Z1～Z5。

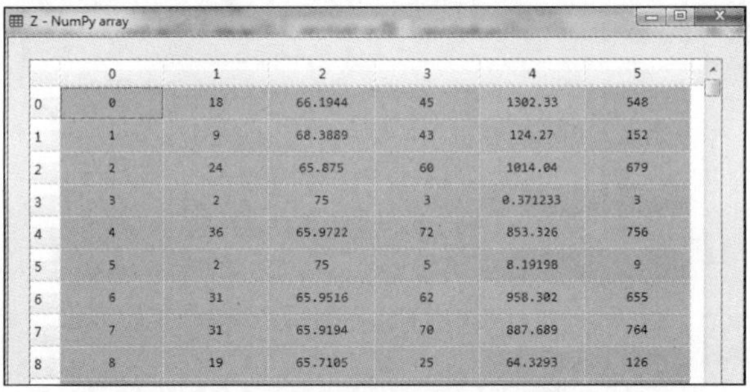

Z - NumPy array

	0	1	2	3	4	5
0	0	18	66.1944	45	1302.33	548
1	1	9	68.3889	43	124.27	152
2	2	24	65.875	60	1014.04	679
3	3	2	75	3	0.371233	3
4	4	36	65.9722	72	853.326	756
5	5	2	75	5	8.19198	9
6	6	31	65.9516	62	958.302	655
7	7	31	65.9194	70	887.689	764
8	8	19	65.7105	25	64.3293	126

图 10-5

2．Z6～Z12 的计算

实际上，Z6～Z12 是对 Z5 做进一步的划分，即划分为 7 个时段。因此，Z6～Z12 的计算方法与 Z5 类似，区别在于逻辑索引位置需要进一步定位到所在的时段。为了便于使用，我们将定位时段的逻辑编写成函数的形式。函数定义示例代码如下（存放在 fun.py 文件中）：

```
import datetime
def find_I(h1,m1,h2,m2,D2,B):
   I1=B.iloc[:,4].values>=datetime.time(h1,m1)
   I2=B.iloc[:,4].values<=datetime.time(h2,m2)
   I3=D2<=5
   I=I1&I2&I3
   return I
```

其中函数的输入参数为时段开始时间（h1 表示小时，m1 表示分钟）、结束时间（h2 表示小时，

m2 表示分钟），给定某个任务到所有会员之间的距离 $D2$ 和会员数据 B，返回值为对应时段的逻辑索引值。下面以第 0 个任务为例，计算 $Z5\sim Z12$。按照分析，$Z5$ 应该等于 $Z6\sim Z12$ 之和。示例代码如下：

```python
import pandas as pd          #导入 Pandas 库
import numpy as np           #导入 NumyPy 库
import math                  #导入数学函数模
import fun                   #导入定义的函数
A=pd.read_excel('附件 1: 已结束项目任务数据.xls')
B=pd.read_excel('附件 2: 会员信息数据.xlsx')
Z=np.zeros((len(A),13))
A_W0=A.iloc[0,1]  #第 0 个任务的维度
A_J0=A.iloc[0,2]  #第 0 个任务的经度
D2=np.zeros((len(B)))  #预定义，第 0 个任务与所有会员之间的距离
for k in range(len(B)):
    B_Wk=B.iloc[k,1]     #第 k 个会员的维度
    B_Jk=B.iloc[k,2]     #第 k 个会员的经度
    d2=111.19*math.sqrt((A_W0-B_Wk)**2+(A_J0-B_Jk)**2*
        math.cos((A_W0+B_Wk)*math.pi/180)**2);
    D2[k]=d2
Z5=B.iloc[D2<=5,3].sum()
Z6=B.iloc[fun.find_I(6,30,6,30,D2,B),3].sum()
Z7=B.iloc[fun.find_I(6,33,6,45,D2,B),3].sum()
Z8=B.iloc[fun.find_I(6,48,7,3,D2,B),3].sum()
Z9=B.iloc[fun.find_I(7,6,7,21,D2,B),3].sum()
Z10=B.iloc[fun.find_I(7,24,7,39,D2,B),3].sum()
Z11=B.iloc[fun.find_I(7,42,7,57,D2,B),3].sum()
Z12=B.iloc[fun.find_I(8,0,8,0,D2,B),3].sum()
Z6_12=sum([Z6,Z7,Z8,Z9,Z10,Z11,Z12])
print('Z5= ',Z5)
print('sum(Z6～Z12)=',Z6_12)
```

执行结果如下：

```
Z5= 548
sum(Z6～Z12)= 548
```

3. 所有指标的计算

将以上 $Z1\sim Z5$ 和 $Z6\sim Z12$ 两个方面的指标计算代码稍作修改，即可得到所有（12 个）指标的完整计算代码。示例代码如下：

```python
import pandas as pd          #导入 Pandas 库
import numpy as np           #导入 NumyPy 库
import math                  #导入数学函数模
import fun                   #导入定义的函数
A=pd.read_excel('附件 1: 已结束项目任务数据.xls')
B=pd.read_excel('附件 2: 会员信息数据.xlsx')
Z=np.zeros((len(A),13))
for t in range(len(A)):
    A_Wt=A.iloc[t,1]  #第 t 个任务的维度
    A_Jt=A.iloc[t,2]  #第 t 个任务的经度
    D1=np.zeros(len(A))
    D2=np.zeros(len(B))
    for i in range(len(A)):
        A_Wi=A.iloc[i,1]  #第 i 个任务的维度
        A_Ji=A.iloc[i,2]  #第 i 个任务的经度
        d1=111.19*math.sqrt((A_Wt-A_Wi)**2+(A_Jt-A_Ji)**2*
            math.cos((A_Wt+A_Wi)*math.pi/180)**2);
```

```
        D1[i]=d1
    for k in range(len(B)):
        B_Wk=B.iloc[k,1]    #第 k 个会员的维度
        B_Jk=B.iloc[k,2]    #第 k 个会员的经度
        d2=111.19*math.sqrt((A_Wt-B_Wk)**2+(A_Jt-B_Jk)**2*
            math.cos((A_Wt+B_Wk)*math.pi/180)**2);
        D2[k]=d2
    Z[t,0]=t
    Z[t,1]=len(D1[D1<=5])
    Z[t,2]=A.iloc[D1<=5,3].mean()
    Z[t,3]=len(D2[D2<=5])
    Z[t,4]=B.iloc[D2<=5,5].mean()
    Z[t,5]=B.iloc[D2<=5,3].sum()
    Z[t,6]=B.iloc[fun.find_I(6,30,6,30,D2,B),3].sum()
    Z[t,7]=B.iloc[fun.find_I(6,33,6,45,D2,B),3].sum()
    Z[t,8]=B.iloc[fun.find_I(6,48,7,3,D2,B),3].sum()
    Z[t,9]=B.iloc[fun.find_I(7,6,7,21,D2,B),3].sum()
    Z[t,10]=B.iloc[fun.find_I(7,24,7,39,D2,B),3].sum()
    Z[t,11]=B.iloc[fun.find_I(7,42,7,57,D2,B),3].sum()
    Z[t,12]=B.iloc[fun.find_I(8,0,8,0,D2,B),3].sum()
np.save('Z',Z)
```

执行结果（部分）如图 10-6 所示。同时将结果文件保存为 Z.npy 文件，方便后续建模使用。

图 10-6

10.5 任务定价模型构建

本节我们利用计算出的 12 个指标，对附件 1 中已完成的任务构建任务定价模型。实际上，附件 1 共有 854 个任务样本数据，其中已完成的有 522 个，未完成的有 332 个。需要注意的是，本节利用 522 个已完成的任务样本数据构建任务定价模型，并对 332 个未完成的任务进行重新定价。下面将构建被执行任务的 12 个指标（X）与其定价（Y）之间的任务定价模型，包括多元线性回归模型和神经网络模型。

10.5.1 指标数据预处理

这里的指标数据预处理是针对所有任务（12 个）指标数据进行的，包括空值处理、相关性分析、标准化处理和主成分分析，下面将逐一介绍。

1. 空值处理

我们发现，在计算的 12 个指标中存在空值，如图 10-7 所示。通过分析数据可以得知，如果该任务周围（如 5km 范围内）一个会员也没有时，会员的平均信誉值无法计算，就会出现空值，而其他求和类的指标（如 $Z5 \sim Z12$）则会全部变为 0 值。因此，可以通过将该空值填充为 0，先完成 12 个指标的存放数组 Z 转换为数据框，进而利用数据框的 fillna() 方法进行填充即可。示例代码如下：

```
import numpy as np
import pandas as pd
Z=np.load('Z.npy')
Data=pd.DataFrame(Z[:,1:])
Data=Data.fillna(0)
```

执行结果如图 10-8 所示。

Z - NumPy array

	0	1	2	3	4
296	296	1	70	0	nan
297	297	1	75	0	nan
298	298	14	71.4286	8	29.1717
299	299	14	71.4286	7	33.2873
300	300	14	71.4286	7	33.2873
301	301	14	71.4286	8	29.1717
302	302	1	75	0	nan

图 10-7

Data - DataFrame

Index	0	1	2	3	4
296	1	70	0	0	0
297	1	75	0	0	0
298	14	71.4286	8	29.1717	114
299	14	71.4286	7	33.2873	112
300	14	71.4286	7	33.2873	112
301	14	71.4286	8	29.1717	114
302	1	75	0	0	0

图 10-8

2．相关性分析

我们计算了 12 个指标，那么指标之间是否存在较强的相关性呢？下面通过计算其相关系数矩阵来进行观察。示例代码如下：

```
R=Data.corr()
```

执行结果如图 10-9 所示。从图 10-9 中可以看出，变量之间存在一定的相关性，相关系数最高达 0.94956，因此可以通过提取其主成分进行分析。在进行主成分分析之前，先对指标数据进行标准化处理。

R - DataFrame

Index	0	1	2	3	4	5	6	7	8	9	10	11
0	1	-0.61612	0.703197	0.117067	0.740254	0.221523	0.288878	0.67701	0.54682	0.353876	0.558365	0.730319
1	-0.61612	1	-0.637442	-0.236682	-0.591313	-0.223977	-0.331366	-0.38593	-0.3613…	-0.466696	-0.461521	-0.549973
2	0.703197	-0.637442	1	0.103925	0.745033	0.0422666	0.200093	0.628015	0.523935	0.383107	0.461526	0.94956
3	0.117067	-0.236682	0.103925	1	0.381843	0.588993	0.451751	0.137975	0.105006	0.17113	0.196037	0.0726516
4	0.740254	-0.591313	0.745033	0.381843	1	0.600282	0.682588	0.679009	0.73028	0.543601	0.732003	0.723339
5	0.221523	-0.223977	0.0422666	0.588993	0.600282	1	0.671223	0.146441	0.381157	0.347796	0.568981	-0.0144381
6	0.288878	-0.331366	0.200093	0.451751	0.682588	0.671223	1	0.20941	0.497034	0.362163	0.420605	0.133269
7	0.67701	-0.38593	0.628015	0.137975	0.679009	0.146441	0.20941	1	0.297241	0.262464	0.47054	0.657746
8	0.54682	-0.361395	0.523935	0.105006	0.73028	0.381157	0.497034	0.297241	1	0.468725	0.516445	0.499932
9	0.353876	-0.466696	0.383107	0.17113	0.543601	0.347796	0.362163	0.262464	0.468725	1	0.470236	0.28615
10	0.558365	-0.461521	0.461526	0.196037	0.732003	0.568981	0.420605	0.47054	0.516445	0.470236	1	0.398002
11	0.730319	-0.549973	0.94956	0.0726516	0.723339	-0.0144381	0.133269	0.657746	0.499932	0.28615	0.398002	1

图 10-9

3．标准化处理

可以使用 Python 提供的数据标准化模块进行处理，这里采用均值-方差规范化方法对原始指标数据进行标准化处理。示例代码如下：

```
from sklearn.preprocessing import StandardScaler
scaler = StandardScaler()
data=Data.as_matrix() #数据框转换为数组形式
scaler.fit(data)
data=scaler.transform(data)
```

经过标准化处理后，指标数据都转换为均值为 0、方差为 1 的无量纲标准化数据。执行结果如图 10-10 所示。

4．主成分分析

对标准化处理后的数据做主成分分析，可以使用 Python 提供的主成分分析模块来实现。示例代码如下：

```
from sklearn.decomposition import PCA
pca=PCA(n_components=0.9) #累计贡献率提取 0.9 以上
pca.fit(data)
x=pca.transform(data)  #返回主成分
tzxl=pca.components_   #特征向量
tz=pca.explained_variance_        #特征值
gxl=pca.explained_variance_ratio_  #累计贡献率
```

执行结果如图 10-11 所示。

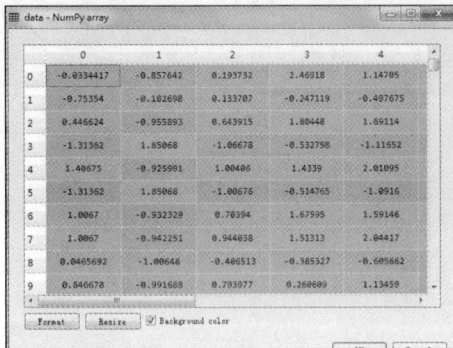

图 10-10

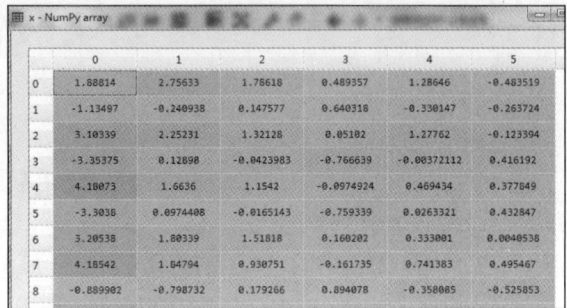

图 10-11

从图 10-11 中可以看出，原来的 12 个指标数据经过主成分分析后，在累计贡献率达到 0.9 以上的要求下，降为 6 个综合指标数据，即 6 个主成分。基于这 6 个主成分数据，就可以构建任务定价模型。

10.5.2 多元线性回归模型

基于第 10.5.1 小节的 6 个主成分数据，将附件 1 中的任务定价数据拆分为未执行任务和已执行任务两种情况。示例代码如下：

```
A=pd.read_excel('附件1：已结束项目任务数据.xls')
A4=A.iloc[:,4].values
x_0=x[A4==0,:] #未执行任务主成分数据
x_1=x[A4==1,:] #执行任务主成分数据
y=A.iloc[:,3].values
y=y.reshape(len(y),1)
y_0=y[A4==0]#未执行任务定价数据
y_1=y[A4==1]#执行任务定价数据
```

采用执行任务的主成分数据（x_1）和定价数据（y_1），可以构建多元线性回归模型。示例代码如下：

```
from sklearn.linear_model import LinearRegression as LR
lr = LR()    #创建线性回归模型类
lr.fit(x_1, y_1) #拟合
Slr=lr.score(x_1,y_1) # 判定系数 R²
c_x=lr.coef_              # x 对应的回归系数
c_b=lr.intercept_         # 回归系数常数项
print('判定系数: ',Slr)
```

执行结果如下：

判定系数： 0.526173439562

从执行结果可以看出，多元线性回归模型的判定系数约为 0.52617，其线性关系较弱。因此，考虑使用非线性神经网络模型。

10.5.3 神经网络模型

由于任务定价与计算的指标之间的线性关系较弱，这里采用非线性神经网络模型构建任务定价模型。示例代码如下：

```
from sklearn.neural_network import MLPRegressor
#两个隐含层300×5
clf = MLPRegressor(solver='lbfgs', alpha=1e-5,hidden_layer_sizes=(300,5),
        random_state=1)
clf.fit(x_1, y_1);
rv1=clf.score(x_1,y_1)#拟合优度
y_0r=clf.predict(x_0) #对未执行的任务，利用神经网络模型重新预测定价
print('拟合优度: ',rv1)
```

执行结果如下：

拟合优度： 0.7268158840155549

从执行结果可以看出，神经网络的拟合优度优于线性回归模型，因此可以使用神经网络模型作为定价模型，对未执行的任务进行重新预测定价。y_0r 即为未执行任务重新预测的定价数据。

10.6 方案评价

为了对原定价方案与新方案进行比较，我们设计了两个评价指标：任务执行增加量，即未执行任务重新定价后将被执行的增加量；以及成本增加额。第一个指标的计算方法是：我们通过第 10.4 节计算的 12 个指标和附件 1 的任务定价，共 13 个指标数据作为自变量，以附件 1 的任务完成情况指标数据作为因变量，训练支持向量机分类模型，并对附件 1 中未执行任务重新定价后的执行情况进行分类预测（预测的自变量为未被执行任务的 12 个指标和第 10.5.3 小节中神经网络模型预测的定价）。为了更合理地度量被执行任务的增加量，在支持向量机预测结果的基础上，再乘以支持向量机的预测准确率。第二个指标的计算方法则是直接用新定价总额减去旧定价总额即可。

10.6.1 任务完成增量

根据分析，首先，构建支持向量机分类模型所需的训练数据和测试数据。示例代码如下：

```
xx=pd.concat((Data,A.iloc[:,[3]]),axis=1)    #12 个指标和附件 1 的任务定价作为自变量
xx=xx.as_matrix()                            #转化为数组
yy=A4.reshape(len(A4),1)                      #任务执行情况指标数据作为因变量
#对自变量与因变量按训练 80%、测试 20%随机划分
from sklearn.model_selection import train_test_split
xx_train, xx_test, yy_train, yy_test = train_test_split(xx, yy, test_size=0.2,
random_state=4)
```

其次，导入支持向量机模型，并利用随机划分的训练数据训练支持向量机模型，同时利用训练好的支持向量机模型对随机划分的测试数据进行预测。最终获得模型的训练准确率（针对训练数据）和预测准确率（针对测试数据），它们反映了模型的训练充分程度和预测能力。示例代码如下：

```
from sklearn import svm
#用高斯核，训练数据类别标签作平衡策略
clf = svm.SVC(kernel='linear',class_weight='balanced')
```

```
clf.fit(xx_train, yy_train)
rv2=clf.score(xx_train, yy_train);#模型准确率
yy1=clf.predict(xx_test)
yy1=yy1.reshape(len(yy1),1)
r=yy_test-yy1
rv3=len(r[r==0])/len(r)  #预测准确率
print('模型准确率: ',rv2)
print('预测准确率: ',rv3)
```

执行结果如下:

```
模型准确率:  0.7140718562874252
预测准确率:  0.6826347305389222
```

最后，计算任务完成增加量。示例代码如下:

```
xx_0=np.hstack((Z[A4==0,1:],y_0r.reshape(len(y_0r),1)))#预测自变量
P=clf.predict(xx_0)      #预测结果，1表示被执行，0表示未被执行
R1=len(P[P==1])         #预测被执行的个数
R1=int(R1*rv3)          #任务完成增加量
print('任务完成增加量: ',R1)
```

执行结果如下:

```
任务完成增加量:  68
```

10.6.2　成本增加额

成本增加额的计算非常简单，直接用未执行任务的新定价减去原定价即可。示例代码如下:

```
R2=sum(y_0r)-sum(y_0)    #成本增加额
print('成本增加额: ',R2)
```

执行结果如下:

```
成本增加额:  [-34.91059877]
```

从结果可以看出，新定价方案不仅使得任务完成量有所提高，同时成本略有减少。

10.6.3　完整实现代码

前文是对方案实现程序细节的具体说明，下面给出任务定价模型构建和方案评价的完整实现代码，方便读者有一个完整的认识。完整示例代码如下:

```
import numpy as np
import pandas as pd
Z=np.load('Z.npy')
Data=pd.DataFrame(Z[:,1:])
Data=Data.fillna(0)
R=Data.corr()

from sklearn.preprocessing import StandardScaler
scaler = StandardScaler()
data=Data.values #数据框转换为数组形式
scaler.fit(data)
data=scaler.transform(data)
from sklearn.decomposition import PCA
pca=PCA(n_components=0.9) #累计贡献率提取在0.9以上
pca.fit(data)
```

```
x=pca.transform(data)       #返回主成分
tzxl=pca.components_        #特征向量
tz=pca.explained_variance_      #特征值
gxl=pca.explained_variance_ratio_   #累计贡献率


#线性回归
A=pd.read_excel('附件1：已结束项目任务数据.xls')
A4=A.iloc[:,4].values
x_0=x[A4==0,:] #未执行任务主成分数据
x_1=x[A4==1,:] #执行任务主成分数据
y=A.iloc[:,3].values
y=y.reshape(len(y),1)
y_0=y[A4==0]#未执行任务定价数据
y_1=y[A4==1]#执行任务定价数据
from sklearn.linear_model import LinearRegression as LR
lr = LR()      #创建线性回归模型类
lr.fit(x_1, y_1) #拟合
Slr=lr.score(x_1,y_1)    # 判定系数 R²
c_x=lr.coef_       # x对应的回归系数
c_b=lr.intercept_    # 回归系数常数项
print('判定系数：',Slr)


from sklearn.neural_network import MLPRegressor
#两个隐含层300×5
clf = MLPRegressor(solver='lbfgs', alpha=1e-5,hidden_layer_sizes=(300,5),
random_state=1)
clf.fit(x_1, y_1);
rv1=clf.score(x_1,y_1)
y_0r=clf.predict(x_0)
print('拟合优度：',rv1)


xx=pd.concat((Data,A.iloc[:,[3]]),axis=1)    #12个指标和附件1的任务定价作为自变量
xx=xx.values                    #转换为数组
yy=A4.reshape(len(A4),1)              #任务执行情况指标数据作为因变量
#对自变量与因变量按训练80%、测试20%随机划分
from sklearn.model_selection import train_test_split
xx_train, xx_test, yy_train, yy_test = train_test_split(xx, yy, test_size=0.2,
random_state=4)


from sklearn import svm
#用高斯核，训练数据类别标签作平衡策略
clf = svm.SVC(kernel='rbf',class_weight='balanced')
clf.fit(xx_train, yy_train)
rv2=clf.score(xx_train, yy_train);#模型准确率
yy1=clf.predict(xx_test)
yy1=yy1.reshape(len(yy1),1)
r=yy_test-yy1
rv3=len(r[r==0])/len(r)     #预测准确率
print('模型准确率：',rv2)
print('预测准确率：',rv3)
xx_0=np.hstack((Z[A4==0,1:],y_0r.reshape(len(y_0r),1)))#预测自变量
```

```
P=clf.predict(xx_0)            #预测结果，1 表示被执行，0 表示未被执行
R1=len(P[P==1])                #预测被执行的个数
R1=int(R1*rv3)                 #任务完成增加量
print('任务完成增加量: ',R1)
R2=sum(y_0r)-sum(y_0)          #成本增加额
print('成本增加额: ',R2)
```

本章小结

本章介绍了如何利用地理信息可视化包 Folium 进行绘图和学习数据探索的基本技能，并根据实际问题分析影响因素、设计指标及具体编程计算的相关细节。在此基础上，构建了分析模型和具体实现方法。本案例对地理信息数据的可视化探索、数据处理、指标设计与计算、模型构建与实现具有一定的参考意义。

本章练习

现有一批新的项目任务数据，包括任务编号、任务 GPS 纬度、任务 GPS 经度。请利用本章学习的知识，对这批任务进行定价，并评估任务的执行完成情况。具体数据请见附件 3：新项目任务数据，如表 10-4 所示。

表 10-4 新项目任务数据

任务编号	任务 GPS 纬度	任务 GPS 经度
C0001	22.73004117	114.2408795
C0002	22.72704287	114.2996199
C0003	22.70131065	114.2336007
C0004	22.73235925	114.2866672
C0005	22.71839144	114.2575495
C0006	22.75392493	114.3819253
C0007	22.72404221	114.2721836
C0008	22.71937803	114.2732478
......		

注：数据来源于 2017 年全国大学生数学建模竞赛 B 题。

第11章 地铁站点日客流量预测

城市公共交通网常常承载着巨大的客流量，而巨大的客流量也为公共交通网和交通智能调度带来了巨大的压力。地铁站点短时客流预测是地铁智能调度系统中重要的决策基础和技术支持。通过利用历史刷卡数据，对数据进行预处理并计算相应指标，可以准确、有效地把握未来短时间内客流变化趋势，从而实时调整运营计划，并对突发大客流做出及时预警和响应。

11.1 案例背景

近年来，日益严重的城市交通拥堵问题已成为制约经济发展的主要因素之一，因此，以地铁为代表的城市轨道交通系统得到了大力发展。与其他交通方式相比，地铁具有显著优势，主要体现在运量大、污染小、能耗低，并且具备快捷、方便、安全、舒适的特点。

随着城市轨道交通网络规模的持续扩大，客流时空分布规律愈加复杂。对于作为客流生成源头的进出站客流，运营管理部门需要实时监测，以准确把握未来短时间内客流变化趋势，从而实时调整运营计划，对突发大客流做出及时预警和响应。为此，高精度、小粒度的实时进出站客流量预测已成为精细化运营管理的关键。本案使用郑州市 2015 年 8 月～11 月的地铁闸机刷卡数据，从数据中根据刷卡类型编号和刷卡日期两个字段提取不同时间进站和出站状态下的数据。提取所需数据后，预测 2015 年 12 月 1 日～7 日这 7 天内各个站点的日客流量（进站和出站的总人数），为节日安保、人流控制等提供预警支持。

附件 1～附件 4 是 2015 年 8 月～11 月郑州市各站点的进出站日客流量数据，其中包含乘客进出站的刷卡时间、进站和出站记录等信息。附件 5 提供了各字段的说明。附件 1～附件 4 部分原始数据如图 11-1 所示。

FILE_ID	RECORD_ROW	CARD_ID	CARD_TYPE	TRADE_TYPE	TRADE_ADDRESS	TRADE_DATE	TERMINAL_ID	OPERATOR	TRADE_MON	TRADE_VAL	CURRENT_V
4530161	2	66688877326	88	21		2015-11-01-05.14.43.000000	12740011	0	0	0	0
4530163	9	66446666059	88	21	157	2015-11-01-05.42.36.000000	15742001	0	0	0	0
4530163	10	66688877360	88	21	157	2015-11-01-05.42.37.000000	15740012	0	0	0	0
4530163	2	66446666959	88	21	123	2015-11-01-05.42.54.000000	12340006	0	0	0	0
4530163	6	66688877300	88	21	155	2015-11-01-05.42.55.000000	15542031	0	0	0	0
4530165	2	66666769563	88	21	159	2015-11-01-05.04.06.000000	15940009	0	0	0	0
4530163	3	66688877254	88	21	125	2015-11-01-05.43.10.000000	12542010	0	0	0	0
4530163	4	66446666069	88	21	125	2015-11-01-05.43.13.000000	12540012	0	0	0	0
4530165	54	66687767119	88	21	121	2015-11-01-05.44.04.000000	12140007	0	0	0	0
4530164	4	66446666069	88	22	125	2015-11-01-05.44.09.000000	12542006	0	0	0	0
4530163	7	66446656064	88	21	155	2015-11-01-05.44.30.000000	15542031	0	0	0	0
4530162	2	66446666059	88	22	157	2015-11-01-05.45.57.000000	15742001	0	0	0	0
4530165	72	6.37163E+15	66	21	123	2015-11-01-05.46.14.000000	12342007	0	0	0	0
4530163	2	66446667938	88	21	155	2015-11-01-05.46.29.000000	15542010	0	0	0	0
4530163	5	66446666080	88	21	127	2015-11-01-05.46.31.000000	12742013	0	0	0	0
4530164	2	66446666959	88	22	123	2015-11-01-05.46.40.000000	12342003	0	0	0	0
4530165	73	6.37163E+15	66	21	123	2015-11-01-05.48.17.000000	12340005	0	0	0	0
4530165	3	6.37163E+15	66	21	159	2015-11-01-05.48.20.000000	15940009	0	0	0	3495
4530165	5	6.37163E+15	66	21	159	2015-11-01-05.48.26.000000	15940010	0	0	0	5750

图 11-1

注：数据来源于 2019 年广西大学生人工智能大赛第六赛道。

根据附件1~附件4给出的数据,预测2015年12月1日~7日这7天内每个站点的日客流量(交易类型为21、22次数之和),并绘制2015年8月~11月的客流量走势图,分析图形变化趋势。通过数据分析,探讨节假日、周末和非节假日、非周末是否能成为影响地铁日客流量的影响因素。

11.2 案例目标及实现思路

本案例以郑州市地铁客流量数据为例,进行交通-地铁客流量预测。客流量是指单位时间内进入某个场所的人数,是反映该场所人流量和价值的重要指标,而日客流量是指单位时间为1天进入某个场所的人数。本案例采用日客流量数据进行分析。附件1~附件4提供了郑州市地铁2015年8月~11月各个站点流量的历史信息,通过数据筛选获取,以此来预测未来一段时间的交通流量。日客流量预测作为城市轨道交通规划的基础之一,在整个规划过程中具有重要作用,是轨道交通系统客运能力调配的重要参考。

本案例主要使用郑州市2015年8月~11月的数据,分别提取每个月各个站点的进站和出站的日客流量,对提取的数据进行可视化分析。目的是分析周末和节假日是否成为影响日客流量的因素,然后对数据进行汇总。采用神经网络回归模型预测2015年12月1日~7日的客流量,基本的实现思路如图11-2所示。

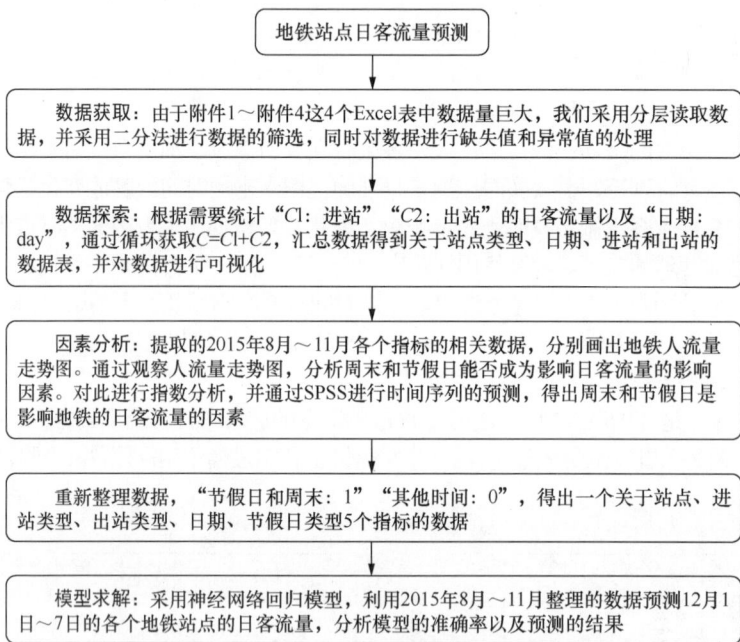

```
┌─────────────────────────┐
│      地铁站点日客流量预测      │
└─────────────────────────┘
            │
┌──────────────────────────────────────────────┐
│ 数据获取:由于附件1~附件4这4个Excel表中数据量巨大,我们采用分层读取数 │
│ 据,并采用二分法进行数据的筛选,同时对数据进行缺失值和异常值的处理       │
└──────────────────────────────────────────────┘
            │
┌──────────────────────────────────────────────┐
│ 数据探索:根据需要统计"C1:进站""C2:出站"的日客流量以及"日期:    │
│ day",通过循环获取C=C1+C2,汇总数据得到关于站点类型、日期、进站和出站的 │
│ 数据表,并对数据进行可视化                                     │
└──────────────────────────────────────────────┘
            │
┌──────────────────────────────────────────────┐
│ 因素分析:提取的2015年8月~11月各个指标的相关数据,分别画出地铁人流量 │
│ 走势图。通过观察人流量走势图,分析周末和节假日能否成为影响日客流量的影响 │
│ 因素。对此进行指数分析,并通过SPSS进行时间序列的预测,得出周末和节假日是 │
│ 影响地铁的日客流量的因素                                      │
└──────────────────────────────────────────────┘
            │
┌──────────────────────────────────────────────┐
│ 重新整理数据,"节假日和周末:1""其他时间:0",得出一个关于站点、进 │
│ 站类型、出站类型、日期、节假日类型5个指标的数据                   │
└──────────────────────────────────────────────┘
            │
┌──────────────────────────────────────────────┐
│ 模型求解:采用神经网络回归模型,利用2015年8月~11月整理的数据预测12月1 │
│ 日~7日的各个地铁站点的日客流量,分析模型的准确率以及预测的结果         │
└──────────────────────────────────────────────┘
```

图 11-2

11.3 数据获取与探索

在地铁日客流量数据中,我们需要提取出3个数据变量,即站点、进站和出站标签,以及日期。由于数据量非常庞大,我们采用二分法对数据进行筛选。本案例主要以2015年8月的数据提取为代表。根据2015年8月的数据代码,我们也可以得出2015年9月~11月的相应数据,然后对数据进行整理。

11.3.1　二分法查找思想

二分法（Bisection Method）实际上是一种将数据一分为二的查找方法。当数据量非常大时，数据需要按顺序排列。采用普通方法进行大数据查找是一项非常耗时的工作，而采用二分法能够快速地找到目标数据，从而节约大量时间。其主要思路如下（设查找的数组区间为 array[low, high]）：

（1）确定该区间的中间位置 k。

（2）将查找的值 T 与 array[k] 比较。若相等，则查找成功返回此位置；否则，确定新的查找区域，继续二分查找。区域确定如下：array[k]>T 由数组的有序性可知 array[k,k+1,...,high]>T，故新的区间为 array[low,..., k–1]；array[k]<T 类似上面查找区间为 array[k+1,...,high]。每一次查找与中间值比较，可确定是否查找成功，若不成功，则当前查找区间将缩小一半，递归查找即可。

将二分法定义为 find_index() 函数，并存于 fun.py 函数包中。示例代码如下：

```
#二分法查找
# fun.py 函数包
def find_index(A):
    a0=int(A.iloc[0,0][8:10])      #第一天
    a2=int(A.iloc[len(A)-1,0][8:10])     #最后一天

    tA=A   #赋值
    while 1:
      I1=int(len(tA)/2)-1     #数据折半
      I2=I1+1
      t0=int(tA.iloc[I1,0][8:10])
      #i1 的日期
      t2=int(tA.iloc[I2,0][8:10])    #I2 的日期
      if t2!=t0:    #判断 I1 和 I2 的日期
        r=(tA.iloc[I1,0][:10],tA.index[I1])
        return r
        break
      if t2==t0 and t2==a0:
        tA=tA.iloc[I2:,]    #后半部分
      if t2==t0 and t2==a2:
        tA=tA.iloc[:I1+1,]   #前半部分
```

11.3.2　每日数据索引范围提取

利用二分法查找函数 find_index()，可以从按时间排序好的 2015 年 8 月全量刷卡数据中查找得到每日数据的结束索引，从而快速获得每日的刷卡数据，计算得到每日各个站点的地铁客流量数据。其中查找每日数据的结束索引的示例代码如下：

```
import pandas as pd
import numpy as np
import time
import fun
start=time.perf_counter()
A=pd.read_csv('acc_08_final.csv',sep=',',usecols=[5],nrows=1000)
S=pd.Series(A.iloc[:,0].values)  ##站点
Ad=S.unique()  ##去重站点
reader=pd.read_csv('acc_08_final.csv',sep=',',chunksize=100000,usecols=[6])
#每月最后一天，没有与之比较，故每月最后一天无法获得，取数据集最后一条记录即可
##提取 1 日～30 日数据
R=[] #每日数据的结束索引
for A in reader:
    a0=int(A.iloc[0,0][8:10])
    a2=int(A.iloc[len(A)-1,0][8:10])
```

```
    if a0!=a2:
      r=fun.find_index(A)
      R.append(r)
end = time.clock()
print(end-start)
```

执行结果如图 11-3 所示。

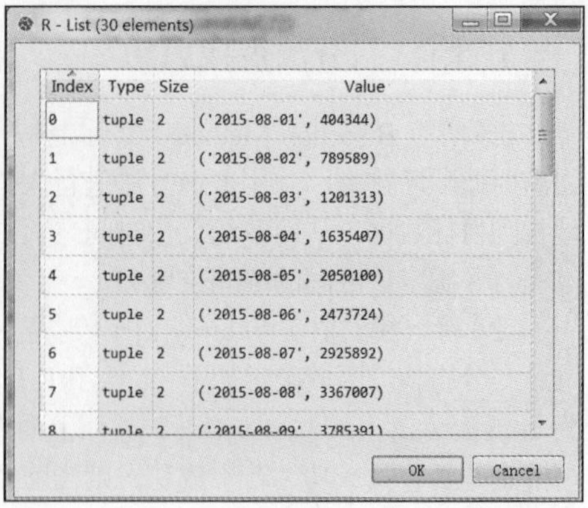

图 11-3

11.4 指标计算

探究地铁日客流量的影响因素能够提高预测数据的准确性。客流量预测的影响因素主要包括刷卡地点、刷卡日期及交易类型。因此，可以有选择性地从原始数据中提取地点、日期和交易类型数据，进而根据交易类型统计各个站点的进站和出站日客流量，并对数据进行汇总。

11.4.1　指标设计

通过分析原始数据，我们提取了 5 个影响地铁日客流量的指标，并对其进行了字段的标签化处理，如表 11-1 所示。

表 11-1　数据标签

标签	指标
Ad	站点
C1	进站人数
C2	出站人数
day	日期
C	总客流量

11.4.2　指标计算方法

首先考虑进站人数的统计。根据顾客在同一天内在每个站点的刷卡类型进行统计，进站人数用 $C1$ 表示，出站人数用 $C2$ 表示。利用 $C1$ 和 $C2$ 的数据进行每天的求和，即 $C= C1+C2$，得出日客流量的数据。

11.4.3　程序实现

1. $C1$、$C2$ 的计算

我们根据附件 1～附件 4 给出的 2015 年 8 月～11 月的数据，分别进行站点、日期、进站和出站客流量的提取。$C1$ 表示同一天同一站点的进站人数的统计累加，分别提取 1 日～31 日的进站客流量；$C2$ 表示同一天同一站点的出站人数的统计累加，分别提取 1 日～31 日的出站客流量。由于提取代码相似，我们以提取 2015 年 8 月数据为例进行介绍，以同样的方法也可以得到 2015 年 9 月～11 月的数据。示例代码如下：

```
#8 月数据的提取
A=pd.read_csv('acc_08_final.csv',sep=',',usecols=[4,5])##指定列交易类型和站点
# A=pd.read_csv('acc_09_final.csv',sep=',',usecols=[4,5])##指定列交易类型和站点
# A=pd.read_csv('acc_10_final.csv',sep=',',usecols=[4,5])##指定列交易类型和站点
#A=pd.read_csv('acc_11_final.csv',sep=',',usecols=[4,5])##指定列交易类型和站点
A=A.values   #转矩阵
Ad_values=[]    #站点
```

```
day_values=[]    #日期
C1_values=[]  #进站人数
C2_values=[]  #出站人数
for Z in range(len(Ad)):    #站点循环
    for t in range(len(R)+1):  ##时间循环
        if t==0:
            data=A[:R[t][1]+1,:]
            I1=data[:,1]==Ad[Z]      #站点
            I2=data[:,0]==21      #交易类型
            I3=data[:,0]==22
            C1_values.append(len(data[I1&I2,:]))
            C2_values.append(len(data[I1&I3,:]))
            day_values.append(R[t][0])
            Ad_values.append(Ad[Z])
        if t>0 and t<len(R):
            data=A[R[t-1][1]+1:R[t][1]+1,:]
            I1=data[:,1]==Ad[Z]
            I2=data[:,0]==21
            I3=data[:,0]==22
            C1_values.append(len(data[I1&I2,:]))
            C2_values.append(len(data[I1&I3,:]))
            day_values.append(R[t][0])
            Ad_values.append(Ad[Z])
        if t==len(R):
            data=A[R[t-1][1]+1:,:]
            I1=data[:,1]==Ad[Z]
            I2=data[:,0]==21
            I3=data[:,0]==22
            C1_values.append(len(data[I1&I2,:]))
            C2_values.append(len(data[I1&I3,:]))
            day_values.append('2015-08-31') #根据不同月份取最后一天数据
            Ad_values.append(Ad[Z])
D={'Ad':Ad_values,'day':day_values,'C1':C1_values,'C2':C2_values,'C':C_values}
Data=pd.DataFrame(D)
end = time.clock()
print(end-start)
```

执行结果如图11-4所示。

2. C的计算

C表示日客流量，即同一天同一站点的进站和出站人数之和$C=C1+C2$。示例代码如下：

```
for i in range(0,len(C1_values)):
    summm=C1_values[i]+C2_values[i]
    C_values.append(summm)
#print(C_values)
D={'Ad':Ad_values,'day':day_values,'C1':C1_values,'C2':C2_values,
'C':C_values}
Data=pd.DataFrame(D)
Data.to_excel('8月地铁客流量数据.xlsx')
```

执行结果如图11-5所示。

Index	Ad	day	C1	C2
93	121	2015-08-01	12460	10168
94	121	2015-08-02	13133	9935
95	121	2015-08-03	12261	9263
96	121	2015-08-04	12154	9776
97	121	2015-08-05	11628	9749
98	121	2015-08-06	11635	9675
99	121	2015-08-07	12381	10417
100	121	2015-08-08	12913	11027

图 11-4

Index	Type	Size	(C1)	Index	Type	Size	(C2)	Index	Type	Size	(C)
0	int	1	259	0	int	1	280	0	int	1	539
1	int	1	248	1	int	1	282	1	int	1	530
2	int	1	206	2	int	1	244	2	int	1	450
3	int	1	260	3	int	1	286	3	int	1	546
4	int	1	233	4	int	1	233	4	int	1	466
5	int	1	244	5	int	1	256	5	int	1	500
6	int	1	248	6	int	1	240	6	int	1	488

图 11-5

3．指标计算完整代码

下面给出该指标计算的完整代码，方便读者进行学习和研究。完整示例代码如下：

```python
import pandas as pd
import numpy as np
import time
import fun
start = time.perf_counter()
A=pd.read_csv('acc_08_final.csv',sep=',',usecols=[5],nrows=1000)
S=pd.Series(A.iloc[:,0].values)  ##站点

Ad=S.unique()   ##去重站点
reader=pd.read_csv('acc_08_final.csv',sep=',',chunksize=100000,usecols=[6])
#每月最后一天，没有与之比较的日期，故每月最后一天无法获得，通过取数据集最后一条记录即可
##提取1日～30日日期的数据
R=[]
for A in reader:
    a0=int(A.iloc[0,0][8:10])
    a2=int(A.iloc[len(A)-1,0][8:10])
    if a0!=a2:
      r=fun.find_index(A)
      R.append(r)
     # print(r)
#训练数据的提取以8月为例，9月～11月修改相应数据即可
A=pd.read_csv('acc_08_final.csv',sep=',',usecols=[4,5])##指定列交易类型和站点
A=A.values  #转矩阵
Ad_values=[]  #站点
day_values=[]#日期
C1_values=[]  #进站人数
C2_values=[]#出站人数
C_values=[]
for Z in range(len(Ad)):  #站点循环
    for t in range(len(R)+1):  #时间循环
        if t==0:
            data=A[:R[t][1]+1,:]
            I1=data[:,1]==Ad[Z]   #站点
            I2=data[:,0]==21    #交易类型
            I3=data[:,0]==22
            C1_values.append(len(data[I1&I2,:]))
            C2_values.append(len(data[I1&I3,:]))
            day_values.append(R[t][0])
            Ad_values.append(Ad[Z])
        if t>0 and t<len(R):
            data=A[R[t-1][1]+1:R[t][1]+1,:]
            I1=data[:,1]==Ad[Z]
            I2=data[:,0]==21
            I3=data[:,0]==22
            C1_values.append(len(data[I1&I2,:]))
            C2_values.append(len(data[I1&I3,:]))
            day_values.append(R[t][0])
            Ad_values.append(Ad[Z])
        if t==len(R):
            data=A[R[t-1][1]+1:,:]
            I1=data[:,1]==Ad[Z]
            I2=data[:,0]==21
            I3=data[:,0]==22
            C1_values.append(len(data[I1&I2,:]))
            C2_values.append(len(data[I1&I3,:]))
            day_values.append('2015-08-31')
            Ad_values.append(Ad[Z])
for i in range(0,len(C1_values)):
    summm=C1_values[i]+C2_values[i]
```

```
    C_values.append(summm)
#print(C_values)
D={'Ad':Ad_values,'day':day_values,'C1':C1_values,'C2':C2_values,
  'C':C_values}
Data=pd.DataFrame(D)
end = time.perf_counter()
print(end-start)
Data.to_excel('8月地铁客流量数据1.xlsx')
```

所有指标计算执行结果（部分）如图 11-6 所示。

以上是对 8 月的数据包进行数据提取的说明，9 月～11 月的数据提取方法与 8 月相同，这里就不再逐一介绍。提取出所有数据后，将数据进行汇总，生成一个新的数据表，并对日期格式进行转换，这将有助于我们预测每日客流量。

Index	Ad	day	C1	C2	C
0	157	2015-08-01	259	280	539
1	157	2015-08-02	248	282	530
2	157	2015-08-03	206	244	450
3	157	2015-08-04	260	286	546
4	157	2015-08-05	233	233	466
5	157	2015-08-06	244	256	500
6	157	2015-08-07	248	240	488

图 11-6

11.5 数据可视化

通过对数据进行可视化，进一步分析影响日客流量的指标，观察日客流量的变化趋势曲线是否平滑，进站和出站人流量是否受到节假日和周末出行的影响。这里仍然以 8 月数据为例，对数据进行可视化分析，并依次给出 9 月～11 月的地铁客流量走势图。示例代码如下：

```
import pandas as pd
import numpy as np
import matplotlib.pyplot as plt
path='8月地铁客流量数据.xlsx'
#path='9月地铁客流量数据.xlsx'
#path='10月地铁客流量数据.xlsx'
#path='11月地铁客流量数据.xlsx'
data=pd.read_excel(path)
zd=data.iloc[:,1]  #站点
zd=zd.unique()
##提取站点的日客流量放到列表中
rs=[]
for i in zd:
    tb=data.loc[data['站点']==i,['日期','人数']].sort_values('日期')
    rs.append(tb.iloc[:,1])
x=np.arange(1,len(tb.iloc[:,0])+1)
plt.figure(figsize=(15,10))
plt.rcParams['font.sans-serif']='SimHei'
##对列表中已提取出的数据画出日客流量走势图
for s in  rs:
    plt.plot(x,s,marker='*')
plt.xlabel('日期')
plt.ylabel('客流量')
plt.title('8月地铁客流量走势图')
#plt.title('9月地铁客流量走势图')
#plt.title('10月地铁客流量走势图')
#plt.title('11月地铁客流量走势图')
plt.legend(sorted(zd))
plt.xticks([1,5,10,15,20,25,30],tb['日期'].values[[0,4,9,14,19,24,29]],
    rotation=45)
plt.savefig('myfigure1')
```

```
#plt.savefig('myfigure2')
#plt.savefig('myfigure3')
#plt.savefig('myfigure4')
```

执行结果如图 11-7 所示。

图 11-7 展示了根据 8 月地铁客流量绘制的各站点客流量折线图。从图中可以看出，地铁站的日客流量因时段不同而出现较大起伏，还可以看出客流量较大的站点分别为 137、139、145 和 155。因此，我们需要为这些站点增加更多的安保人员，以避免突发情况导致地铁客流量拥堵。同样，获得 9 月地铁客流量的走势图，如图 11-8 所示。

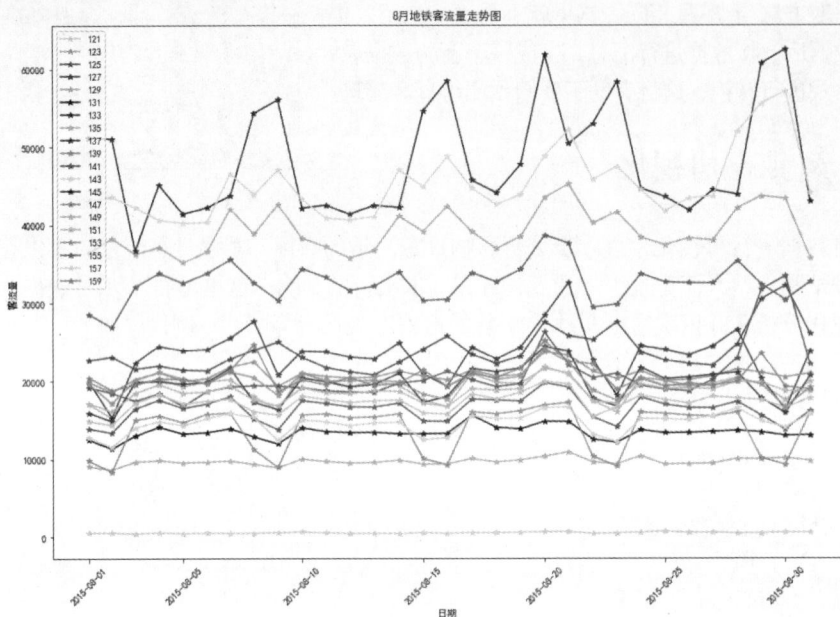

图 11-7

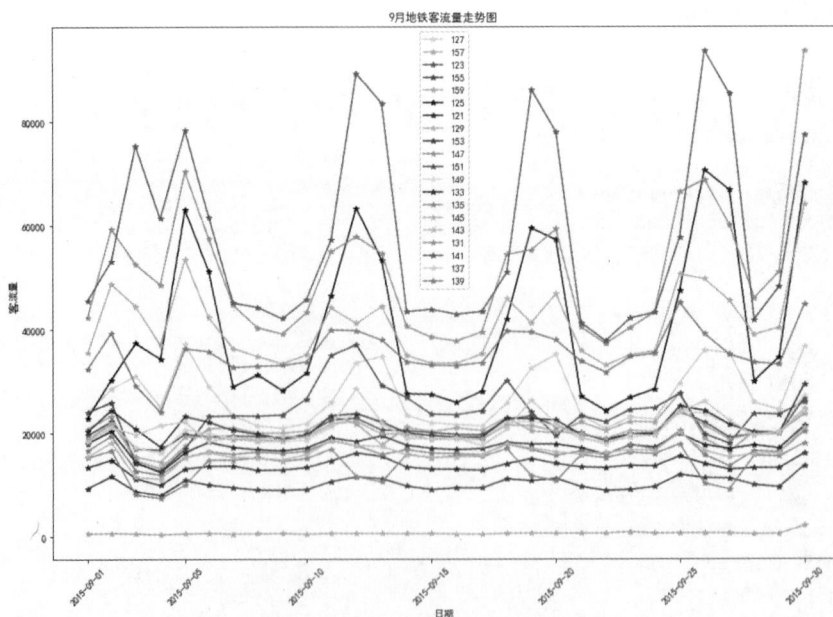

图 11-8

图 11-8 所示为根据 9 月的客流量绘制的各站点客流量折线图。从图中可以看出，各个地铁站点的客流量均出现了较大的波动。因此，我们可以根据实际需求为各站点合理分配安保人员，并制定交通管控措施，以防止地铁出现人群拥挤或滞留现象，从而避免引发安全问题，造成巨大损失。

采用相同的方法，分别画出了 10 月和 11 月的地铁客流量走势图，如图 11-9 和图 11-10 所示。

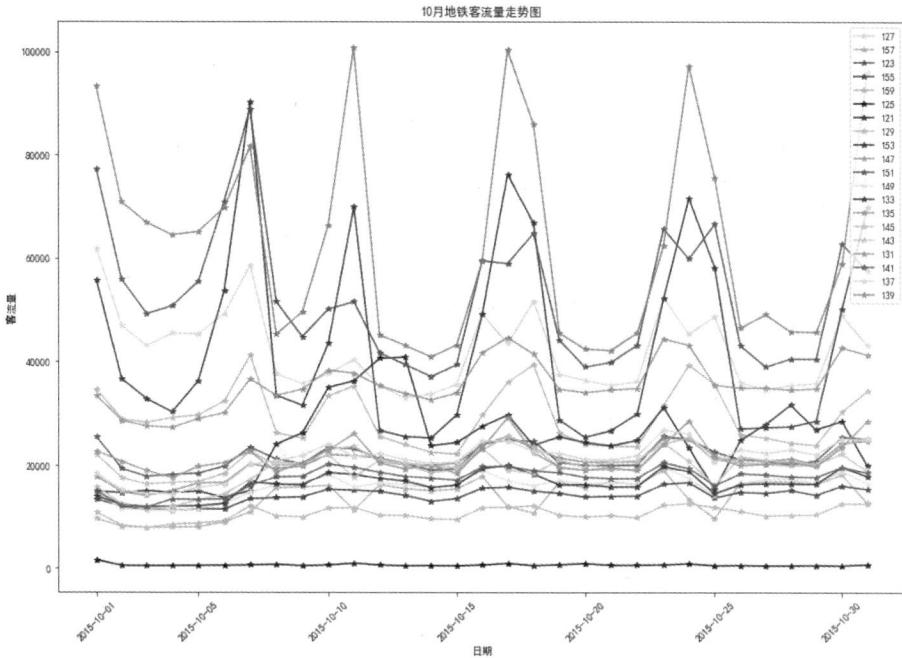

图 11-9

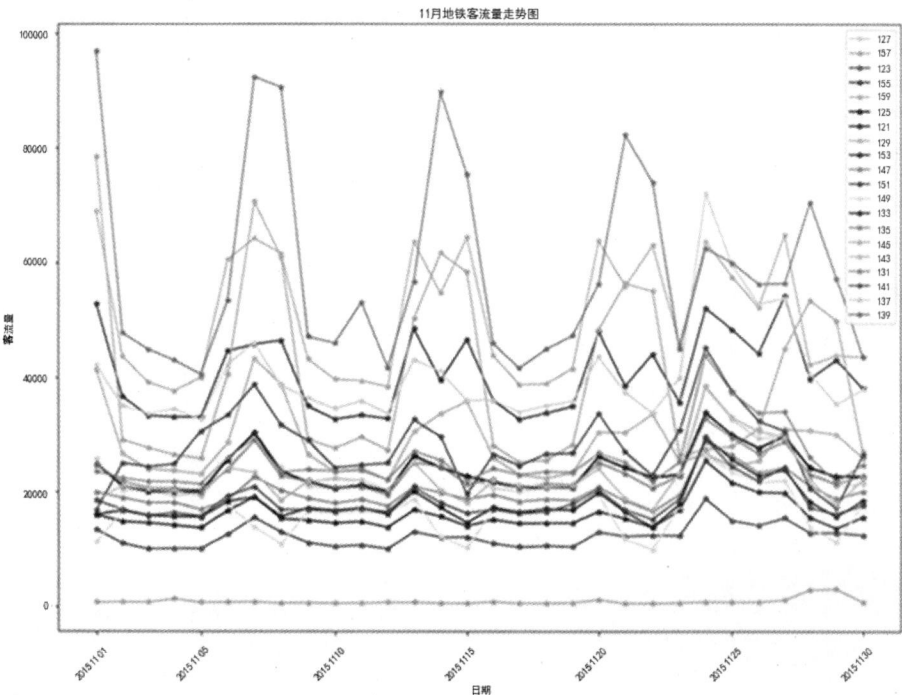

图 11-10

图 11-9 所示为根据 10 月的客流量绘制的各站点客流量折线图,各站点日客流量都有明显的上升趋势。我们考虑到 10 月的"十一黄金周",出行人数相对于往常会明显增多,可以提醒出行旅客应注意人身安全,同时交通管理部门应提前做好交通安全管控措施。图 11-10 所示为根据 11 月的客流量绘制的各站点客流量折线图。由图可知,各站点的日客流量变化趋势逐渐回归平稳状态,但周末仍有小幅度的波动,并出现峰值点。通过观察 8 月~11 月地铁各站点的客流量走势图,可以发现节假日的客流量与工作日相比存在明显的变化趋势,且峰值点较高。为了使不同日期类型的计量数据在一定时间周期内具有可比性和连贯性,我们需要综合考虑节假日、周末和工作日对日客流量的影响,以确保数据的有效性和准确性。

11.6 因素分析

由前一节内容的可视化可以看出,数据包含趋势成分(以及一定的周期成分)。在节假日和周末,客流量会出现明显的变化。我们采用时间序列预测方法,建立指数平滑预测模型,分析节假日、周末和工作日是否能够成为预测模型的影响因素。

时间序列预测模型中,指数平滑法根据平滑次数的不同分为一次指数平滑法、二次指数平滑法和三次指数平滑法。一次指数平滑又称简单指数平滑(Simple Exponential Smoothing, SES),适用于预测没有明显趋势和季节性的时间序列,其预测结果是一条水平直线。二次指数平滑(Holt's Linear Trend Method),是由霍尔特(Holt)扩展简单指数平滑而来,使其能够预测带有趋势的时间序列。霍尔特线性趋势法得到的预测结果是一条直线,即认为未来的趋势是固定的。

指数平滑法有几种不同的形式:一次指数平滑法针对没有趋势和季节性的序列;二次指数平滑法针对有趋势但没有季节性的序列;三次指数平滑法针对既有趋势又有季节性的序列。"Holt-Winters"有时特指三次指数平滑法。经过指数平滑分析,我们采用三次指数平滑法进行分析预测,得到的效果更佳。

时间序列客流量预测方法的基本思路是:根据提供的历史客流量数据中的随机成分及变化规律进行预测。通过数据筛选,提取 2015 年 8 月~11 月各天的总客流量,并采用指数平滑法进行预测(本节内容以 121 站点数据为例)。对筛选出的数据进行分析后发现,中秋、国庆等节假日以及周末的出行人数明显偏多。因此,本模型分为两部分进行预测:一是利用非节假日各站点的客流量数据预测 2015 年 12 月 1 日~7 日的客流量;二是基于非节假日与非周末(工作日)各站点的客流量数据,进一步预测 2015 年 12 月 1 日~7 日的客流量。进而分析节假日和周末是否对地铁日客流量产生影响,以确保数据预测的准确性。

11.6.1 非节假日——三次指数平滑

1. 数据清洗与划分

首先将 2015 年 8 月~11 月的数据汇总到 datazsj 表内,并筛选出 121 站点的数据。由中国日历表可知,节假日日期为"2015-09-03""2015-09-04""2015-09-05""2015-10-01""2015-10-02""2015-10-03""2015-10-04""2015-10-05""2015-10-06"和"2015-10-07"。我们对数据进行节假日日期数据的剔除,存放在 d121 数据框中。为了方便数据的使用,将日期所在的列数据作为索引,存放在 d121_1 数据框内。代码如下:

```
import numpy as np
import pandas as pd
import matplotlib.pyplot as plt
from statsmodels.tsa.api import SimpleExpSmoothing,Holt,ExponentialSmoothing
from sklearn.metrics import mean_absolute_error
from statsmodels.tsa import holtwinters as hw
plt.rcParams['font.sans-serif']='SimHei'
```

```
##数据处理
data=pd.read_excel('8 月地铁客流量数据.xlsx')
data0=pd.read_excel('9 月地铁客流量数据.xlsx')
data00=pd.read_excel('10 月地铁客流量数据.xlsx')
data000=pd.read_excel('11 月地铁客流量数据.xlsx')
data0000=pd.read_excel('总数据测试.xlsx')
datazsj= pd.concat([data, data0,data00,data000],axis=0)
##下一步提取 121 站点的节假日数据
d121=datazsj.loc[datazsj['Ad']==121,['Ad','day','C']]
##重置索引
# d121=data121.set_index('day')  ##更改索引
jjr=['2015-09-03','2015-09-04','2015-09-05',
'2015-10-01','2015-10-02','2015-10-03',
'2015-10-04','2015-10-05','2015-10-06','2015-10-07']
d_121=d121[(d121['day'] !='2015-09-03') &
            (d121['day'] !='2015-09-04' ) &
            (d121['day'] !='2015-09-05' ) &
            (d121['day'] !='2015-10-01' ) &
            (d121['day'] !='2015-10-02' ) &
            (d121['day'] !='2015-10-03' ) &
            (d121['day'] !='2015-10-04' ) &
            (d121['day'] !='2015-10-05' ) &
            (d121['day'] !='2015-10-06' ) &
            (d121['day'] !='2015-10-07')]
##修改索引
d121_1=d_121.set_index('day')
```

2. 三次指数平滑模型的构建

在三次指数平滑函数 ExponentialSmoothing 中，需要考虑数据的趋势性参数 trend='add'，表示考虑带趋势的数据；trend=None 表示无趋势。seasonal_periods：季度数据为 4，月度数据为 12，周期数据为 7。根据可视化数据结果，选取 trend='add'，seasonal_periods=7 作为参数进行分析。

```
# Holt-Winters 三次指数平滑模拟过程
train=d121_1.iloc[:105,:]  ##选择训练集和测试集
test=d121_1.iloc[105:,:]
bonus_hw = hw.ExponentialSmoothing(train['C'], trend='add',
        seasonal='add', seasonal_periods=7)
hw_fit = bonus_hw.fit()
hw_fit.summary()
train['yuce']=hw_fit.fittedvalues  ##模拟值
#预测 11-24~30 日的数据结果保存到 test 数据框内
test['yece'] = hw_fit.forecast(7).values
```

测试数据集和预测数据 yuce，如图 11-11 所示。

计算预测结果和真实值的误差使用 mean_absolute_error 函数，代码如下：

```
from sklearn.metrics import mean_squared_error
train_wc=mean_absolute_error(test['C'],test['yuce'])
print(train_wc)
```

由误差函数计算得出真实数据与预测数据的绝对值误差大约为 2627.1。

根据指数平滑函数得出 d121_1 数据集地铁日客流量预测数据如图 11-12 所示。再利用函数对数据进行 2015 年 12 月 1 日～7 日的预测，具体结果如图 11-13 所示，代码如下：

day	Ad	C	yuce
2015-11-24	121	26566	23004.5
2015-11-25	121	24535	22835.6
2015-11-26	121	25396	22632.8
2015-11-27	121	30903	29695.6
2015-11-28	121	30657	33144
2015-11-29	121	30002	35259.5
2015-11-30	121	24280	25710.4

图 11-11

图 11-12

图 11-13

```
rq=['2015-12-01','2015-12-02','2015-12-03',
    '2015-12-04','2015-12-05','2015-12-06','2015-12-07']
hw_fit_1 = ExponentialSmoothing(d121_1['C'], trend="add", seasonal="add", seasonal_
periods=7).fit()
hw_fit_1.summary()
d121_1['yuce']=hw_fit_1.fittedvalues

##预测未来7天数据
pred1 =pd.DataFrame(hw_fit_1.forecast(7).values,columns=['C'],index=rq)

##画出效果图形
fig=plt.figure(figsize=(15,8))#作图面积的大小
ax1=plt.subplot(1,1,1)#作图的位置
plt.xticks(range(0,len(d121_1.index)+7,6),rotation=45,fontsize=8)
plt.plot(train.index,train['C'],linewidth=4.0,label='真实线')
plt.plot(train.index,train['yuce'],label='模拟线')
plt.plot(pred1.index,pred1['C'],label='预测线')
plt.legend(fontsize=20)#设置图例，即图中左上角那个
plt.show()#绘图
```

执行结果如图 11-14 所示。

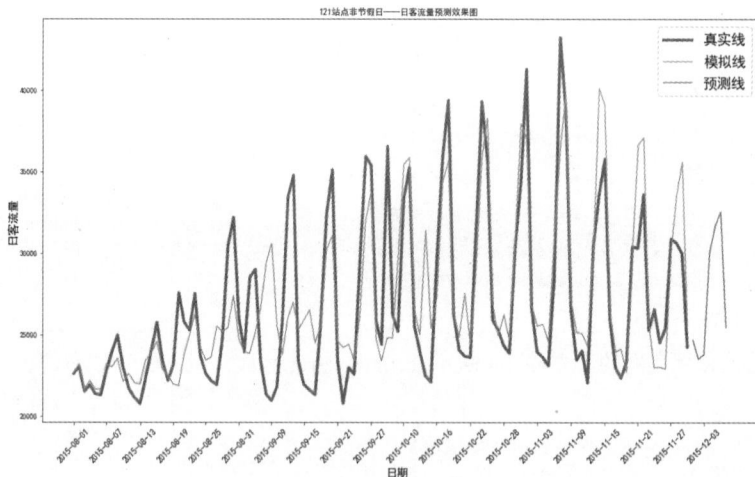

图 11-14

从图 11-14 中可以看出，真实数据和模拟数据的拟合效果良好，数据具有趋势。

11.6.2 工作日——三次指数平滑

以 121 站点为例，利用汇总数据 datazsj 筛选出 121 站点数据集 d121，利用 day 列划分日期类别

（0 表示工作日，1 表示节假日），并重新划分标签，如表 11-2 所示。

表 11-2　标签

标签	指标
Ad	站点 121
C1	进站人数
C2	出站人数
day	日期
日期类别	划分日期类别（1 表示节假日，0 表示非节假日）
C	总客流量

```
进行日期处理过程中，需要在终端通过：pip install chinese_calendar 进行日期的安装
#对数据进行工作日 0、周末和节假日分配 1
import datetime
from chinese_calendar import is_workday, is_holiday
riqi=d121.iloc[:,1]
l=[]
for i in riqi:
    time2 = datetime.datetime.strptime(i, '%Y-%m-%d')
    if is_workday(time2):
        l.append(0)   ##工作日
    elif is_holiday(time2):
        l.append(1)    ##休息日周末
d121['日期类别']=1    ##完成日期工作日和休息日的划分
```

由代码得出 121 站点 2015-08-01～2015-11-30 的日期类型，如图 11-15 所示。

对 121 站点数据进行工作日的筛选，将节假日和周末日期剔除，得到的数据如图 11-16 所示。代码如下：

```
d121_2=d121.loc[d121['日期类别']==0,['Ad','day','C']]
##把 day 作为数据的索引
d121_2=d121_2.set_index('day')  ##更改索引
```

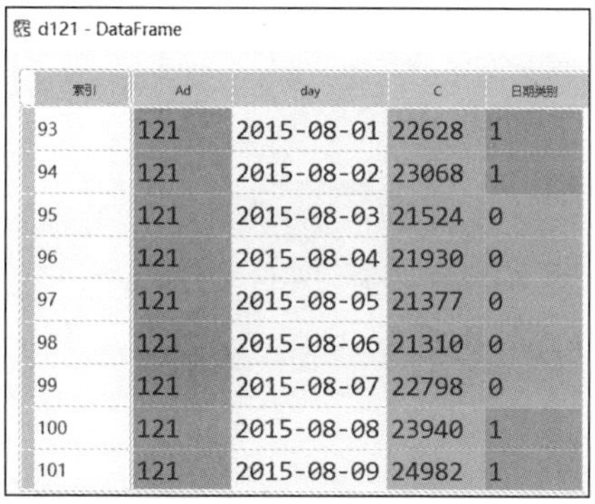

图 11-15

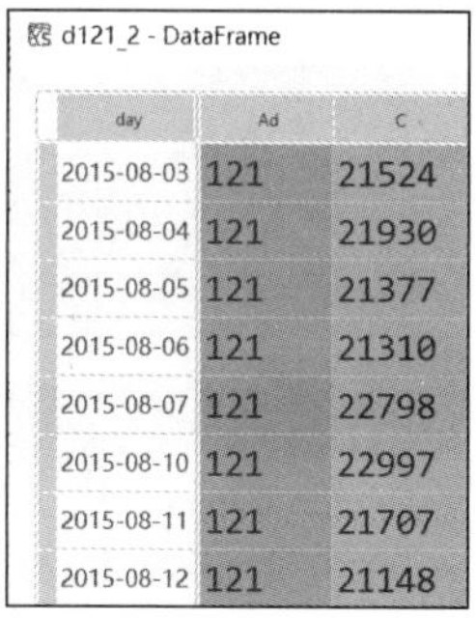

图 11-16

通过构建训练集和测试集进行数据的拟合，计算出真实数据和模拟数据的误差。再根据 d121_2 数据进行拟合预测出 2015 年 12 月 1 日～7 日的数据，代码如下：

```
###选择训练集和测试集分析
train=d121_2.iloc[:74,:]
test=d121_2.iloc[74:,:]
##拟合过程
```

```
bonus_hw = hw.ExponentialSmoothing(train['C'], trend='add',
        seasonal='add', seasonal_periods=5)
hw_fit = bonus_hw.fit()
hw_fit.summary()
train['yuce']=hw_fit.fittedvalues  ##模拟值
 ##预测
test['yuce'] = hw_fit.forecast(7).values
```

得到如图 11-17 所示的测试集的预测数据 yuce。

```
##计算预测结果和真实值的误差
from sklearn.metrics import mean_squared_error
train_wc=mean_absolute_error(test['C'],test['yuce'])
print(train_wc)
```

由于删除了周末和节假日等日期的影响，我们选取了 seasonal_periods=5，使得训练模型的预测误差为 1405。

```
## ##预测未来 7 天的效果
rq=['2015-12-01','2015-12-02','2015-12-03',
    '2015-12-04','2015-12-05','2015-12-06','2015-12-07']
hw_fit_2 = ExponentialSmoothing(d121_2['C'], trend="add", seasonal="add", seasonal_
periods=7).fit()
hw_fit_2.summary()
d121_2['yuce']=hw_fit_2.fittedvalues
```

执行结果如图 11-18 所示。

图 11-18 得到的是 121 站点去除节假日和周末后的总预测数据集，存放在预测列中。

```
####预测未来 7 天数据
pred2 =pd.DataFrame(hw_fit_2.forecast(7).values,columns=['C'],index=rq)
```

12 月模型预测结果如图 11-19 所示。

test - DataFrame			
day	Ad	C	yuce
2015-11-20	121	30420	24413
2015-11-23	121	25294	25174.4
2015-11-24	121	26566	26833.5
2015-11-25	121	24535	25529.4
2015-11-26	121	25396	25393.7
2015-11-27	121	30903	25432
2015-11-30	121	24280	25159.1

图 11-17

d121_2 - DataFrame			
day	Ad	C	yuce
2015-08-03	121	21524	22248.7
2015-08-04	121	21930	22145.4
2015-08-05	121	21377	22667.2
2015-08-06	121	21310	21750.2
2015-08-07	121	22798	21384.2
2015-08-10	121	22997	21834.6
2015-08-11	121	21707	23567.1
2015-08-12	121	21148	22038.3
2015-08-13	121	20759	21917.1

图 11-18

pred2 - DataFrame	
索引	C
2015-12-01	25147.2
2015-12-02	25445.4
2015-12-03	27052.7
2015-12-04	25724.1
2015-12-05	25698.8
2015-12-06	26243.8
2015-12-07	25465.8

图 11-19

实测值和预测值进行可视化分析，代码如下：

```
fig=plt.figure(figsize=(18,10))#作图面积的大小
ax1=plt.subplot(1,1,1)#作图的位置
plt.xlabel('日期',fontsize=16)
plt.ylabel('日客流量',fontsize=16)
plt.title('121 站点工作日—日客流量预测效果图',fontsize=16)
plt.xticks(range(0,len(d121_2.index)+7,6),rotation=45,fontsize=12)#设置 x 轴刻度的字体大小
plt.plot(d121_2.index,d121_2['C'],linewidth=4.0,label='真实线')#绘制坐标及数据，并设置一些参数
plt.plot(d121_2.index,d121_2['yuce'],label='模拟线')
plt.plot(pred2.index,pred2['C'],label='预测线')
```

```
plt.legend(fontsize=20)#设置图例,即图中左上角那个
plt.show()#绘图
```

实测值和预测值进行可视化对比如图 11-20 所示。

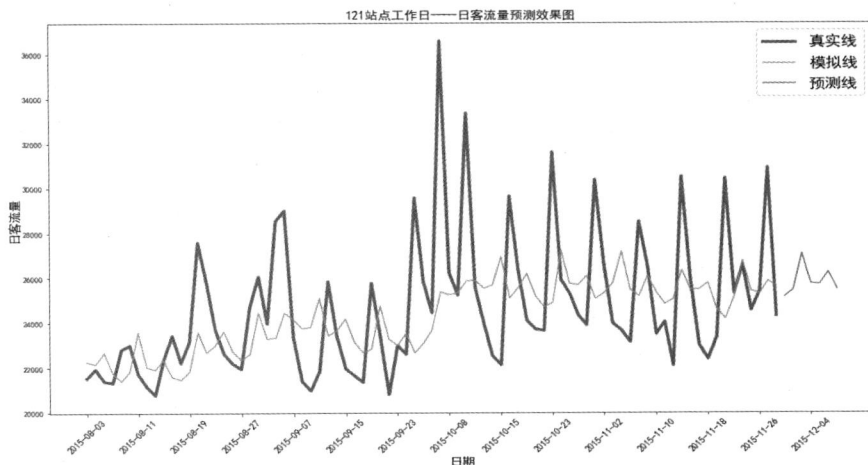

图 11-20

11.6.3 因素分析结果

通过对非节假日各站点客流量数据以及非节假日非周末各站点客流量数据进行指数平滑预测显示,在考虑非节假日和非周末这两个因素下得出的预测结果,相较于仅考虑非节假日的各站点客流量数据预测出的结果,更接近真实的客流人数。因此,本案例需要同时考虑节假日和周末两个因素对客流量的影响,并在神经网络预测模型中将其作为一个必要的因素。总体数据预测部分结果如表 11-3 所示。

```
import datetime
from chinese_calendar import is_workday, is_holiday
riqi=datazsj.iloc[:,2]
l=[]
for i in riqi:
    time2 = datetime.datetime.strptime(i, '%Y-%m-%d')
    if is_workday(time2):
        l.append(0)   ##工作日
    elif is_holiday(time2):
        l.append(1)    ##休息日周末
datazsj['日期类别']=l   # 完成日期的工作日和休息日的划分
datazsj=datazsj.iloc[:,1:]
datazsj.to_excel('总数据预测数据.xlsx')
```

表 11-3 总数据预测部分数据

	Ad	day	C1	C2	C	日期类别
0	121	2015-08-01	12460	10168	22628	1
1	121	2015-08-02	13133	9935	23068	1
2	121	2015-08-03	12261	9263	21524	0
3	121	2015-08-04	12154	9776	21930	0
4	121	2015-08-05	11628	9749	21377	0
5	121	2015-08-06	11635	9675	21310	0
6	121	2015-08-07	12381	10417	22798	0
		......				

11.7 神经网络预测模型的建立

数据获取和训练样本构建如表 11-3 所示，训练样本的特征输入变量用 x 表示，输出变量用 y 表示。测试样本包含 5 个特征数据，共有 2440 条训练样本。

（1）训练样本构建，示例代码如下：

```
import pandas as pd
data=pd.read_excel('总数据预测.xlsx')
x=data.iloc[:,:5] #提取前4列数据
y=data.iloc[:,5] #客流量数据
```

（2）预测样本构建，示例代码如下：

```
import numpy as py
x11=np.array([121,14967,12260,20151201,0])
…
x207=np.array([159,14132,14167,20151207,0])
x11=x11.reshape(1,5)
…
X207=x207.reshape(1,5)
```

其中预测样本的输入特征变量用 x11,x12,…,x207 表示。

（3）神经网络回归模型构建，示例代码如下：

```
#导入神经网络回归模块 MLPRegressor
from sklearn.neural_network import MLPRegressor
#利用 MLPRegressor 创建神经网络回归对象 clf
Clf=MLPRegressor(solver='lbfgs',alpha=1e-5,hidden_layer_sizes=8,random_state=1)
#参数说明
#solver:神经网络优化求解算法
#alpha:模型训练误差，默认为 0.00001
#hidden_layer_sizes: 隐含层神经元个数
#random_state: 默认设置为 1
#调用 clf 对象中的 fit() 方法进行网络训练
clf.fit(x,y)
#调用 clf 对象中的 score() 方法，获得神经网络回归的拟合优度（判决系数）
rv=clf.score(x,y)
#调用 clf 对象中的 predict() 方法，对测试样本进行预测，获得其测试结果
R11=clf.predict(x11)
R207=clf. predict (x207)
```

11.7.1 示例站点客流量预测

根据分析，采用神经网络模型构建地铁客流量预测模型，这里以 121 号站点的客流量预测为例。示例代码如下：

```
import pandas as pd
data=pd.read_excel('总数据测试.xlsx')
x=data.iloc[:,:5]
y=data.iloc[:,5]
from sklearn.neural_network import MLPRegressor
clf=MLPRegressor(solver='lbfgs',alpha=1e-5,hidden_layer_sizes=8,random_
state=1)
clf.fit(x,y);
rv=clf.score(x,y)
print(rv)
import numpy as np
#121 站点给出实测值
```

```
x11=np.array([121,11407,11265,20151201,0]).reshape(1,5)
x12=np.array([121,12655,13553,20151202,0]).reshape(1,5)
x13=np.array([121,13978,11538,20151203,0]).reshape(1,5)
x14=np.array([121,11468,8543,20151204,0]).reshape(1,5)
x15=np.array([121,17612,14650,20151205,1]).reshape(1,5)
x16=np.array([121,24541,18215,20151206,1]).reshape(1,5)
x17=np.array([121,13578,11005,20151207,0]).reshape(1,5)
#预测
R11=clf.predict(x11)
R12=clf.predict(x12)
R13=clf.predict(x13)
R14=clf.predict(x14)
R15=clf.predict(x15)
R16=clf.predict(x16)
R17=clf.predict(x17)
##字典连接
D1={'20151201':R11,'20151202':R12,'20151203':R13,'20151204':R14,
'20151205':R15,
'210151206':R16,'210151207':R17}
Data1=pd.DataFrame.from_dict(D1,orient='index',columns=['121'])
```

执行结果如图 11-21 所示。

Index	121
20151201	22686.7
210151202	26222.7
210151203	25530.6
210151204	20025.6
210151205	32276.7
210151206	42770.6
210151207	24597.6

图 11-21

11.7.2 全部站点客流量预测

前文给出了基于神经网络的某个站点客流量预测模型和程序实现,下面我们给出全部站点(20个)2015 年 12 月 1 日~7 日的具体实现方法。示例代码如下:

```
import pandas as pd
import numpy as np
data=pd.read_excel('总数据测试.xlsx')
x=data.iloc[:,:5]
y=data.iloc[:,5]
from sklearn.neural_network import MLPRegressor
clf=MLPRegressor(solver='lbfgs',alpha=1e-5,hidden_layer_sizes=8,
                 random_state=1)
clf.fit(x,y);
rv=clf.score(x,y)
print(rv)
import yuce
f=x.iloc[:,0]
f=f.unique()
zd=np.array(f).reshape(1,20)
b=[]
for g in zd:
   qq=yuce.yuce_zd(x)
   for k in qq:
      for j in k:
         a=clf.predict(j)
         print( str(j[0][0]) + '预测结果为',a)
         b.append(a)
b=pd.DataFrame(b)
```

子函数 yuce_zd()给出了各站点的数据来分别预测 7 天的日客流量。我们可以在这个函数内添加各站点的值,依次给出 123、125、…、159 站点的预测数据。子函数 yuce_zd()定义示例代码如下(子函数存在于 yuce.py 文件中):

```
def yuce_zd(x):
   import numpy as np
```

```
#121
    x11=np.array([121,11407,11265,20151201,0]).reshape(1,5)
    x12=np.array([121,12655,13553,20151202,0]).reshape(1,5)
    x13=np.array([121,13978,11538,20151203,0]).reshape(1,5)
    x14=np.array([121,11468,8543,20151204,0]).reshape(1,5)
    x15=np.array([121,17612,14650,20151205,1]).reshape(1,5)
    x16=np.array([121,24541,18215,20151206,1]).reshape(1,5)
    x17=np.array([121,13578,11005,20151207,0]).reshape(1,5)
x1=[x11,x12,x13,x14,x15,x16,x17]
#123
    x21=np.array([123,5572,5014,20151201,0]).reshape(1,5)
    x22=np.array([123,6123,5351,20151202,0]).reshape(1,5)
    x23=np.array([123,4213,4921,20151203,0]).reshape(1,5)
    x24=np.array([123,5268,4821,20151204,0]).reshape(1,5)
    x25=np.array([123,5861,5631,20151205,1]).reshape(1,5)
    x26=np.array([123,5722,5545,20151206,1]).reshape(1,5)
    x27=np.array([123,5202,4546,20151207,0]).reshape(1,5)
x2=[x21,x22,x23,x24,x25,x26,x27]
#依次添加各个站点的预测数据
---
x201=np.array([159,15428,13572,20151201,0]).reshape(1,5)
x202=np.array([159,23516,18234,20151202,0]).reshape(1,5)
x203=np.array([159,8235,11645,20151203,0]).reshape(1,5)
x204=np.array([159,13647,13476,20151204,0]).reshape(1,5)
x205=np.array([159,22858,26331,20151205,1]).reshape(1,5)
x206=np.array([159,22971,28102,20151206,1]).reshape(1,5)
x207=np.array([159,14132,14167,20151207,0]).reshape(1,5)
x20=[x201,x202,x203,x204,x205,x206,x207]
qq=[x1,x2,x3,x4,x5,x6,x7,x8,x9,x10,x11,x12,x13,x14,x15,x16,x17,x18,x19, x20]
return qq
```

根据以上思路，我们得出了 20 个站点 2015 年 12 月 1 日～7 日交通-地铁日客流量的数据。执行结果（部分）如图 11-22 所示。

Index	121	123	125	127	129	131
20151201	22686.7	10599.1	21722.6	23272	14775.4	16875.9
20151202	26222.7	11487.1	20685.6	20771	15557.4	16562.9
20151203	25530.6	9147.1	21437.6	18975	14394.4	17132.9
20151204	20025.6	10102.1	27821.6	19925	13973.4	16205.9
20151205	32276.7	11505.1	22210.7	20993.1	13752.5	15307
20151206	42770.6	11280.1	22222.7	21631.1	13830.5	15384
20151207	24597.6	9761.05	20751.6	29796.2	13318.5	16522.9

图 11-22

11.7.3 模型预测结果分析

为了更好地进行预测结果分析，我们根据预测结果数据进行图形可视化处理。示例代码如下：

```
import matplotlib.pyplot as plt
import seaborn as sns
datayuce=datayuce.reset_index()
print(datayuce)
#index:日期
datayuce=datayuce.melt(id_vars=['index'],var_name='x',value_name='value')
##var_name:变量名, value_name: 取值
print(datayuce)
```

```
plt.figure(figsize=(8,6))
sns.barplot(x='index',y='value',hue='x',data=datayuce,
            color='r',orient='v',estimator=sum,ci=0)
plt.tight_layout()
plt.savefig('预测数据走势图',dpi=300)
```

执行结果如图 11-23 所示。

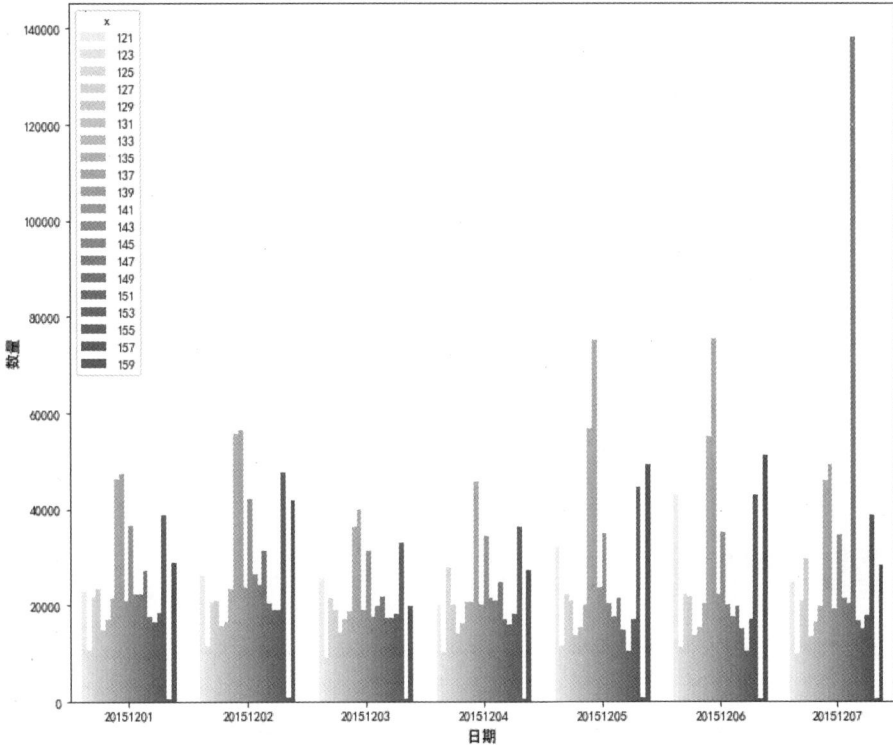

图 11-23

根据 12 月 1 日～7 日的预测数据绘制的图表显示，站点 135 与 137 的客流量普遍较高，地铁工作人员应在客流量大的站点多安排值班人员进行巡逻，维护站点的现场秩序，以免发生人员拥挤和安全事故。图中显示，2015 年 12 月 7 日，147 站点出现不同寻常的高峰客流量。考虑到意外因素等情况造成的客流量增多，这一天我们可以提前预警并采取相应的安保措施，保证当天地铁站点的秩序。

本章小结

本章介绍了地铁日客流量数据的分析，采用二分法对数据进行站点、日期、进站和出站人流量的提取，分析 2015 年 8 月～11 月地铁客流量走势图，得出周末和节假日是影响地铁客流量的关键因素。根据数据探索，我们采用神经网络模型对地铁客流量数据进行处理、指标的计算和提取，预测未来 7 天的日客流量数据，为将来地铁实施节流和安保提供可预测的方案。

本章练习

基于本章的 11 月地铁刷卡数据，以前 23 天的数据作为训练数据，预测后 7 天各地铁站点在 6:00～23:00 每个小时的客流量。

第12章 微博文本情感分析

随着互联网和社交网站的快速发展，社交网络已成为人们生活中的一部分。例如，在新浪微博平台上，人们可以发布个人动态、交流信息（如对商品、服务、美食、电影等的各类评论）等。这些信息蕴含了大量商机。例如，各商家或平台可以通过收集评论数据，分析用户的情感倾向，从而判断用户的喜好，向用户推送合适的商品，以提升商品的价值；通过对文本评论数据进行情感分析，可以加快产业发展并提高用户体验。文本情感分析的技术一般分为两种：基于情感词典的分析和基于深度学习的分析。无论采用哪一种技术，都需要先对原始样本数据进行异常数据与停用词的删除，并对相关数据进行预处理操作，然后选择合适的模型进行分析。本文采用支持向量机（SVM）和长短期记忆网络（LSTM）模型对微博文本进行情感分析。接下来，将从案例背景、案例目标及实现思路、数据获取及预处理、模型构建与实现等方面进行详细介绍。

12.1 案例背景

文本情感分析，也称为倾向性分析或意见挖掘，是指运用计算机技术、自然语言处理和文本挖掘等技术来提取原文本数据中蕴含的主观信息。简而言之，文本情感分析就是判断一个文本数据中所表达的态度，例如积极的或消极的等。文本情感分析中，数据集的来源十分广泛，包括网页、微博评论、博客、网络新闻、网上讨论群和社交网站等。本章主要以新浪微博数据为案例，同时也适用于其他如商品评论、贴吧讨论等类型的数据。

本案例中所采用的新浪微博数据集（网上搜集、作者不详）来源于 GitHub 社区（https://github.com/SophonPlus/ChineseNlpCorpus/tree/master/datasets/weibo_senti_100k），包含微博 10 万多条，均带有情感标注，正负向评论各约 5 万条，用来做情感分析的数据集。

问题：对这 10 万左右的微博数据集进行分词、去除停用词、转化词向量等预处理步骤，按照 80% 训练、20% 测试进行随机划分，构建基于微博情感分析的识别模型，计算模型的实际预测准确率，为实际应用提供一定的参考价值。

12.2 案例目标及实现思路

本案例的主要目标包括：掌握中文文本的读取、分词、去停用词等预处理步骤的基本处理技能；掌握中文文本词向量（word embedding）处理的基本计算方法；掌握基于支持向量机的情感分析模型和基于 LSTM 网络的情感分析模型。基本实现思路如图 12-1 所示。

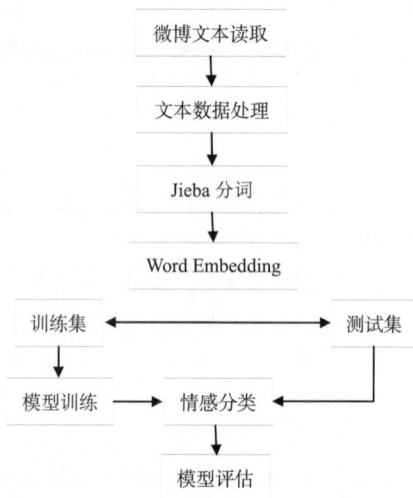

图 12-1

12.3 数据预处理过程

由于原始的微博文本数据中存在一些换行符、空格等异常内容，这些可能会影响后期的情感判断，因此需要对原始数据进行预处理。本节主要包括去除异常数据、分词、去除停用词和词向量化 Word Embedding 等预处理步骤。

12.3.1 数据读取

首先，我们先了解一下原始微博文本数据。由于样本数据量较大，为了节省演示时间，随机抽取 5000 个样本。先利用 Pandas 包读取 CSV 格式的文本数据，将数据放在与代码同一个文件夹下，并用 dropna()函数去除空值。代码如下：

```
#加载 Pandas 的模块
import pandas as pd
# 读取文本数据
data1 = pd.read_csv('weibo_senti_100k.csv')
data = data1.sample(n=5000) # 由于样本数据太大，为了节省演示时间，随机抽取 5000 个样本
data = data.dropna()    #去掉数据集的空值
data.shape  #输出数据结构
data.head()  # 输出文本数据集的前 5 行
```

输出结果如下：

```
(5000, 2)
```

执行结果如图 12-2 所示。

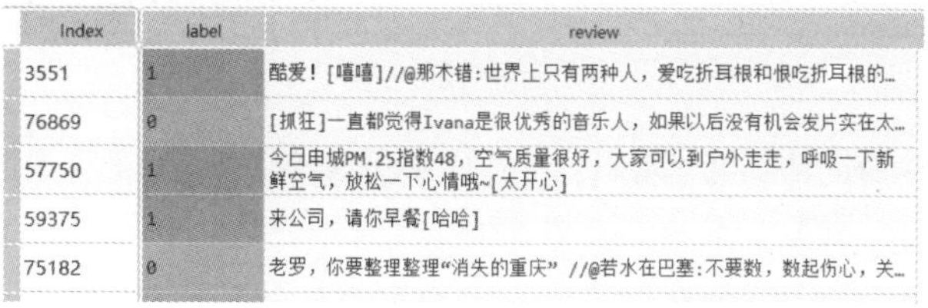

Index	label	review
3551	1	酷爱！[嘻嘻]//@那木错：世界上只有两种人，爱吃折耳根和恨吃折耳根的...
76869	0	[抓狂]一直都觉得Ivana是很优秀的音乐人，如果以后没有机会发片实在太...
57750	1	今日申城PM.25指数48，空气质量很好，大家可以到户外走走，呼吸一下新鲜空气，放松一下心情哦~[太开心]
59375	1	来公司，请你早餐[哈哈]
75182	0	老罗，你要整理整理"消失的重庆" //@若水在巴塞:不要数，数起伤心，关...

图 12-2

从图 12-2 中可以看出，处理后的微博文本数据总量为 500 条，label 列中的 1 表示正向评论，0 表示负面评论。微博文本中既包含中文和英文，还包含数字、符号以及各种各样的表情等，因此需要进行后续的处理。

12.3.2 分词

原始微博文本数据已经准备好了，接下来就是对文本内容进行分词处理。分词顾名思义就是将一句话或一段话划分成一个个独立的词。目前有大量用于分词的工具，如 jieba、nltk、thulac、pynlpir 等，对于中文来说，jieba 分词效果是比较好的。因此本文使用 Python 中的 jieba 库对样本数据进行分词处理，利用.cut()函数来实现。

由于 Anaconda 没有集成 Jieba 分词库，因此需要安装这个分词库，步骤如下。

（1）在 cmd 里输入下面的代码安装 Jieba 库。实现代码如下：

```
pip install jieba -i https://mirrors.tuna.tsinghua.edu.cn/anaconda/pkgs/free/
```

安装完成后，没有红色报错即安装成功。

（2）jieba 库安装完成，后面用到的比如 wordcloud 等第三方库也用该方法安装在建立的 TensorFlow

环境中，把上面步骤中的 pip install jieba 代码的 jieba 换成其他如 wordcloud 即可。

Jieba 库已经安装完毕，下面就应用该库进行分词。jieba 分词有以下 3 种模式：

（1）精确模式：把文本精确的分开，不存在冗余单词，适合文本分析；

（2）全模式：把文本中所有可能的词语都扫描出来，有冗余，速度快但不能解决歧义；

（3）搜索引擎模式：在精确模式的基础上，对长词再次切分，以提高召回率，适合用于搜索引擎分词。

jieba.cut(s,cut_all,HMM) 方法的输入参数意义如下：

（1）s 表示需要分词的字符串；

（2）cut_all 参数用来控制是否采用全模式，cut_all = True，表示使用全模式；

（3）HMM 参数用来控制是否使用 HMM 模型。返回的是一个列表类型的分词结果，HMM=False 表示不使用 HMM 模型。

一般情况下，采用默认的 jieba.cut(s)精确模式即可。示例代码如下：

```
    import jieba
    data['data_cut'] = data['review'].apply(lambda x: list(jieba.cut(x)))  #内嵌自定义函数来
分词
    data.head()
```

执行结果如图 12-3 所示。

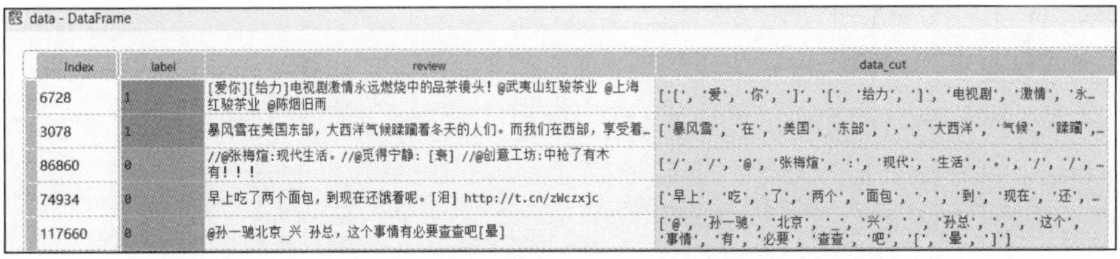

Index	label	review	data_cut
6728	1	[爱你][给力]电视剧激情永远燃烧中的品茶镜头！@武夷山红骏茶业 @上海红骏茶业 @陈烟旧雨	['[', '爱', '你', ']', '[', '给力', ']', '电视剧', '激情', '永…
3078	1	暴风雪在美国东部，大西洋气候蹂躏着冬天的人们。而我们在西部，享受着…	['暴风雪', '在', '美国', '东部', '，', '大西洋', '气候', '蹂躏',…
86860	0	//@张梅煊:现代生活。//@觅得宁静：[衰] //@创意工坊:中枪了有木有！！！	['/', '/', '@', '张梅煊', ':', '现代', '生活', '。', '/', '/', …
74934	0	早上吃了两个面包，到现在还饿着呢。[泪] http://t.cn/zWczxjc	['早上', '吃', '了', '两个', '面包', '，', '到', '现在', '还', …
117660	0	@孙一驰北京_兴 孙总，这个事情有必要查查吧[晕]	['@', '孙一驰', '北京', '_', '兴', ' ', '孙总', '，', '这个', '事情', '有', '必要', '查查', '吧', '[', '晕', ']']

图 12-3

由 data['data_cut']的分词结果可以看出，存在许多与情感分析无关的标点符号、空格等词语，因此接下来将进行去停用词处理。

12.3.3 去停用词

停用词是指在信息检索中，为了节省存储空间和提高搜索效率，在处理自然语言数据（或文本）之前或之后会自动过滤掉某些字或词，这些字或词即被称为停用词（Stop Words），如图 12-3 所示。分词之后会发现有很多无用字符或一些助词，包括语气助词、副词、介词、连接词等，这些词通常自身并无明确的意义，只有将它们放入一个完整的句子中才具有一定的作用，例如常见的“的”“在”等，这些都需要去掉，部分停用词如图 12-4 所示。

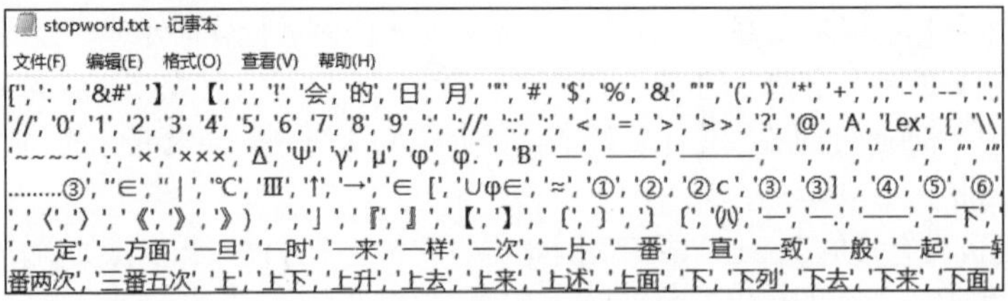

图 12-4

利用这些停用词，将微博的评论数据清理一遍，存放在新建立的 data['data_after']一列。具体实现代码如下：

```
# 去停用词
# 读取停用词
with open('stopword.txt','r',encoding = 'utf-8') as f: #读取停用词 txt 文档
    stop = f.readlines()
# 对停用词处理
import re
stop = [re.sub(' |\n|\ufeff','',r) for r in stop] #替换停用词表的空格等
# 去除停用词
#把分词之后的文本根据停用词表去掉停用词
data['data_after'] = [[i for i in s if i not in stop] for s in data['data_cut']]
data.head()
```

执行结果如图 12-5 所示。

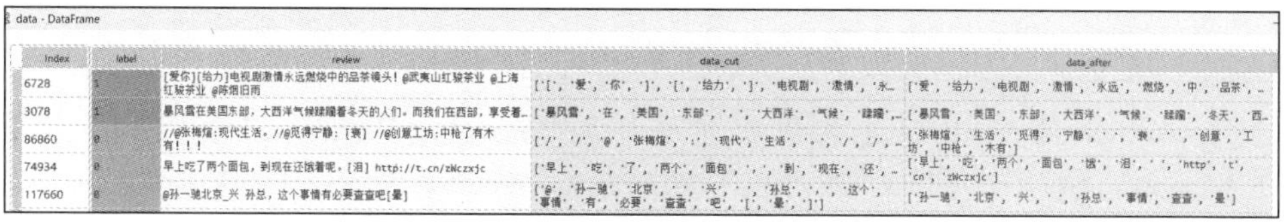

data - DataFrame

Index	label	review	data_cut	data_after
6728		[爱你][给力]电视剧激情永远燃烧中的品茶镜头！@武夷山红骏茶业 @上海红骏茶业 @陈烟旧雨	['[', '爱', '你', ']', '[', '给力', ']', '电视剧', '激情', '永…	['爱', '给力', '电视剧', '激情', '永远', '燃烧', '中', '品茶', …
3078		暴风雪在美国东部，大西洋气候肆虐着冬天的人们。而我们在西部，享受着…	['暴风雪', '在', '美国', '东部', '，', '大西洋', '气候', '肆虐',…	['暴风雪', '美国', '东部', '大西洋', '气候', '肆虐', '冬天', '西…
86860		//@张梅煊:现代生活。//@觅得宁静: [衰] //@创意工坊:中枪了有木有！！！	['/', '/', '@', '张梅煊', ':', '现代', '生活', '。', '/', '/', …	['张梅煊', '生活', '觅得', '宁静', ' ', '衰', ' ', '创意', '工坊', '中枪', '木有']
74934		早上吃了两个面包，到现在还饿着呢。[泪] http://t.cn/zWczxjc	['早上', '吃', '了', '两个', '面包', '，', '到', '现在', '还', …	['早上', '吃', '两个', '面包', '饿', '泪', ' ', 'http', 't', 'cn', 'zWczxjc']
117660		@孙一驰北京_兴 孙总，这个事情有必要查查吧[晕]	['@', '孙一驰', '北京', '_', '兴', ' ', '孙总', '，', '这个', '事情', '有', '必要', '查查', '吧', '[', '晕', ']']	['孙一驰', '北京', '兴', ' ', '孙总', '事情', '查查', '晕']

图 12-5

12.3.4 词向量

从图 12-5 的 data['data_after']可以看出，微博数据已经处理得非常干净，尽最大可能保留了原始信息。在自然语言处理中，需要将语言数据化，以便机器识别，从而进一步使用机器学习算法对数据进行分析。

词向量是将语言中的词转化为向量形式的一种技术，可以方便地将一个词转换为一个向量。Word2Vec 模型是 Google 基于 DistributedRepresentation 方式开发的词向量模型，利用深度学习思想将词表征为实数值向量的一种高效算法模型，常用于聚类、寻找同义词、词性分析等。本小节采用简单的方式实现词向量化，基本思路是：先将所有整理后的微博文本整合成一列，把这些单词按统计出现的次数排序，然后定义转换向量的函数并通过 apply()方法实现。代码如下：

```
# 构建词向量矩阵
w = []
for i in data['data_after']:
    w.extend(i) #将所有词语整合在一起
num_data = pd.DataFrame(pd.Series(w).value_counts()) # 计算出所有单词的个数
num_data['id'] = list(range(1,len(num_data)+1)) #把这些数据增加序号
# 转化成数字
a = lambda x:list(num_data['id'][x]) #以序号为序定义实现函数
data['vec'] = data['data_after'].apply(a) #apply()方法实现
data.head()
```

执行结果如图 12-6 所示。

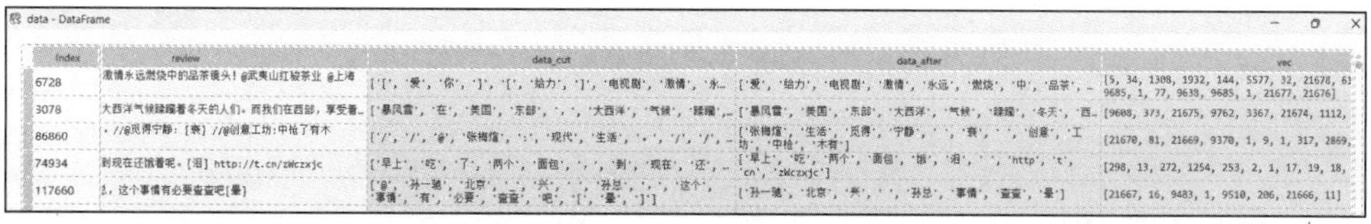

data - DataFrame

Index	review	data_cut	data_after	vec
6728	激情永远燃烧中的品茶镜头！@武夷山红骏茶业 @上海	['[', '爱', '你', ']', '[', '给力', ']', '电视剧', '激情', '永…	['爱', '给力', '电视剧', '激情', '永远', '燃烧', '中', '品茶', …	[5, 34, 1308, 1932, 144, 5577, 32, 21678, 61 9685, 1, 77, 9638, 9685, 1, 21677, 21676]
3078	大西洋气候肆虐着冬天的人们。而我们在西部，享受着…	['暴风雪', '在', '美国', '东部', '，', '大西洋', '气候', '肆虐',…	['暴风雪', '美国', '东部', '大西洋', '气候', '肆虐', '冬天', '西…	[9608, 373, 21675, 9762, 3367, 21674, 1112,
86860	。//@觅得宁静: [衰] //@创意工坊:中枪了有木	['/', '/', '@', '张梅煊', ':', '现代', '生活', '。', '/', '/', …	['张梅煊', '生活', '觅得', '宁静', ' ', '衰', ' ', '创意', '工坊', '中枪', '木有']	[21670, 81, 21669, 9370, 1, 9, 1, 317, 2869,
74934	到现在还饿着呢。[泪] http://t.cn/zWczxjc	['早上', '吃', '了', '两个', '面包', '，', '到', '现在', '还', …	['早上', '吃', '两个', '面包', '饿', '泪', ' ', 'http', 't', 'cn', 'zWczxjc']	[298, 13, 272, 1254, 253, 2, 1, 17, 19, 18,
117660	总，这个事情有必要查查吧[晕]	['@', '孙一驰', '北京', '_', '兴', ' ', '孙总', '，', '这个', '事情', '有', '必要', '查查', '吧', '[', '晕', ']']	['孙一驰', '北京', '兴', ' ', '孙总', '事情', '查查', '晕']	[21667, 16, 9483, 1, 9510, 206, 21666, 11]

图 12-6

词向量已经完成，接下来利用可视化技术对文本数据进行分析，这里采用的是第三方的

WordCloud（词云）库。WordCloud（词云）是 Python 中一个非常优秀的第三方词云可视化展示库，其工作原理是以词语为基本单位，根据给定的字符串对词频进行统计，然后以不同的大小显示出来，更加直观和艺术地展示文本。

根据 12.3.1 小节中的内容，在 TensorFlow 环境中安装好 WordCloud 库后，该库将词云视为一个 WordCloud 对象。wordcloud.WordCloud()代表一个文本对应的词云，可以根据文本中词语出现的频率等参数绘制词云的形状，其尺寸和颜色均可设定。具体步骤如下：

（1）w=wordcloud.WordCloud()。以 WordCloud 对象为基础，配置参数、加载文本、输出文件。先配置对象参数，然后加载词云文本，最后输出词云文件，其方法如表 12-1 所示。

表 12-1　方法及其描述

方法	描述
w.generate(text)	向 WordCloud 对象 w 中加载文本 text，如 w.generate(text)
w.to_file(fulename)	将词云输出为图像文件，.png 或.jpg 格式，w.to_file("filename.jpg")

（2）w=wordcloud.WordCloud(<参数>)，需要注意的是，使用 WordCloud 时可以指定使用的字体。在 Windows 系统中，字体文件位于以下文件夹：C:\Windows\Fonts，可以将其中的字体文件拷贝到当前文件夹内。其运用的参数说明及其用法描述如表 12-2 所示。

表 12-2　参数说明及其用法描述

参数	用法描述
width	指定词云对象生成图片的宽度，默认为 400 像素
height	指定词云对象生成图片的高度，默认为 200 像素
min_font_size	指定词云中字体的最小字号，默认为 4 号
max_font_size	指定词云中字体的最大字号，根据高度自动调节
font_step	指定词云中字体字号的步进间隔，默认为 1
font_path	指定字体文件的路径，默认为 None
max_words	指定词云显示的最大单词数量，默认为 200
stop_words	指定词云的排除词列表，即不显示的单词列表
mask	指定词云形状，默认为长方形，需要引用 imread()函数
background_color	指定词云图片的背景颜色，默认为黑色

输出词云之前，还需要对微博文本数据进行处理，步骤如下：

（1）将去停用词后的 data['data_after']词组全部整合在一个列表中；
（2）计算每个单词的词频大小；
（3）调用 WordCloud 方法，定义好各个参数；
（4）输出词云。

经过以上步骤，可以将本次实验的微博文本数据的词云绘制出来。实现代码如下：

```
# 构建词云
#加载词云库
from wordcloud import WordCloud
import matplotlib.pyplot as plt
# ## 词频统计
# 重组词组
num_words = [''.join(i) for i in data['data_after']] #把所有词组提取出来
num_words = ''.join(num_words)  #词组放在 num_words 上
num_words= re.sub(' ','',num_words)
# 计算全部词频
num = pd.Series(jieba.lcut(num_words)).value_counts()
```

```
# 用wordcloud画图
wc_pic = WordCloud(background_color='white',font_path=r'C:\Windows\Fonts\
simhei.ttf').fit_words(num)
plt.figure(figsize=(10,10))  #图片大小定义
plt.imshow(wc_pic)#输出图片
plt.axis('off')#不显示坐标轴
plt.show()
```

12.3.5　划分数据集

微博文本数据已经转化为简单的词向量，表明文本的预处理过程已经初步完成。接下来需要将数据划分为训练集和测试集。由于文本数据与其他类型的数据不同，需要统一输入句子的长度，这里使用 sequence.pad_sequences()方法来实现。最后，通过调用 sklearn 包中的 train_test_split()函数，将数据划分为训练集（80%）和测试集（20%）。其用法如下所示：

```
train_X, test_X, train_Y, test_Y = train_test_split(train_data, train_target, test_size,
random_state)
```

其中参数解释如下：

train_data：被划分的样本特征集，如 X；

train_target：被划分的样本标签，如 Y；

test_size：如果是浮点数，在 0~1 表示样本的占比；如果是整数，表示样本的数量；

random_state：随机数的种子，控制随机状态；

shuffle：是否打乱数据的顺序再划分，默认为 True；

stratify：None 或 array/series 类型的数据，表示按该列进行分层采样。

这里的随机数种子本质上是该组随机数的编号，用于在需要重复试验时，保证得到与该组一样的随机数。实现代码如下：

```
# ##  数据集划分
from sklearn.model_selection import train_test_split
from keras.preprocessing import sequence

maxlen = 100    #句子长度
vec_data = list(sequence.pad_sequences(data['vec'],maxlen=maxlen))  #把文本数据都统一长度
x,xt,y,yt = train_test_split(vec_data,data['label'],test_size = 0.2,random_state = 123)
#分割训练集——2-8 原则
# 转换数据类型
mport numpy as np
x = np.array(list(x))
y = np.array(list(y))
xt = np.array(list(xt))
yt = np.array(list(yt))
```

到此为止，微博文本预处理已经完成，接下来就可以放到模型中使用了。

12.4　朴素贝叶斯分类模型

朴素贝叶斯模型主要基于贝叶斯理论，是一种用于离散特征分类的机器学习模型。它的核心思想是，当样本量足够大且大到接近总体规模时，样本中事件发生的概率将接近于总体中事件发生的概率。朴素贝叶斯模型被广泛应用于数据分析、模式识别、统计决策，以及经济学、心理学、博弈论等多个领域。因此，本节将采用朴素贝叶斯模型对微博文本的情感进行分类分析。

前面已经把数据预处理完毕，现在运用 sklearn 包的 sklearn.naive_bayes.MultinomialNB()函数实现朴素贝叶斯分类，代码如下：

```
sklearn.naive_bayes.MultinomialNB(*, alpha=1.0, force_alpha='warn', fit_prior=True,
class_prior=None)
```

参数说明如下：

alpha：（可选，浮点型）平滑参数，默认值为 1.0；

force_alpha：（可选，布尔类型）默认值为 False。如果为 False 且 alpha 小于 1e-10，就将 alpha 设置为 1e-10；如果为 True，aplha 就保持不变，这是为了防止 alpha 太接近 0 而导致数值误差；

fit_prior：（可选，布尔类型）是否学习先验概率，默认值为 True，如果为 False，就使用统一先验。

本节采用默认参数，运用 classification_report()方法得到分类结果。代码如下：

```
from sklearn.naive_bayes import MultinomialNB
# 朴素贝叶斯方法
clf=MultinomialNB()  #实例化模型
clf.fit(x,y) #模型训练
# 调用报告
from sklearn.metrics import classification_report
test_pre = clf.predict(xt)  # 模型预测
report = classification_report(yt,test_pre)  #预测结果
print(report)输出结果如下：
              precision    recall  f1-score   support
           0       0.52      0.35      0.42       509
           1       0.50      0.67      0.57       491
    accuracy                           0.51      1000
   macro avg       0.51      0.51      0.50      1000
weighted avg       0.51      0.51      0.49      1000
```

由以上结果可以看出，准确率为 51%，分类结果的效果不是很好。

12.5 随机森林模型

随机森林（Random Forest, RF）算法是 Bagging 算法的一个扩展变体，在前面的章节中已经介绍过。本节主要介绍使用 Sklearn 模块提供的 RandomForestClassifier 类来解决文本情感分析问题。代码如下：

```
from sklearn.ensemble import RandomForestClassifier
from sklearn.metrics import accuracy_score
#训练模型
model=RandomForestClassifier(n_estimators=2,random_state=0)
model.fit(x,y)
#评估模型
pred=model.predict(xt)
ac=accuracy_score(yt,pred)
print("随机森林模型的预测准确率: ",ac)
```

输出结果如下：

```
随机森林模型的预测准确率: 0.577
```

12.6 梯度提升决策树模型

梯度提升决策树（Gradient Boosting Decision Tree，GBDT）是近年来企业界常用的学习方法之一。对于 GBDT 算法的具体实现，比较出色的是 XGBoost 树提升系统，可参考前面章节。本节主要

介绍运用 XGBoost 模型解决文本情感分析问题，代码参考如下：

```
#梯度提升决策树模型
from xgboost import XGBClassifier
xgbc=XGBClassifier(n_estimators=2)
xgbc.fit(x, y)
print("测试集准确率: ", xgbc.score(xt, yt), sep="")
```

输出结果如下：

```
测试集准确率: 0.71
```

12.7 基于 LSTM 网络的分类模型

首先，采用 TensorFlow2.0 中 Keras 模块下的堆叠层模型，构建长短期记忆神经网络模型（LSTM）。由于处理的是文本序列问题，因此在处理时需要有一个 Embedding 层，也称单词表示层。单词的表示向量可以直接通过训练的方式得到，Embedding 层负责将单词编码为某个向量。

其堆叠顺序一般为：输入层（Embedding 层）——隐含层（全连接层和 LSTM 层）——输出层（全连接层和输出层）。一般理解为：输入层主要确定网络的输入数据形态，隐含层主要对输入数据进行特征提取和处理，输出层则根据网络输出要求对数据进行一维向量化处理（由于是二分类问题，因此只需要一层输出），并通过类似一般神经网络的方式进行全连接并输出预测结果。示例代码如下：

```
#模型构建
model = Sequential()
model.add(Embedding(len(num_data['id'])+1,256))   # 输入层，词向量表示层
model.add(Dense(32, activation='sigmoid', input_dim=100))   # 全连接层，32 层
model.add(LSTM(128))   # LSTM 网络层
model.add(Dense(1))   # 全连接层--输出层
model.add(Activation('sigmoid'))   # 输出层的激活函数
model.summary()   #输出获得模型信息
```

输出结果如下：

```
Model: "sequential_1"

Layer (type)                 Output Shape              Param #
=================================================================
embedding_1 (Embedding)      (None, None, 256)         51434240
_____
dense_1 (Dense)              (None, None, 32)          8224
_____
lstm_1 (LSTM)                (None, 128)               82432
_____
dense_2 (Dense)              (None, 1)                 129
_____
activation_1 (Activation)    (None, 1)                 0
=================================================================
Total params: 51,525,025
Trainable params: 51,525,025
Non-trainable params: 0
```

通过以上模型结果，我们可以了解到模型的各层信息，包括数据的输出形态、训练参数等，从而对模型有一个较为直观的认识。

还可以使用 plot_model(model, to_file)方法将模型可视化。例如：

plot_model(model, to_file='model.png')

这里的 plot_model 接收两个可选参数：

show_shapes：指定是否显示输出数据的形状，默认为 False；

show_layer_names：指定是否显示层名称，默认为 True。

在本次实验中，show_shapes 设置为 True，其实现代码如下：

```
#模型的画图表示
import matplotlib.pyplot as plt
import matplotlib.image as mpimg
from keras.utils import plot_model
plot_model(model,to_file='Lstm.png',show_shapes=True)
ls = mpimg.imread('Lstm.png') # 读取和代码处于同一目录下的 Lstm.png
plt.imshow(ls) # 显示图片
plt.axis('off') # 不显示坐标轴
plt.show()
```

执行结果如图 12-7 所示。

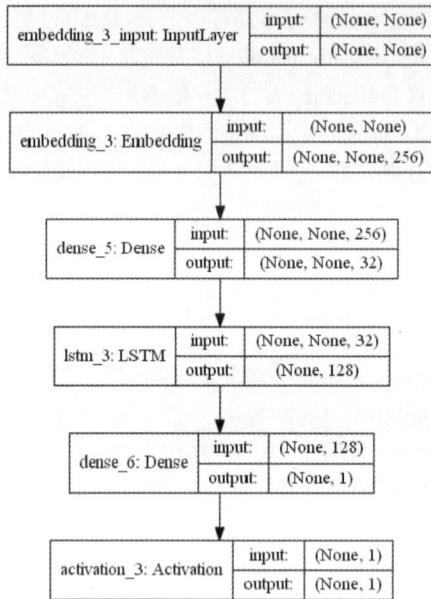

图 12-7

其次，设计模型的优化器、损失函数和评估方法。采用 Adam 优化器，损失函数使用二元交叉熵函数（binary_crossentropy）。模型评估方法采用预测准确率。示例代码如下：

```
model.compile(optimizer='adam',
              loss='sparse_categorical_crossentropy',
              metrics=['accuracy'])
```

再次，对模型进行训练和评估。例如，对训练数据进行 15 次迭代训练，并评估测试数据的预测准确率。示例代码如下：

```
#训练模型
model.fit(x,y,validation_data=(x,y),epochs=15)
```

执行结果如下：

```
Epoch 1/15
125/125 [==============================] - 16s 118ms/step - loss: 0.5908 - accuracy:
0.6562 - val_loss: 0.2964 - val_accuracy: 0.9420
… … … … … … … … … … … … … … … … … … … … … … … … … …
```

```
Epoch 15/15
125/125 [==============================] - 16s 126ms/step - loss: 0.0101 - accuracy:
0.9975 - val_loss: 0.0068 - val_accuracy: 0.9985
```

通过以上输出结果，可以看出每次训练迭代的预测准确率，并且训练结束后获得了最终模型的预测准确率。

最后，利用训练好的模型进行预测。利用训练好的模型对测试数据集进行预测，用.evaluate()方法来实现，示例代码如下：

```
#模型验证
loss,accuracy=model.evaluate(xt,yt,batch_size=12)   # 测试集评估
print('Test loss:',loss)
print('测试集准确率', accuracy)

执行结果如下：
84/84 [=========================] - 2s 13ms/step - loss: 0.6513 - accuracy: 0.8370
Test loss: 0.6513200998306274
测试集准确率: 0.8370000123977661

可以看出，预测的准确率为83.7%。
```

本章小结

本章介绍了微博文本情感分类问题的机器学习方法与深度学习方法。对微博文本的预处理包括分词、去停用词、生成词向量等。文本预处理完成之后，分别运用朴素贝叶斯模型、随机森林模型、梯度提升决策树模型和LSTM模型进行情感分析，结果如表12-3所示。

表12-3　各模型准确率比较

模型	准确率
朴素贝叶斯	51.0%
随机森林	57.7%
梯度提升决策树	71.0%
LSTM 网络	83.7%

从上表可以看出，LSTM 网络模型效果较好。这里仅使用了 5000 条数据，如果使用 100000 条数据进行训练，效果会更好。

本章练习

试利用本文提供的微博文本数据，分别使用机器学习中的支持向量机分类方法和卷积神经网络 CNN 来实现微博文本情感分析。

第**13**章 基于水色图像的水质评价

图像识别在实际应用中具有广泛的用途，比如人脸识别、指纹识别、机器视觉、安防监控、农产品分拣、医疗诊断等。图像属于非结构化数据，需要使用专门的工具包进行图像读取及数据处理。本章使用 Anaconda 自带的 Pillow 包（简称 PIL 包）进行读取和处理，避免了使用更复杂的图像处理工具。对于图像识别，通常有两种处理方法：一种是对图像提取特征后，利用常见的分类模型进行识别，如支持向量机、神经网络、逻辑回归等；另一种是利用深度学习模型直接对图像进行分类识别，这类模型具有自动提取特征的机制，如卷积神经网络深度学习模型。本章将介绍这两种处理方法。下面将从案例背景、案例目标及实现思路、数据获取、指标计算、模型构建与实现等方面进行详细介绍。

13.1 案例背景

图像是一类广泛存在的数据，图像识别在各个领域均有丰富的应用案例。在水产养殖业中，水体生态系统中存在着各种浮游植物、动物与各类微生物，其动态平衡尤为重要。通常，这些多是通过有经验的专家肉眼观察来进行判断，存在一定的主观性且不易推广应用。本章基于数字图像处理技术以及机器学习、深度学习方法，以专家经验为基础对水色图像进行优劣分级，并以专家标注的水色图像作为模型的训练数据集，最终实现对水色图像的快速判别。

本案例将水色分为五类：第 1 类为浅绿色，采集了 51 张图片；第 2 类为灰蓝色，采集了 44 张图片；第 3 类为黄褐色，采集了 78 张图片；第 4 类为茶褐色，采集了 24 张图片；第 5 类为绿色，采集了 6 张图片。图片总数为 203 张，其中图片大小不统一。

对 5 种类型共计 203 张图片，按照 80%用于训练、20%用于测试进行随机划分，构建基于水色图像的水质分类识别模型，并对测试图片进行分类识别。最后，计算模型的预测准确率，从而为实际应用提供一定的参考价值。

13.2 案例目标及实现思路

本案例的主要目标包括：掌握使用 PIL 包读取图像并进行简单处理的方法，掌握图像颜色特征的提取及计算方法，掌握基于支持向量机的水色图像分类识别模型以及基于卷积神经网络的水色图像分类识别模型。基本的实现思路如图 13-1 所示。

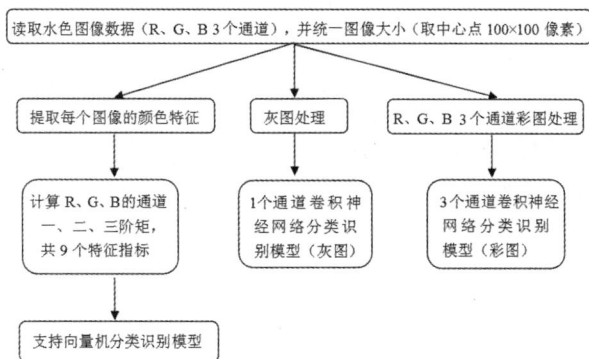

图 13-1

13.3 数据获取与探索

首先，我们了解一下原始图片数据文件的结构，以便对图片数据进行批量读取。该图片文件夹的数据如图 13-2 所示。

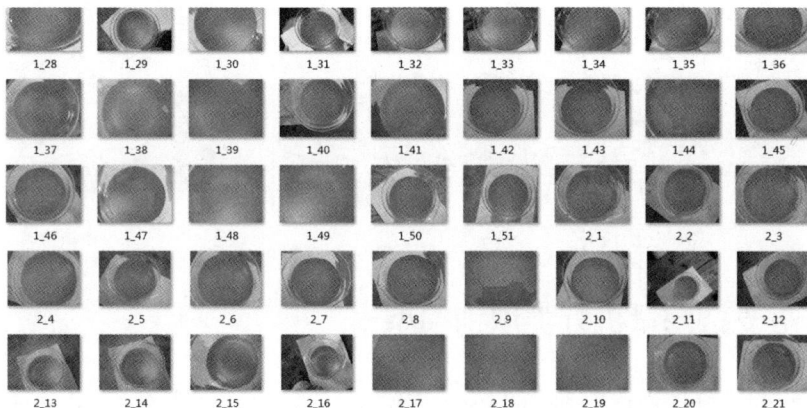

图 13-2

图片文件的命名有一定的规律，图片的命名为 x_x.jpg，下划线前面的数字为水色类别编号，即类别标签，下划线后面的数字为图片编号。

其次，批量读取图片文件路径。可以通过系统中的 listdir() 函数获得文件夹下的所有文件名，并通过文件夹路径字符串和图片文件名的字符串拼接获得指定图片的完整路径，就可以对所有图片文件进行读取和处理了。下面演示如何获得文件夹下的第 1 张图片的完整路径，示例代码如下：

```
import os
file='./图片'
d=os.listdir(file)      #所有图片文件名
path=file+'/'+d[0]      #第1张图片文件的完整路径
print(path)
```

执行结果如下：

```
F:\新教材资料\水色图像水质评价\图片\1_1.jpg
```

最后，利用 PIL 包和 matplotlib 绘图包可以进行图片的读取、处理及显示。下面以文件夹下第 1 张图片为例，介绍图片的读取、更改大小、获取 RGB 通道数据、灰度处理、图片显示等基本操作。

示例代码如下：

```
from PIL import Image
import numpy as np
img=Image.open(path) #读取图片，返回数据包括RGB通道
img=img.resize((60,60)) #更改图片大小
im=img.split()          #分离RGB通道
R=im[0]
G=im[1]
B=im[2]
img1=img.convert('L') #转化为灰图
img1=np.array(img1)    #将图像类型转换为整型
import matplotlib.pyplot as plt
plt.imshow(img1,cmap='gray')
plt.show() #显示灰图
```

执行结果如图 13-3 和图 13-4 所示。

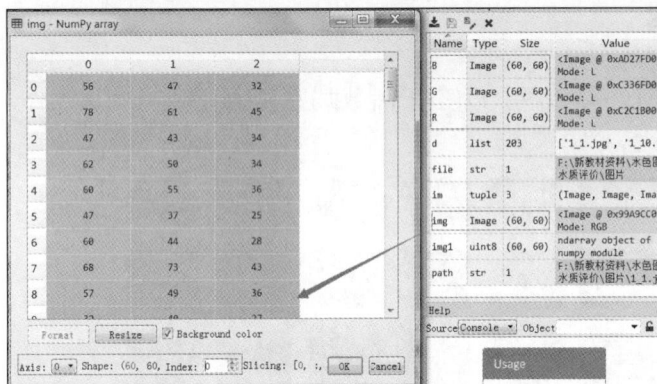

图 13-3

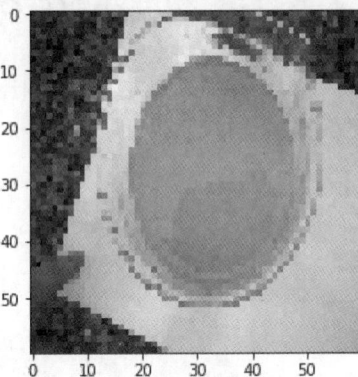

图 13-4

13.4 支持向量机分类识别模型

本节首先提取每张图片 RGB 通道的一阶、二阶、三阶矩，共 9 个特征指标作为自变量。其次，从水色图像文件名中获取其类型编号作为因变量。最后，按照 80%训练、20%测试的比例随机划分图像数据集，构建支持向量机分类识别模型，并对测试图像的类型编号进行预测及计算预测准确率。

13.4.1 颜色特征计算方法

图像的特征有很多，主要包括颜色、纹理、形状和空间关系等。与其他特征相比，颜色特征更为稳定且不敏感，具有较强的鲁棒性。这里主要介绍图像的颜色特征，包括 R、G、B 3 个通道的一阶、二阶、三阶矩。

1. 一阶颜色矩

一阶颜色矩采用一阶原点矩，反映图像的整体明暗程度，其公式如下：

$$E_i = \frac{1}{N} \sum_{j=1}^{N} p_{ij}$$

其中，E_i 为第 i 个颜色通道的一阶颜色矩；对于 RGB 图像来说，$i = 1,2,3$；p_{ij} 为第 j 个像素的第 i 个颜色通道的颜色值。

2. 二阶颜色矩

二阶颜色矩采用二阶中心矩的平方根，反映图像颜色的分布范围，其公式如下：

$$\sigma_i = \sqrt{\frac{1}{N}\sum_{j=1}^{N}(p_{ij}-E_i)^2}$$

其中，σ_i 为第 i 个颜色通道的二阶颜色矩；E_i 为第 i 个颜色通道的一阶颜色矩。

3．三阶颜色矩

三阶颜色矩采用三阶中心矩的立方根，反映图像颜色分布的对称性，其公式如下：

$$s_i = \sqrt[3]{\frac{1}{N}\sum_{j=1}^{N}(p_{ij}-E_i)^3}$$

其中，s_i 为第 i 个颜色通道的三阶颜色矩；E_i 为第 i 个颜色通道的一阶颜色矩。

13.4.2 自变量与因变量计算

根据 13.4.1 小节关于颜色矩的定义和计算公式，本小节计算每张图片的 R、G、B 三个颜色通道的一阶、二阶、三阶颜色矩，共 9 个特征指标构造自变量 X。在计算 X 时，为了统一图像大小并获得具有代表性的像素矩阵，取图像中心点 100 像素×100 像素的矩阵进行计算，同时对像素值进行了标准化处理，即归一化。另外，通过图片文件命名的规律，截取每张图片的类别编号即可构造因变量 Y。示例代码如下：

```
from PIL import Image
import numpy as np
import os
path='./图片'
d=os.listdir(path)                      #获取图片文件夹下所有图像文件名
X=np.zeros((len(d),9))                   #预定义自变量，即9个颜色矩特征指标
Y=np.zeros(len(d))                       #预定义因变量，即水色类别
for i in range(len(d)):
  img = Image.open(path+'/'+d[i])        #读取第i张图像
  im= img.split()                        #分离RGBA通道
  R=np.array(im[0])/255                  #R通道（除255为像素值归一化）
  #获得图像中心点100像素×100像素的索引范围
  row_1=int(R.shape[0]/2)-50
  row_2=int(R.shape[0]/2)+50
  con_1=int(R.shape[1]/2)-50
  con_2=int(R.shape[1]/2)+50
  R=R[row_1:row_2,con_1:con_2]           #R通道中心点100像素×100像素
  G=np.array(im[1])/255                  #G通道
  G=G[row_1:row_2,con_1:con_2]           #G通道中心点100像素×100像素
  B=np.array(im[2])/255                  #B通道
  B=B[row_1:row_2,con_1:con_2]           #B通道中心点100像素×100像素
  # R,G,B一阶颜色矩
  r1=np.mean(R)
  g1=np.mean(G)
  b1=np.mean(B)
  # R,G,B二阶颜色矩
  r2=np.std(R)
  g2=np.std(G)
  b2=np.std(B)
  a=np.mean(abs(R - R.mean())**3)
  b=np.mean(abs(G - G.mean())**3)
  c=np.mean(abs(B - B.mean())**3)
  #R,G,B三阶颜色矩
  r3=a**(1./3)
  g3=b**(1./3)
  b3=c**(1./3)
```

```
#赋给预定义的自变量 X
X[i,0]=r1
X[i,1]=g1
X[i,2]=b1
X[i,3]=r2
X[i,4]=g2
X[i,5]=b2
X[i,6]=r3
X[i,7]=g3
X[i,8]=b3

#从图片文件名中，截取图片类型编号，构造因变量，赋给预定义的 Y
png_name=d[i]
I=png_name.find('_',0,len(png_name))
Y[i]=int(png_name[:I])
```

执行结果如图 13-5 所示。

从图 13-5 中可以看出，我们获取了 203
张图片的一阶、二阶、三阶颜色矩共 9 个特
征指标数据，并将其构造为自变量（X）。
同样，我们也获得了 203 张图片的类别编
号，并将其构造为因变量（Y）。接下来，
我们就可以基于 X 和 Y 构建支持向量机分
类识别模型。

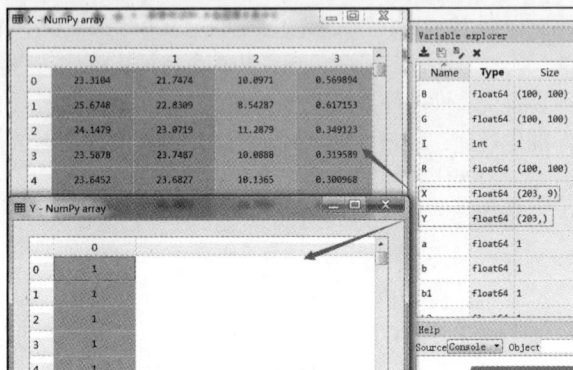

图 13-5

13.4.3 模型实现

基于 13.4.2 小节计算得到的自变量（X）
和因变量（Y）数据，按照 80%用于训练、20%用于测试的比例构建训练数据集和测试数据集。然后，
利用支持向量机分类识别模型进行训练与预测，并计算预测准确率。示例代码如下：

```
#按 80%训练、20%测试，构建训练数据集和测试数据集
from sklearn.model_selection import train_test_split
x_train, x_test, y_train, y_test = train_test_split(X, Y, test_size=0.2,
random_state=4)

from sklearn.svm import SVC
clf = SVC(class_weight='balanced')#类标签平衡策略
clf.fit(x_train, y_train)
y1=clf.predict(x_test)        #对测试数据进行预测，并获得预测结果
r=y1-y_test                   #预测值与真实值相减
v=len(r[r==0])/len(y1)        #预测值与真实值相减为 0，即预测准确，统计其准确率
print('预测准确率：',v)
```

执行结果如下：

```
预测准确率：  0.21951219512195122
```

从预测结果可以看出，利用支持向量机分类识别模型对水色类型识别的准确率仅为 21.95%，远
远达不到应用的需求。是我们的特征计算出错了吗？还是特征指标数据本身区分度就很低呢？通过
分析我们发现，特征指标数据归一化后其取值范围为 0~1，同时确实存在特征指标数据之间区分度
较低的情况。如果直接输入支持向量机分类识别模型，也会造成彼此之间区分度低，从而导致预测
准确率较低。这里对所有特征指标数据都乘以一个适当的常数 k，经过测试，当 k=40 时，获得了较
优的预测准确率。将以上的特征指标数据都乘以 40，重新利用支持向量机分类识别模型进行分类识
别。示例代码如下：

```
#按 80%训练、20%测试，构建训练数据集和测试数据集
from sklearn.model_selection import train_test_split
x_train, x_test, y_train, y_test = train_test_split(X, Y, test_size=0.2,
                                                    random_state=4)

from sklearn.svm import SVC
clf = SVC(class_weight='balanced')#类标签平衡策略
clf.fit(x_train*40, y_train)
y1=clf.predict(x_test*40)    #对测试数据进行预测，并获得预测结果
r=y1-y_test                  #预测值与真实值相减
v=len(r[r==0])/len(y1)       #预测值与真实值相减为 0，即预测准确，统计其准确率
print('预测准确率：',v)
```

执行结果如下：

```
预测准确率： 0.975609756097561
```

将特征指标数据都乘以 40 之后，其预测准确率为 97.56%，完全达到了应用的需求。实际上，在图像识别领域，图像特征的提取与处理是最关键的环节，这更决定了模型是否能成功。一般来说，图像特征除了颜色特征外，还包括纹理、形状等特征，其计算方法的复杂性与适用性需要根据实际问题来决定。下面我们将介绍一种自身具备特征提取机制的图像识别模型——卷积神经网络识别模型，包括处理灰图和彩图两种形式。希望读者通过本案例能够掌握卷积神经网络在图像识别中的基本应用。

13.5　卷积神经网络分类识别模型：灰图

本节主要介绍在对水色图像进行灰图处理后，利用卷积神经网络对灰图进行分类识别的方法，包括图片数据处理与模型实现两部分内容。

13.5.1　数据处理

这里我们构造了卷积神经网络模型所需要的输入数据和输出数据，其中输入数据为所有灰图数据。本例共有 203 张图片，统一取图像中心点 100 像素×100 像素，并进行灰度化和归一化处理。所有灰图数据可以用一个三维数组来存储，其形状为（203,100,100），记为 X。输出数据为水色类型，依次为浅绿色、灰蓝色、黄褐色、茶褐色、绿色，类型编号为 0、1、2、3、4，记为 Y。

示例代码如下：

```
import numpy as np
import os
from PIL import Image

file='./图片'
d=os.listdir(file)              #文件夹所有图片文件名
X=np.zeros((len(d),100,100))    #预定义输入数据
Y=np.zeros(len(d))              #预定义输出数据
for i in range(len(d)):
  img = Image.open(file+'/'+d[i]) #读取第 i 张图片
  img=img.convert('L')          #灰度化
  td=np.array(img)              #转换为数值数组
  #获得图像中心点 100 像素×100 像素的索引范围
  row_1=int(td.shape[0]/2)-50
  row_2=int(td.shape[0]/2)+50
```

```
con_1=int(td.shape[1]/2)-50
con_2=int(td.shape[1]/2)+50
td=td[row_1:row_2,con_1:con_2]
X[i]=td/255                          #归一化

#构造输出数据, 水色类别编号
filename=d[i]
I=filename.find('_',0,len(filename))
if int(filename[:I])==1:
    Y[i]=0
elif int(filename[:I])==2:
    Y[i]=1
elif int(filename[:I])==3:
    Y[i]=2
elif int(filename[:I])==4:
    Y[i]=3
else:
    Y[i]=4
```

执行结果如图 13-6 所示。

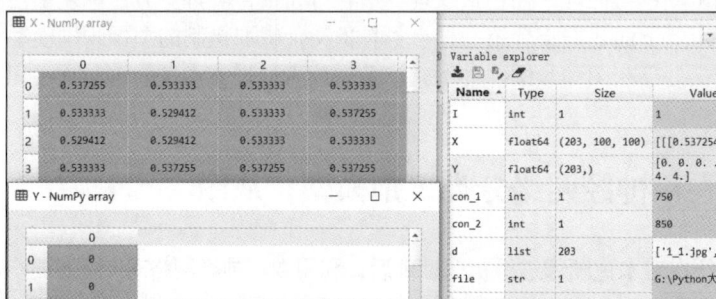

图 13-6

为了更好地评估模型, 将模型的输入数据 (X) 和输出数据 (Y) 按 80%训练、20%测试的比例随机划分为训练集和测试集。示例代码如下:

```
from sklearn.model_selection import train_test_split
x_train, x_test, y_train, y_test = train_test_split(X, Y, test_size=0.2,
                                        random_state=4)
```

执行结果如图 13-7 所示。

13.5.2　模型实现

首先, 我们采用 TensorFlow2.0 中 Keras 模块下的堆叠模型, 构建多层卷积神经网络识别模型。其堆叠顺序一般为输入层——隐含层 (一个或多个卷积层和池化层的组合) ——输出层 (展平层、全连接层和输出层)。一般理解为, 输入层主要确定网络的输入数据形态, 隐含层主要是对输入数据进行特征提取 (卷积)

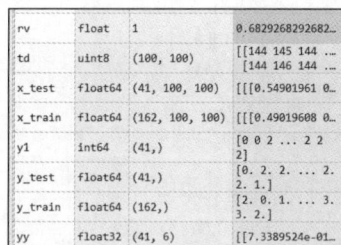

图 13-7

并降维 (池化) 处理, 输出层则对降维处理后的特征数据按照网络输出要求进行一维向量化 (展平) 处理, 并通过类似一般神经网络的方式进行全连接并输出预测结果。示例代码如下:

```
from tensorflow.keras import layers, models
#构建堆叠模型
model = models.Sequential()
#设置输入形态
model.add(layers.Reshape((100,100,1),input_shape=(100,100)))
```

```
#第一个卷积层，卷积神经元个数为32，卷积核大小为3*，默认可缺省
model.add(layers.Conv2D(32, (3, 3),strides=(1,1),activation='relu'))
#紧接着的第一个池化层，2*2池化，步长为2，默认可缺省
model.add(layers.MaxPooling2D((2, 2),strides=2))
#第二个卷积层
model.add(layers.Conv2D(64, (3, 3), activation='relu'))
#第二个池化层
model.add(layers.MaxPooling2D((2, 2)))
#第三个卷积层
model.add(layers.Conv2D(64, (3, 3), activation='relu'))
#展平
model.add(layers.Flatten())
#全连接层
model.add(layers.Dense(64, activation='relu'))
#输出层
model.add(layers.Dense(5, activation='softmax'))
#打印获得模型信息
model.summary()
```

执行结果如图 13-8 所示。

首先，通过图 13-8 所示的结果，我们可以了解到模型的各层信息，包括数据的输出形态、训练参数等，从而对模型有一个较为直观的认识。

其次，设计模型的优化器、损失函数和评估方法。例如，采用 Adam 优化器，损失函数使用分类交叉熵函数，模型评估方法采用预测精度。示例代码如下：

```
model.compile(optimizer='adam',
            loss='sparse_categorical_crossentropy',
            metrics=['accuracy'])
```

最后，对模型进行训练和评估。例如，对训练数据进行 200 次迭代训练，并评估测试数据的预测准确率。示例代码如下：

```
model.fit(x_train, y_train, epochs=200)
model.evaluate(x_test, y_test,verbose=2)
```

执行结果如图 13-9 所示。

```
Model: "sequential_9"

Layer (type)                  Output Shape          Param #
=================================================================
reshape_9 (Reshape)           (None, 100, 100, 1)   0

conv2d_27 (Conv2D)            (None, 98, 98, 32)    320

max_pooling2d_18 (MaxPooling  (None, 49, 49, 32)    0

conv2d_28 (Conv2D)            (None, 47, 47, 64)    18496

max_pooling2d_19 (MaxPooling  (None, 23, 23, 64)    0

conv2d_29 (Conv2D)            (None, 21, 21, 64)    36928

flatten_9 (Flatten)           (None, 28224)         0

dense_18 (Dense)              (None, 64)            1806400

dense_19 (Dense)              (None, 6)             390
=================================================================
Total params: 1,862,534
Trainable params: 1,862,534
Non-trainable params: 0
```

图 13-8

```
Epoch 194/200
162/162 [==============================] - 1s 7ms/sample - loss: 0.8227 - accuracy: 0.6852
Epoch 195/200
162/162 [==============================] - 1s 7ms/sample - loss: 1.1129 - accuracy: 0.5494
Epoch 196/200
162/162 [==============================] - 1s 7ms/sample - loss: 0.9969 - accuracy: 0.5494
Epoch 197/200
162/162 [==============================] - 1s 7ms/sample - loss: 0.8451 - accuracy: 0.6173
Epoch 198/200
162/162 [==============================] - 1s 7ms/sample - loss: 0.8233 - accuracy: 0.6790
Epoch 199/200
162/162 [==============================] - 1s 7ms/sample - loss: 0.8247 - accuracy: 0.6728
Epoch 200/200
162/162 [==============================] - 1s 7ms/sample - loss: 0.8167 - accuracy: 0.6481
41/41 - 0s - loss: 0.7063 - accuracy: 0.6829
预测准确率：  0.6829268292682927
```

图 13-9

通过图 13-9 所示的结果，我们可以看出每次训练迭代的预测准确率，并且在训练结束后获得了最终模型的预测准确率。最终模型对测试数据集的预测准确率为 0.6829。

最后，可以利用训练好的模型进行预测。例如，使用训练好的模型对测试数据集进行预测。示例代码如下：

```
yy=model.predict(x_test)      #获得预测结果概率矩阵
y1=np.argmax(yy,axis=1)       #获得最终预测结果，取概率最大的类标签
```

```
r=y1-y_test                    #预测结果与实际结果相减
rv=len(r[r==0])/len(r)         #计算预测准确率
print('预测准确率: ',rv)
```

执行结果如下:

```
预测准确率:  0.6829
```

从以上结果可以看出,预测的准确率与图 13-9 所示一致。我们还可以通过观察预测结果的概率矩阵数据,了解其实际形态,以便更好地应用模型。预测结果的概率矩阵如图 13-10 所示。

	0	1	2	3	4	5
0	0.733895	0.139061	0.117424	3.57833e-06	0.00961554	8.27396e-07
1	0.559554	0.19657	0.229785	3.3562e-05	0.0140504	6.64023e-06
2	0.038989	0.187126	0.755453	0.00260805	0.0157929	3.05109e-05

图 13-10

第一个测试样本预测结果中,类别 0 的概率最大,达到 0.733895;第三个测试样本预测结果中,类别 2 的概率最大,为 0.755453。

13.6 卷积神经网络识别模型: 彩图

本节将基于水下图像彩色图片,介绍利用卷积神经网络对彩图进行分类识别的方法,包括图片数据处理与模型实现两部分内容。

13.6.1 数据处理

我们先构造卷积神经网络模型所需要的输入数据和输出数据,其中输入数据为所有彩图数据。本例共有 203 张图片,统一取图像中心点 100 像素×100 像素,共有 R、G、B 三个通道,并对每个通道的像素值进行归一化。与灰图仅有一个通道不同,彩图有 3 个通道,因此所有彩图数据可以用一个四维数组来存储,其形状为(203,100,100,3),记为 X。输出数据为水色类型,依次为浅绿色、灰蓝色、黄褐色、茶褐色、绿色,类型编号为 0、1、2、3、4,记为 Y,与灰图一致。示例代码如下:

```
import numpy as np
import os
from PIL import Image

file='./图片'
d=os.listdir(file)                   #文件夹所有图片文件名
X=np.zeros((len(d),100,100,3))       #预定义输入数据
Y=np.zeros(len(d))                   #预定义输出数据
for i in range(len(d)):
  img = Image.open(file+'/'+d[i])    #读取第 i 张图片, #img 有 R,G,B 三个通道
  im= img.split()                    #分离 RGB 颜色通道
  R=np.array(im[0])                        #R 通道
  row_1=int(R.shape[0]/2)-50
  row_2=int(R.shape[0]/2)+50
  con_1=int(R.shape[1]/2)-50
  con_2=int(R.shape[1]/2)+50
  R=R[row_1:row_2,con_1:con_2]
  G=np.array(im[1])                        #G 通道
  G=G[row_1:row_2,con_1:con_2]
```

```
B=np.array(im[2])                    #B 通道
B=B[row_1:row_2,con_1:con_2]
#取 R,G,B 通道即可，并归一化
X[i,:,:,0]=R/255
X[i,:,:,1]=G/255
X[i,:,:,2]=B/255

#构造输出数据，水色类别编号
s=d[i]
I=s.find('_',0,len(s))
if int(s[:I])==1:
    Y[i]=0
elif int(s[:I])==2:
    Y[i]=1
elif int(s[:I])==3:
    Y[i]=2
elif int(s[:I])==4:
    Y[i]=3
else:
    Y[i]=4
```

执行结果如图 13-11 所示。

图 13-11

由于 X 为四维数组，Spyder 不支持直接查看。我们可以通过控制台对 X 的部分数据进行探索和分析，比如访问第 1 张图片，记为 $X1=X[0]$。操作截图如图 13-12 所示。

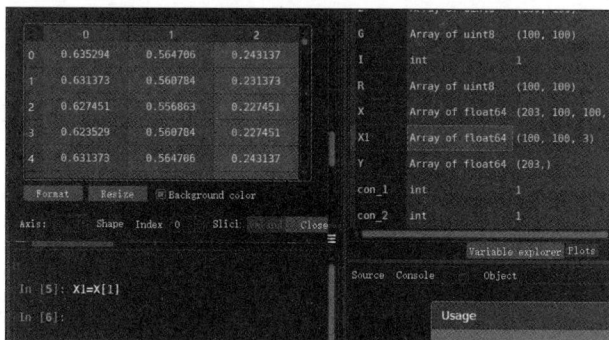

图 13-12

与 13.5 节类似，为了评估模型的效果，下面对输入数据（X）和输出数据（Y），按训练集 80%、测试 20% 随机划分。示例代码如下：

```
from sklearn.model_selection import train_test_split
x_train, x_test, y_train, y_test = train_test_split(X, Y, test_size=0.2,
                                        random_state=4)
```

执行结果如图 13-13 所示。

图 13-13

基于水色图像的水质评价 / 第13章

13.6.2 模型实现

与 13.5 节类似，我们仍采用 TensorFlow 2.0 中 Keras 模块下的堆叠模型，构建多层卷积神经网络识别模型，不同的是输入形态的设计。我们可以直接在第一个卷积层设置其输入形态，其为 3 个通道的彩色图片数据。示例代码如下：

```
from tensorflow.keras import layers, models
model = models.Sequential()
#第一个卷积层，卷积神经元个数为32，卷积核大小为3×，默认可缺省
model.add(layers.Conv2D(32, (3, 3),strides=(1,1),activation='relu',
                    input_shape=(100, 100,3)))
#紧接着的第一个池化层，2×2 池化，步长为2，默认可缺省
model.add(layers.MaxPooling2D((2, 2),strides=2))
#第二个卷积层
model.add(layers.Conv2D(64, (3, 3), activation='relu'))
#第二个池化层
model.add(layers.MaxPooling2D((2, 2)))
#第三个卷积层
model.add(layers.Conv2D(64, (3, 3), activation='relu'))
#展平
model.add(layers.Flatten())
#全连接层
model.add(layers.Dense(64, activation='relu'))
#输出层
model.add(layers.Dense(5, activation='softmax'))
```

模型优化器、损失函数和评估方法仍然采用 Adam 优化器、分类交叉熵函数和预测准确率。示例代码如下：

```
model.compile(optimizer='adam',
            loss='sparse_categorical_crossentropy',metrics=['accuracy'])
```

对于模型评估，我们对训练数据进行 500 次迭代训练，并输出测试数据集的预测准确率。示例代码如下：

```
model.fit(x_train, y_train, epochs=500)
model.evaluate(x_test, y_test, verbose=2)'
```

执行结果如图 13-14 所示。

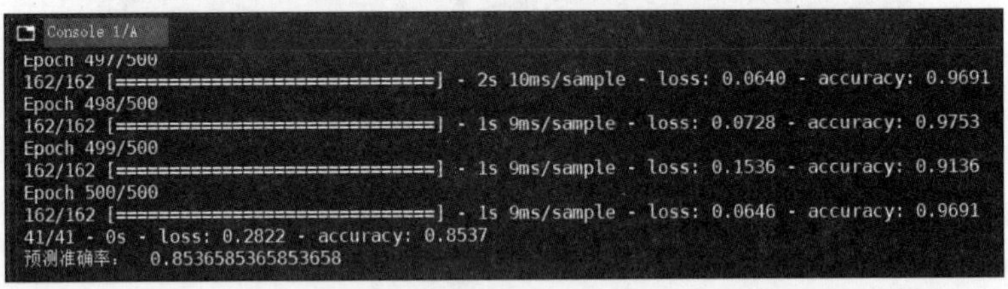

图 13-14

从图 13-14 中可以看出，经过 500 次训练迭代后，测试数据集的准确率达到了 0.8537。实际上，我们也可以使用模型的 predict 函数对测试数据集进行预测，其预测结果是一致的。示例代码如下：

```
yy=model.predict(x_test)        #获得预测结果概率矩阵
y1=np.argmax(yy,axis=1)         #获得最终预测结果，取概率最大的类标签
r=y1-y_test                     #预测结果与实际结果相减
rv=len(r[r==0])/len(r)          #计算预测准确率
print('预测准确率： ',rv)
```

执行结果如下：

预测准确率：0.8536.

通过对比可以发现，利用卷积神经网络识别模型对水色图像进行分类识别的准确度要比特征值未乘系数的支持向量机分类识别模型高得多，但是在特征值乘以系数 40 之后，支持向量机分类识别模型的分类识别准确度更优。实际上，本章案例的特征指标数据区分度较低，而支持向量机分类识别模型经过了优化，并且采用了较为稳定且有针对性的颜色特征，因此支持向量机分类识别模型获得了更好的分类效果。对于卷积神经网络识别模型，本章提供了一个通用型的实现框架，旨在帮助读者掌握利用卷积神经网络进行图像识别的基本技能，更高级的应用及优化方法可参考相关书籍。

本章小结

本章介绍了基于水色图像进行分类识别的机器学习方法与深度学习方法。在机器学习方面，我们介绍了图像颜色 R、G、B 3 个通道的一阶、二阶、三阶矩特征的提取及计算方法，并给出了支持向量机分类识别模型及其实现。进一步地，我们介绍了自身具备特征提取机制的深度学习模型，即卷积神经网络识别模型，并给出了基于灰图和彩图的两种实现方式。

本章练习

试利用机器学习包中的人脸识别数据集，构建支持向量机识别模型和卷积神经网络识别模型。其中，数据集的获取方式参考如下：

```
import sklearn.datasets
a=sklearn.datasets.fetch_olivetti_faces()
```

数据 a 为一个字典，具体值如图 13-15 所示。本数据集包括 40 个人，每个人采集 10 张人脸图片，图片大小为 64 像素×64 像素的灰度图片，像素值已经经过归一化处理。data 数据集为 400 张人脸图片按一维数组展平后的全像素数据集，是一个二维数组。images 为 400 张人脸图片按原始像素矩阵（64 像素×64 像素）存储的数据集，是一个三维数组。target 为 400 张人脸图片对应 40 个人的编号，即目标类别编号为 0～39。

提示：支持向量机识别模型的输入特征可以使用全像素，也可以对全像素进行特征提取，例如通过主成分分析提取综合特征或计算其他类型的特征。

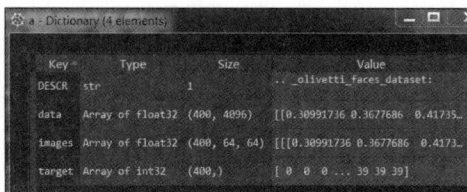

图 13-15

第14章 大模型技术与应用案例

随着人工智能、大数据与计算技术的飞速发展，具有庞大参数和复杂结构的深度学习模型，凭借其强大的表征能力和泛化能力在各种任务中取得了优异的表现。这类模型，也称大模型，包括针对自然语言处理的大语言模型、针对图文或语音视频处理的多模态大模型、针对其他特殊领域应用的各类垂直方向的大模型等。根据赛迪顾问发布的《2023 大模型现状调查报告》显示，截至 2023 年 7 月底，国外累计发布大模型 138 个，中国则累计有 130 个大模型。国内的主要大模型，诸如华为的盘古大模型、百度的文心一言、阿里巴巴的通义千问、智谱华章的 GLM-4、科大讯飞的讯飞星火等，均取得了极大的成功。国外的主要大模型，如 Open AI 的 GPT-4、谷歌公司开发的 BERT 和 T5、Meta 的 LIama3 等，也得到了广泛应用。无论是国外还是国内，均有大量的开源大模型可供选择，也有网络版的 API 调用接口。考虑到计算能力及普通计算机的应用部署，本章主要介绍 BERT 中文版本及其在文本相似度计算和分类任务中的应用，以及热门的 DeepSeek-V3/R1 和百度千帆大模型平台的调用实例，最后还介绍了基于大模型技术的 Streamlit Web 应用开发案例。

14.1 大模型基本认识

大模型通常是指参数数量庞大、结构复杂的深度神经网络模型，其主要特点是参数数量多、模型结构复杂、计算技术要求高、性能优越。一般来说，大模型的参数规模以亿计，包含多层深度神经网络结构，其训练与运行需要消耗大量的计算资源。在数据充足且模型结构合理的情况下，其准确率等性能表现也更加优越。经过不断地迭代进化，大模型在自然语言处理、计算机视觉、语音识别等领域均取得了极大的成功。

大模型的训练主要包括两部分：预训练（Pre-training）和微调（Fine-tuning）。

（1）预训练是指在大规模数据集上训练一个通用模型，这个模型可以捕捉底层数据的统计规律和语义信息，而不是特定任务的细节。预训练模型通常使用无监督学习方法，其目标是获得一个具有通用表示能力的模型，为后续特定任务的微调提供基础。

（2）微调是在预训练模型的基础上，使用新的任务数据集对模型进行进一步训练，以适应特定任务的要求。微调通常包括冻结预训练模型的某些层级并调整其他层级的权重参数，或者针对特定任务增加输出层，并通过优化损失函数来获得权重参数。

预训练通常需要充足的数据和庞大的计算资源，普通个人和小型企业可能难以实现。一般来说，只有大型企业或者具有深厚技术积累的机构才具备预训练大模型的条件。微调主要是基于特定任务的数据集，在预训练模型的基础上进行二次训练，只需调整少量层级的权重参数，对计算资源的要求相对较低，普通个人计算机也可以胜任。通过有实力的企业开源大模型或提供大模型 API 接口，下游行业的应用企业或个人可以针对特定任务进行微调，最终实现大模型的应用落地或进一步地研究拓展，这已逐渐成为一种趋势。下面我们主要介绍 BERT 模型中文版的基本概念及使用方法。

14.2 大模型开发环境搭建：基于 Python 和 TensorFlow

本书的基本开发环境为 Windows 11（64 位）和 Spyder（Python3.11），通过安装 Python 发行版本 Anaconda3-2023.09-0-Windows-x86_64 来实现，详细安装方式参考第 1 章。

在基本开发环境下安装 Transformers 和 TensorFlow 时，可以使用豆瓣或清华镜像源来加速下载和安装。以豆瓣源为例，在 Anaconda Prompt 中输入以下命令：

```
pip install transformers -i https://pypi.doubanio.com/simple
pip install tensorflow -i https://pypi.doubanio.com/simple
```

安装完成后，检查是否运行成功及版本的兼容性。如果存在版本不兼容的问题，则需要对它们进行更新，在 Anaconda Prompt 中输入以下命令：

```
pip install --upgrade tensorflow
pip install --upgrade transformers
```

需要注意的是，tf.keras 作为 TensorFlow 的一个模块，安装完成 TensorFlow 后就已经存在了，但是有可能与 Transformers 不兼容，需要卸载 tf.keras，并重新安装。卸载 tf.keras 可以在 Anaconda Prompt 中输入命令：pip uninstall keras。重新安装 tf.keras 可以在 Anaconda Prompt 中输入命令：pip install tf-keras。

配置 Transformers 和 TensorFlow 是一个相对烦琐的过程，可通过在 Anaconda Prompt 中输入命令：pip show 库名，查看版本信息。图 14-1 所示为配置完成的相关版本信息，可供参考。

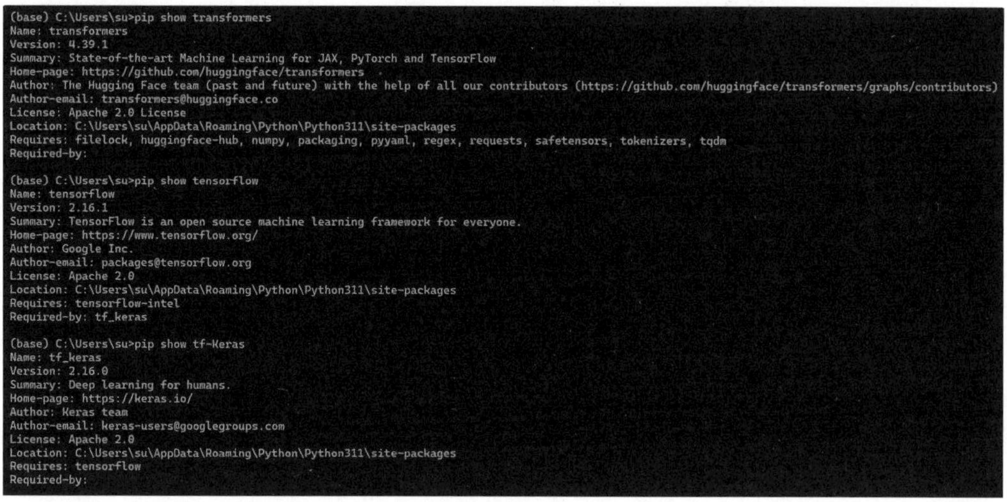

```
(base) C:\Users\su>pip show transformers
Name: transformers
Version: 4.39.1
Summary: State-of-the-art Machine Learning for JAX, PyTorch and TensorFlow
Home-page: https://github.com/huggingface/transformers
Author: The Hugging Face team (past and future) with the help of all our contributors (https://github.com/huggingface/transformers/graphs/contributors)
Author-email: transformers@huggingface.co
License: Apache 2.0 License
Location: C:\Users\su\AppData\Roaming\Python\Python311\site-packages
Requires: filelock, huggingface-hub, numpy, packaging, pyyaml, regex, requests, safetensors, tokenizers, tqdm
Required-by:

(base) C:\Users\su>pip show tensorflow
Name: tensorflow
Version: 2.16.1
Summary: TensorFlow is an open source machine learning framework for everyone.
Home-page: https://www.tensorflow.org/
Author: Google Inc.
Author-email: packages@tensorflow.org
License: Apache 2.0
Location: C:\Users\su\AppData\Roaming\Python\Python311\site-packages
Requires: tensorflow-intel
Required-by: tf_keras

(base) C:\Users\su>pip show tf-Keras
Name: tf_keras
Version: 2.16.0
Summary: Deep learning for humans.
Home-page: https://keras.io/
Author: Keras team
Author-email: keras-users@googlegroups.com
License: Apache 2.0
Location: C:\Users\su\AppData\Roaming\Python\Python311\site-packages
Requires: tensorflow
Required-by:
```

图 14-1

BERT 基础中文版的名称为 bert-base-chinese。由于使用过程中在线加载速度较慢，通常会先下载到计算机本地再使用。可以通过搜索 google-bert/bert-base-chinese at main (hf-mirror.com)进入下载页面，如图 14-2 所示。

下载到计算机本地之后，可以创建一个文件夹，命名为“bert-base-chinese”，并将上述文件全部放入该文件夹中，如图 14-3 所示。

开发环境及 bert-base-chinese 模型相关文件下载完成后，就可以使用了。下面是用于检验环境部署是否成功的示例代码。如果执行以下代码没有报错，则表示部署成功。

```
from transformers import AutoTokenizer,TFBertForSequenceClassification
tokenizer = AutoTokenizer.from_pretrained('./bert-base-chinese')
```

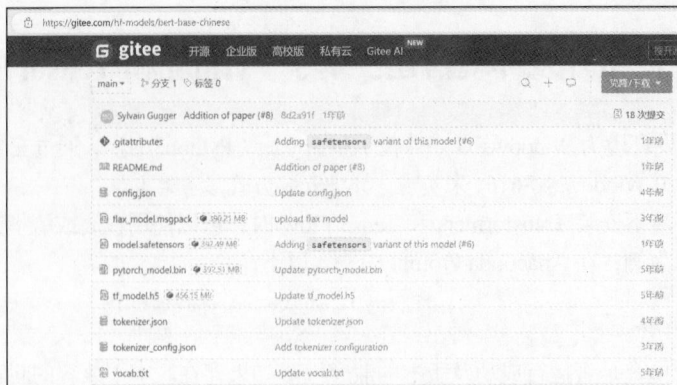

图 14-2

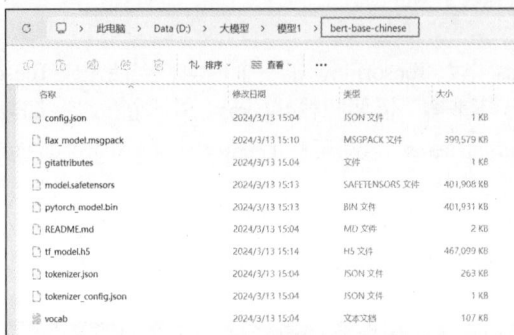

图 14-3

14.3 大模型基础知识：基于 BERT 开源大语言模型

BERT（Bidirectional Encoder Representations from Transformers）是一种基于 Transformer 的大语言预训练模型，由 Google 研究人员 Jacob Devlin 等于 2018 年提出，目前已成为自然语言处理领域备受青睐的模型。本节主要介绍 BERT 模型的基本概念、输入和输出等基础知识，为后续模型应用打基础。

大模型基本认识与
Bert 大语言模型

14.3.1 BERT 基本概念

BERT 模型主要由预训练和微调两部分组成，如图 14-4 所示。

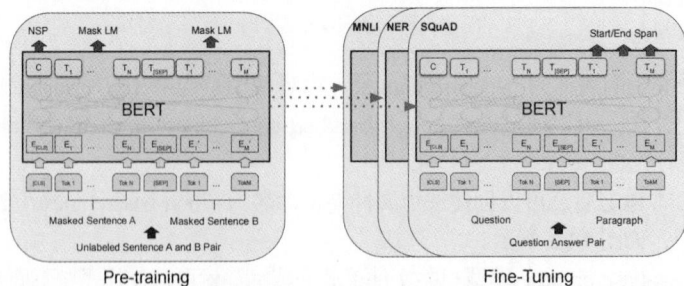

图 14-4

首先是预训练（Pre-training）：模型使用大量的无标签数据进行训练，以学习获得丰富的语言表征，包括两个任务，即掩码语言模型（Masked Language Model，MLM）和下一句关系预测（Next Sentence Prediction，NSP）。MLM 任务，通俗来说就是对输入文本中的一部分词（大概15%）掩码成特定的标记（如 "[MASK]"），另外一小部分词替换成随机的词，其他的词保持不变，模型目标是通过上下文中的其他词来预测被掩码的词的原始值，类似于完形填空；NSP 任务，通俗来说就是输入一对句子，模型目标是判断这两个句子在原文中是否为上下文。一般的，MLM 可视为词级别的语言模型，NSP 可视为句子级别的语言模型，预训练后的 BERT 就获得了丰富的语言表征能力。本质上，BERT 预训练模型就是一种通用的文本表征模型，在此基础上可增加不同的输出层以实现不同的下游任务（即微调），也可作为文本特征提取器，嫁接不同的模型，实现模型性能的提升。

其次是微调（fine-tuning）：针对不同的下游任务增加一个任务输出层，以获得任务预测结果，比如文本分类、命名实体标注、问答结果等。微调阶段一般使用带标签的数据，对 BERT 预训练模型和任务输出层进行二次训练。在微调阶段，不同的下游任务可以训练出不同的模型，但无论是哪种下游任务，初始化的 BERT 预训练模型是相同的，并对所有参数进行微调。

BERT 模型的网络架构主要由输入嵌入层、多个双向 Transformer 编码器和输出层构成。假设表示层数（即 Transformer 块）为 L，隐藏大小为 H，自注意头的数量为 A，Jacob Devlin 等人在论文中报告了两种模型：BERTBASE (L=12, H=768, A=12, Total Parameters=110M)和 BERTLARGE (L=24, H=1024, A=16, Total Parameters=340M)，本章介绍的是 BASE 模型。

14.3.2　BERT 输入

BERT 模型的输入嵌入层包含三个子层，分别是词向量层（Token Embeddings）、句子向量层（Segment Embeddings）和位置编码向量层（Position Embeddings），如图 14-5 所示。

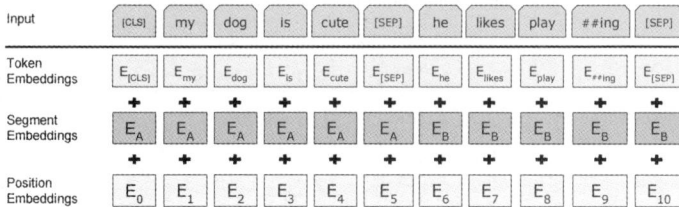

图 14-5

一个原始输入句子，首先被切分为不同的字和一些特殊的字符（比如首个字用特殊字符 "[CLS]" 表示，若输入的句子是由两个子句组成，则句与句之间用 "[SEP]" 来区分；若不足最大长度需要填充，则用 "[PAD]" 表示）。字向量层用来表征不同的字，以及特殊的字符，首个用特殊字符表示的字主要用于之后的分类任务，其取值为字对应的词汇表 ID，通过查表获得；句子向量层用来区别两个句子，即表征这个字是属于哪一个句子的，有 0 或 1 两种取值，0 表示这个字属于第 1 个句子，1 表示这个字属于第 2 个句子；位置编码向量层，由于出现在文本不同位置的字所携带的语义信息存在差异，对不同位置的字分别附加一个不同的向量以作区分，这个向量通过模型学习获得。BERT 模型实际的网络输入为字向量、句子向量、位置编码向量求和后获得的最终向量。BERT 模型输入嵌入层如何实现呢？下面我们通过 Transformers 中的 BertTokenizer 模块来介绍 BERT 模型输入所需的三个参数：input_ids、token_type_ids 和 attention_mask。示例代码如下：

```
from transformers import BertTokenizer
text='中国共产党万岁'
tokenizer = BertTokenizer.from_pretrained('./bert-base-chinese')
token_cut=tokenizer.tokenize(text)
token_code=tokenizer(text,return_tensors='tf')#以 tensorflow 张量的形式返回
```

```
input_ids = token_code['input_ids']
token_type_ids = token_code['token_type_ids']
attention_mask = token_code['attention_mask']
print(token_cut)
print(input_ids)
print(token_type_ids)
print(attention_mask)
```

执行结果如下：

```
['中', '国', '共', '产', '党', '万', '岁']
tf.Tensor([[ 101  704 1744 1066  772 1054  674 2259  102]], shape=(1, 9),
dtype=int32)
tf.Tensor([[0 0 0 0 0 0 0 0 0]], shape=(1, 9), dtype=int32)
tf.Tensor([[1 1 1 1 1 1 1 1 1]], shape=(1, 9), dtype=int32)
```

这里的 tokenize 分词与 jieba 分词不同，它是把文本分为一个个字，而不是词。input_ids 表示在 token_cut 的开始和末尾添加了"[CLS]"和"[SEP]"标记的 id；token_type_ids 表示文本向量层，若输入文本由两个句子拼接而成，字属于第一个句子的，则对应的位置为 0，否则为 1，这里仅有一个句子，故均为 0。attention_mask 表示模型"关注"的输入部分，如果是实际文本内容（包含特殊字符[CLS]和[SEP]），对应的位置则赋值为 1；如果是填充部分，对应的位置则赋值为 0。需要说明的是，BERT 模型实际的网络输入并不是 input_ids、token_type_ids 和 attention_mask 这三个参数，而是字向量、句子向量、位置编码向量求和获得的结果，但是这三个参数是必不可少的。事实上，字向量根据 input_ids 获取，句子向量根据 token_type_ids 获取，而位置编码向量由模型预学习获得。

14.3.3　BERT 输出

针对每个 input_ids 对应的字和特殊字符，BERT 模型输出一个长度为 768 的向量，其中 768 为 BERT 模型隐含层的大小。下面通过示例说明 BERT 模型的详细输出。示例代码如下：

```
from transformers import TFBertModel
import numpy as np
model=TFBertModel.from_pretrained(':/bert-base-chinese')
output=model(token_code,output_hidden_states=True,output_attentions=True)
out1=output['last_hidden_state']  #等同于 output[0]
out2=output['pooler_output']      #等同于 output[1]
out3=output['hidden_states']      #等同于 output[2]
last_hidden_state_arr=np.array(out1)
pooler_output_arr=np.array(out2)
hidden_states_arr=np.array(out3)
CLS_arr=out1_arr[:,0,:]
print(out1_arr.shape)
print(out2_arr.shape)
print(out3_arr.shape)
print(CLS_arr.shape)
```

执行结果如下：

```
(1, 9, 768)
(1, 768)
(13, 1, 9, 768)
(1, 768)
```

其中 last_hidden_state_arr 为最后一个隐含层的输出，它是特征提取的最终结果，也是下游任务输入数据的形态为(batch_size,sequence_length,hidden_size),这里的批量大小（batch_size）为 1，表示只有一个输入句子；序列长度为 input_ids 的长度；768 即为隐含层的大小。pooler_output_arr 是 BERT 模型经过池化操作后得到的输出，其形态为(batch_size,hidden_size)，通常可作为句子级别的表示，用于下游分类任务或句子级别的特征提取。hidden_states_arr 为隐含层的所有输出，一共有 13 层，其中第 1 层为输入嵌入层，其他 12 层为 BERT 模型的层数。CLS_arr 为输入序列首个特殊字符"[CLS]"对应的最后一个隐含层输出，通常用于下游分类任务或句子级别的特征提取。

14.3.4　BERT 特征提取与文本相似度计算

前面介绍到 BERT 模型的输出 pooler_output_arr（即 BERT 模型经过池化操作后得到的输出 pooler_output）和 CLS_arr（即输入序列首个特殊字符 "[CLS]" 对应的最后一个隐含层输出），均可以作为句子级别的特征提取。作为一个例子，我们计算两个句子语义表达的相似度，示例代码如下：

```python
import numpy as np
from transformers import BertTokenizer,TFBertModel
from sklearn.metrics.pairwise import cosine_similarity  # 余弦距离
def similar(text1,text2):
    tokenizer = BertTokenizer.from_pretrained('./bert-base-chinese')
    model=TFBertModel.from_pretrained('./bert-base-chinese')

    input1=tokenizer(text1,return_tensors='tf')
    output1=model(input1)
    pooler_output = output1[0][:,0,:]
    pooler_output_arr1=np.array(pooler_output[0])
    cls_output=output1[1]
    cls_arr1=np.array(cls_output[0])

    input2=tokenizer(text2,return_tensors='tf')
    output2=model(input2)
    pooler_output = output2[0][:,0,:]
    pooler_output_arr2=np.array(pooler_output[0])
    cls_output = output2[1]
    cls_arr2=np.array(cls_output[0])

    sim1=cosine_similarity([pooler_output_arr1, pooler_output_arr2])[0][1]
    sim2=cosine_similarity([cls_arr1,  cls_arr2])[0][1]
    return (sim1,sim2)

text1_1='今天下雨了，地板积水太多，我们就不去打篮球了'
text1_2='今天天公不作美，我们打篮球的计划泡汤了'
res=similar(text1_1,text1_2)
print(res)
```

执行结果如下：

```
(0.88072973, 0.92878765)
```

分别采用 BERT 模型经过池化操作后得到的输出 pooler_output 和采用输入序列首个特殊字符 "[CLS]" 对应的最后一个隐含层输出 cls_output，作为文本提取特征并计算相似度，其结果分别为 0.88072973 和 0.92878765，它们均取得了不错的效果。事实上，pooler_output 是在 cls_output 基础上又经过了一次线性全连接层（激活函数采用 tanh）输出的结果。

14.3.5　BERT 下游微调任务之分类

在 14.3.4 小节中，我们将 BERT 预训练模型作为文本特征提取器，通过提取 cls_output 和 pooler_output 作为文本特征，并进行文本相似度计算。针对序列分类问题，BERT 模型的微调结构为：BERT 预训练模型+全连接线性分类层。在此结构下实现特定下游任务的分类。事实上，这里的 BERT 模型仍然充当特征提取器的角色。假设分类问题是一个 K 分类问题（即 K 个分类标签），输入序列经过 BERT 预训练模型后，提取 cls_output 作为全连接线性分类层的输入特征，其维度是固定的，即 H 维（H=768，即 BERT 模型隐含层大小）。全连接线性分类层的参数大小为 K×H，神经元的激活函数采用 softmax 函数。通过计算输入序列在每个类别中的概率（通过 softmax 函数输出概率值），最终确定其分类的类别。微调的过程是对 BERT 预训练模型和全连接线性分类层的所有参数进行联合优化，以最大化正确标记的概率。

BERT 模型微调实现分类，可以通过 Transformers 中的 TFBertForSequenceClassification 模块来实现。该模块基于 TensorFlow，需安装对应的版本，具体安装流程详见第 14.2 节。以下仅介绍其基本使用结构，详细内容见第 14.3 节。其示例代码如下：

```
from transformers import AutoTokenizer,TFBertForSequenceClassification
import tensorflow as tf
model = TFBertForSequenceClassification.from_pretrained('./bert-base-chinese',
num_labels=3)#三分类问题

#编译与预训练
learning_rate = 2e-5    #学习速率
number_of_epochs = 2    #迭代次数
optimizer    =    tf.keras.optimizers.Adam(learning_rate=learning_rate,epsilon=1e-08,
clipnorm=1)  #优化器
loss = tf.keras.losses.SparseCategoricalCrossentropy(from_logits=True)#损失函数
metric = tf.keras.metrics.SparseCategoricalAccuracy('accuracy')          #评估函数
model.compile(optimizer=optimizer, loss=loss, metrics=[metric])
bert_history = model.fit(train_encoded, epochs=number_of_epochs, validation_data=
val_encoded) #训练模型

model.evaluate(test_encoded) #对测试集进行评估
```
这里的 train_encoded、val_encoded、test_encoded 分别表示特定任务的训练集、验证集和测试集。

14.3.6　BERT 下游微调任务之问答

问答任务的微调与序列分类存在较大差别。输入形式为问题和段落被合并成一个单一序列，问题中的字使用 A 嵌入，而段落中的字使用 B 嵌入，通过句子向量来区分哪些字属于问题，哪些字属于段落。微调过程中主要有两个参数需要优化：第一个参数为开始向量 S（表示答案在段落中的开始位置向量，维度 H=768）；第二个参数为结束向量 E（表示答案在段落中的结束位置向量，维度 H=768）。记第 i 个输入单词在 BERT 最终隐含层的输出向量为 T_i（维度 H=768），则第 i 个词作为答案在段落中的开始位置的概率为：

$$P_i = \frac{e^{T_i.S}}{\sum_j e^{T_j.S}}$$

同理，第 j 个单词作为答案在段落中的结束位置的概率为：

$$P_j = \frac{e^{T_j.S}}{\sum_i e^{T_i.S}}$$

一个候选答案的范围从位置 i 到位置 j（其中 j>=i）的得分定义为起始位置 i 的得分加上结束位置 j 的得分，即：

$$score_{ij} = S.T_i + E.T_j$$

得分最高的范围被用作预测的答案范围。

训练的目标是最大化正确开始和结束位置的对数似然之和。需要注意的是，在问答任务中，问题和段落被合并为一个序列作为输入，而答案一定存在于段落中。问答任务可以理解为预测问题的答案在段落中的开始和结束位置。一旦确定了开始和结束位置，答案就找到了。需要注意的是，这里的答案是从段落中寻找，而非重新生成文本。

BERT 模型微调实现问答功能，可以通过 Transformers 库中的 TFAutoModelForQuestionAnswering 模块来实现。该模块基于 TensorFlow，使用前需要安装对应的版本，具体安装流程详见第 14.2 节。以下仅介绍其基本使用结构，示例代码如下：

```
from transformers import AutoTokenizer,TFAutoModelForQuestionAnswering
import tensorflow as tf
model = TFAutoModelForQuestionAnswering.from_pretrained('./bert-base-chinese')

#编译与预训练
learning_rate = 2e-5    #学习速率
number_of_epochs = 1    #迭代次数
optimizer       =       tf.keras.optimizers.Adam(learning_rate=learning_rate,epsilon=1e-08,
clipnorm=1)   #优化器
loss = tf.keras.losses.SparseCategoricalCrossentropy(from_logits=True)#损失函数
metric = tf.keras.metrics.SparseCategoricalAccuracy('accuracy')          #评估函数
model.compile(optimizer=optimizer, loss=loss, metrics=[metric])
bert_history = model.fit(train_encoded, epochs=number_of_epochs, validation_data=
val_encoded) #训练模型
model.evaluate(test_encoded) #对测试集进行评估
```

这里的 train_encoded、val_encoded、test_encoded 分别表示特定任务的训练集、验证集和测试集。

14.3.7   BERT 下游微调模型保存与加载

使用普通个人电脑进行 BERT 模型的下游微调任务时，通常需要消耗一定的时间，比如几个小时是常见的。因此，微调模型的保存和加载是一个非常重要的工作。下面我们介绍其保存与加载的方法。示例代码如下：

```
save_path='./save_model'                        #保持模型的文件夹，可自动创建
tokenizer.save_pretrained(save_path)            #编码器也需要一起保持
model.save_pretrained(save_path)                #保持模型
```

保存成功后，加载模型的方法很简单，可参考 bert-base-chinese 预训练模型的加载和使用方法。以微调分类任务为例，代码如下：

```
from transformers import TFBertForSequenceClassification
import tensorflow as tf
from transformers import AutoTokenizer
tokenizer = AutoTokenizer.from_pretrained('./save_news')
model = TFBertForSequenceClassification.from_pretrained('./save_news')
```

14.4 应用案例 1: 基于 BERT 模型的上市公司新闻标题情感分类

14.4.1   案例介绍

基于爬取的上市公司新闻标题数据，使用 BERT 模型进行微调，实现对新闻标题的情感调性进行分类识别。现有爬取的 35287 条新闻标题数据，通过人工标注的方式确定情感调性（积极、中性、消极），以此作为训练数据集，构建基于 BERT 的微调模型，并对 1322 条新闻标题测试数据集预测其情感调性。相关训练集和测试集的表结构信息如表 14-1 和表 14-2 所示。

应用案例 1

表 14-1   上市公司新闻标题训练数据集

情感调性	标题	来源
积极	日照港物流区块链平台上线	大众日报
积极	【申万宏源中小盘周观点】调整继续,持续看好调整企稳后的优质个股	新浪
积极	依米康未来 3—5 年 "成长无休" 获 200 亿 IDC 机房总包服务	新浪财经
中性	云图控股监事曾桂菊辞职仍在公司担任其他职务	华北强电脑网
消极	双林股份总经理顾笑映因个人原因辞职	华北强电脑网
……	……	……

表 14-2　上市公司新闻标题测试数据集

标题	来源
长安汽车获重庆市财政补贴 7225 万元|长安汽车_新浪新闻	新浪新闻
天津市河北区抽检 142 批次食用农产品样品 全部合格	中国质量新闻网
重庆市市场监督管理局:27 批次食用农产品不合格	中国质量新闻网
天齐锂业启动配股发行降低财务负债 产能、业绩提升有潜力	东方财富网
深度|奥马电器资本账单:没有输家的败局	平点经济
……	……

14.4.2　BERT 模型输入参数及分类标签构造

对训练数据集的每一条上市公司新闻标题文本，经过 tokenize 分词，获得其 input_ids、token_type_ids、attention_mask 3 个 BERT 输入参数的表示，并分别用列表保存起来。同时，将情感调性转换为数值表示，即"积极→0"，"中性→1"，"消极→2"。示例代码如下：

```
import pandas as pd
from transformers import AutoTokenizer

#定义 BERT 模型输入参数及分类标签存储的列表
input_ids_list=[]
token_type_ids_list=[]
attention_mask_list=[]
label_list=[]

data=pd.read_excel('./新闻标题训练数据.xlsx')

#使用 AutoTokenizer, 能自动适配到 BERT, 等同于 BertTokenizer
tokenizer = AutoTokenizer.from_pretrained('./bert-base-chinese')
for i in range(len(data)):
    #对每条新闻标题文本操作, 返回普通列表, 不返回 tf 张量
    tokenized_example = tokenizer(
                        data.iloc[i,1],
                        add_special_tokens = True,    #允许增加 CLS 和 SEP 字符
                        max_length = 40,              #指定最大长度
                        pad_to_max_length = True,     #不足长度, 允许填充 PAD
                        return_attention_mask = True,
                        )

    input_ids_list.append(tokenized_example["input_ids"])
    token_type_ids_list.append(tokenized_example["token_type_ids"])
    attention_mask_list.append(tokenized_example["attention_mask"])

    #对分类标签进行数值化
    if data.iloc[i,0]=='积极':
        label_list.append(0)
    elif data.iloc[i,0]=='中等':
        label_list.append(1)
    else:
        label_list.append(2)
```

执行结果如图 14-6 所示。

从图 14-6 中可以看出，我们获得了 input_ids、token_type_ids、attention_mask 这 3 个 BERT 输入参数表示的嵌套列表，长度为 35287，即训练样本的个数。嵌套列表中的每个元素为一个列表，即对应训练样本的 BERT 输入参数表示。类别标签列表的长度也是 35287，其值转换为 0、1、2，表示 3 种情感调性。

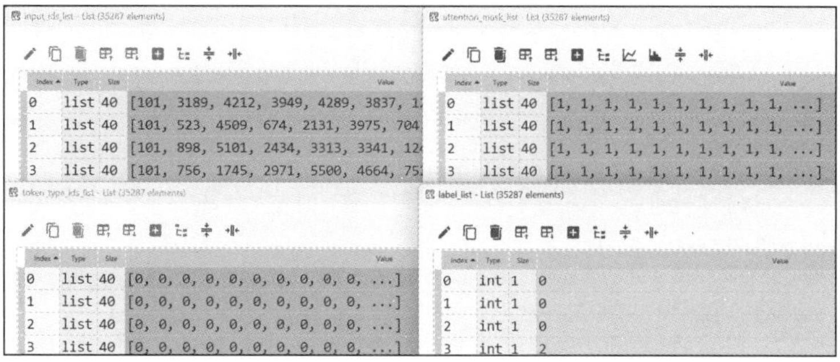

图 14-6

14.4.3 BERT 微调模型的训练集、验证集和测试集构造

将上一小节构造的输入参数表示列表和分类标签列表进一步转换为 TensorFlow 深度学习框架支持的 tf.data.Dataset 数据类型，并设置模型训练的批量大小 batch_size=20。同时，对训练数据集进行一定数量的缓存（取 10000 条记录），以提高训练速度。这里我们取原始数据集的前 25000 条记录作为微调模型的训练集，25000～30000 条记录作为验证集，剩下的记录作为测试集。示例代码如下：

```
#定义一个 Dataset 数据类型的字典映射函数
def map_example_to_dict(input_ids, attention_masks, token_type_ids, label):
    return {
      "input_ids": input_ids,
      "token_type_ids": token_type_ids,
      "attention_mask": attention_masks,
      'labels':label
    }


#构建微调模型的训练集、验证集和测试集
import tensorflow as tf
tr_dataset=tf.data.Dataset.from_tensor_slices((input_ids_list[:25000],
                                    attention_mask_list[:25000],
                                    token_type_ids_list[:25000],
                            label_list[:25000])).map(map_example_to_dict)

val_dataset=tf.data.Dataset.from_tensor_slices((input_ids_list[25000:30000],
                                    attention_mask_list[25000:30000],
                                    token_type_ids_list[25000:30000],
label_list[25000:30000])).map(map_example_to_dict)

test_dataset=tf.data.Dataset.from_tensor_slices((input_ids_list[30000:],
                                    attention_mask_list[30000:],
                                    token_type_ids_list[30000:],
                            label_list[30000:])).map(map_example_to_dict)
#为训练集、验证集、测试集设置训练的批量大小
batch_size=20
train_encoded = tr_dataset.shuffle(10000).batch(batch_size)
val_encoded = val_dataset.batch(batch_size)
test_encoded = test_dataset.batch(batch_size)
```

14.4.4 BERT 微调模型编译、训练与保存

我们在第 14.3.5 小节和第 14.3.7 小节中已经对分类任务的微调模型训练及保存进行了介绍，这里给出示例代码如下：

```
from transformers import TFBertForSequenceClassification
import tensorflow as tf
model    =    TFBertForSequenceClassification.from_pretrained('./bert-base-chinese',
```

```
num_labels=3) #三分类问题

#编译与预训练
learning_rate = 2e-5    #学习速率
number_of_epochs = 2    #迭代次数
optimizer    =    tf.keras.optimizers.Adam(learning_rate=learning_rate,epsilon=1e-08,
clipnorm=1)  #优化器
loss = tf.keras.losses.SparseCategoricalCrossentropy(from_logits=True)    #损失函数
metric = tf.keras.metrics.SparseCategoricalAccuracy('accuracy')           #评估函数
model.compile(optimizer=optimizer, loss=loss, metrics=[metric])
bert_history = model.fit(train_encoded, epochs=number_of_epochs, validation_data=
val_encoded)  #训练模型
model.evaluate(test_encoded) #对测试集进行评估
save_path='./save_model'              #保持模型的文件夹, 可自动创建
tokenizer.save_pretrained(save_path)  #编码器也需要一起保持
model.save_pretrained(save_path)      #保持模型
```

14.4.5　BERT 微调模型加载及应用

加载微调后的模型及 tokenizer，调用该模型即可对预测样本集进行预测。示例代码如下：

```
from transformers import AutoTokenizer,TFBertForSequenceClassification
import tensorflow as tf
import pandas as pd
import numpy as np


tokenizer = AutoTokenizer.from_pretrained('./save_model') #加载微调后的 tokenizer
#加载微调后的 model
model = TFBertForSequenceClassification.from_pretrained('./save_model')
data=pd.read_excel('./新闻标题预测数据.xlsx') #读取预测集
res=[]#预定义列表, 用于存放预测结果
for i in range(len(data)):
    #获得每个预测集样本的 BERT 模型输入参数
    inputs = tokenizer.encode_plus(data.iloc[i,0], add_special_tokens=True,
                            return_tensors="tf")
    #调用加载的微调模型, 并对预测样本进行预测, 返回预测结果
    outputs=model(inputs)
    r = tf.argmax(outputs.logits, axis=1)
    #print(outputs.logits),shape=(1, 3)的张量, 取其最大值的下标位置即为预测类别
    r=np.array(r)
    res.append(r[0])
```

执行结果如图 14-7 所示。

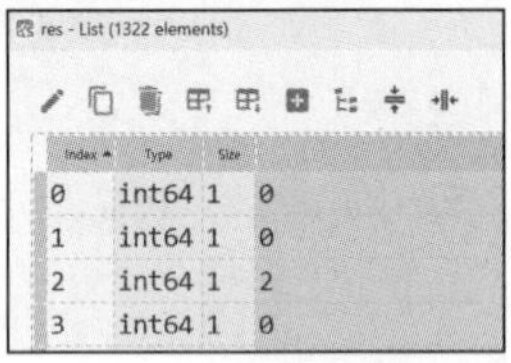

图 14-7

14.5　应用案例 2：DeepSeek-V3/R1 应用实例

前面介绍了 BERT 大语言模型的基础知识和分类应用案例，它属于早期的开源大语言模型。这里介绍主流热门的开源大模型应用实例，即 DeepSeek-V3 和 DeepSeek-R1 模型。这两个模型由杭州深度求索公司分别于 2023 年 12 月和 2024 年 1 月发布，是优秀的大语言模型，并得到了全球的广泛关注和热烈讨论。本文主要介绍其基于 Python SDK 的 API 使用方法。

应用案例 2

14.5.1　DeepSeek Python SDK 与 OpenAI 接口包安装

登录 DeepSeek 官网，完成注册后，进入 API 开放平台，创建 API Keys。如图 14-8 所示，

"sk-df71b*******************1306" 即为创建的 Key。

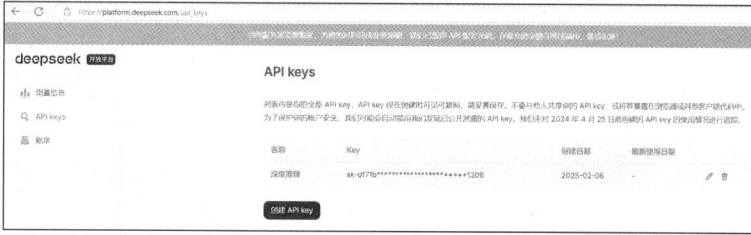

图 14-8

由于 DeepSeek API 使用与 OpenAI 兼容的 API 格式，因此需要安装 OpenAI 接口包。可以通过运行 pip install 命令进行安装，如图 14-9 所示。

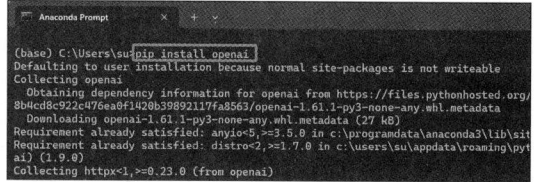

14.5.2　DeepSeek-V3 调用实例

下面给出 Python 利用 OpenAI 接口调用 DeepSeek-V3 模型的应用实例。示例代码如下：

图 14-9

```python
from openai import OpenAI

client = OpenAI(api_key="sk-df71b*******************1306",
                base_url="https://api.deepseek.com")

qa='''
我是一位偏远地区师范院校的数据科学与大数据专业学生,
对就业感到比较迷茫,请给出具体建议,希望直接给出诚恳的回答
'''
response = client.chat.completions.create(
    model="deepseek-chat",
    messages=[
        {"role": "system", "content": qa},
        {"role": "user", "content": "Hello"},
    ],
    stream=False
)
print(response.choices[0].message.content)
re=response.choices[0].message.content
```

执行结果如图 14-10 所示。

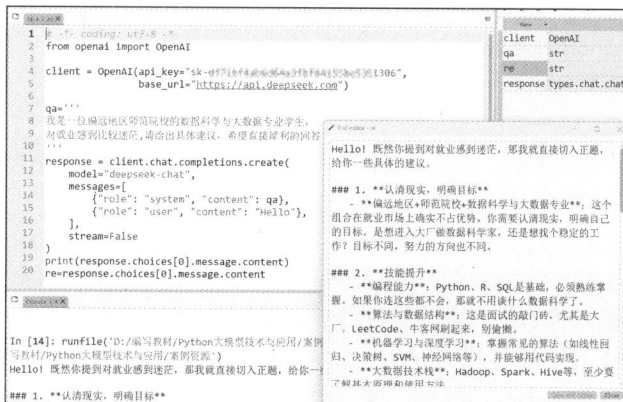

图 14-10

14.5.3 DeepSeek-R1 调用实例

根据官方网站的提示，在使用 DeepSeek-R1 模型前，请先升级 OpenAI SDK 以支持新参数。升级 OpenAI SDK 的命令如图 14-11 所示。

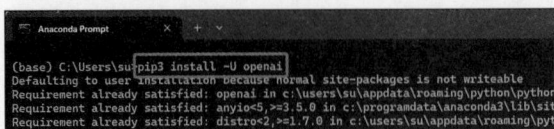

图 14-11

下面给出 Python 利用 Openai 接口，调用 DeepSeek-R1 模型的应用实例。这里给出官网的示例，代码如下：

```python
from openai import OpenAI
client = OpenAI(api_key="sk-df71b********************1306",
               base_url="https://api.deepseek.com/v1")

qa="9.11 and 9.8, which is greater?"
messages = [{"role": "user", "content":qa}]
response = client.chat.completions.create(
    model="deepseek-reasoner",
    messages=messages
)

reasoning_content = response.choices[0].message.reasoning_content
content = response.choices[0].message.content
```

执行结果如图 14-12 所示。

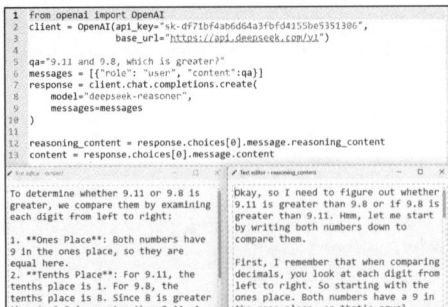

图 14-12

需要注意的是，"deepseek-chat"模型，即 DeepSeek-V3，返回结果中是没有推理属性的，也就是 reasoning_content 这个内容不存在。

14.6 应用案例 3：百度千帆大模型平台及应用实例

前面介绍了基础的开源大语言模型 BERT 和热门的开源大模型 DeepSeek-V3 和 DeepSeek-R1。这里简单介绍企业级的大模型平台应用案例，即百度智能云千帆大模型平台应用案例。根据官网介绍，百度智能云千帆大模型平台是文心大模型企业级服务的唯一入口，是一站式企业级大模型平台，提供先进的生成式 AI 生产及应用全流程开发工具链。本节重点介绍百度文心系列的 ERNIE Speed 大语言模型，以及千帆平台接入的图生文 Fuyu-8B 开源模型和文生图 Stable-Diffusion-XL 开源模型。

应用案例 3

14.6.1 千帆平台 Python SDK 安装

针对百度智能云千帆大模型平台，官方推出了一套 Python SDK，方便用户通过代码进行接入和调用千帆大模型平台。安装 Python SDK 非常简单，可直接通过 pip install qianfan 命令完成，要求 Python3.7 及以上版本。图 14-13 所示为基于 Anaconda(Python3.11)的 Prompt 安装界面。

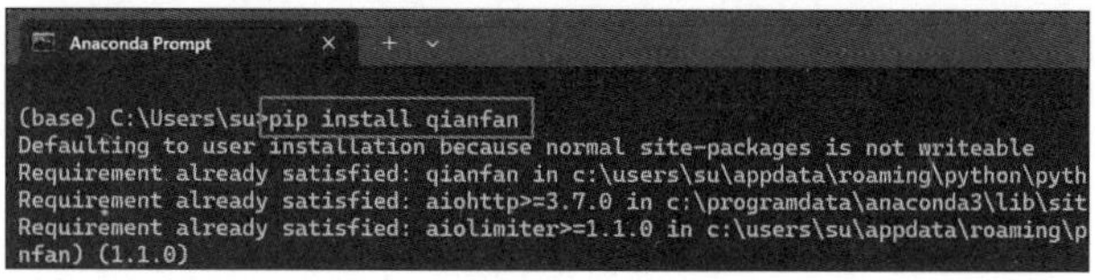

图 14-13

14.6.2 千帆平台安全认证 AK/SK 鉴权

在获取安全认证 AK/SK 鉴权之前，需要先注册并登录百度智能云千帆控制台，单击"用户账号→安全认证"进入 Access Key 管理界面。如果尚未创建 Access Key，可单击"创建 Access Key"按钮，如图 14-14 所示。更多操作可参考官网介绍。

图 14-14

14.6.3 文心大语言模型应用实例

如图 14-14 所示，Access Key 和 Secret Key 为安全认证的字符串，在调用程序中分别对应 os.environ["QIANFAN_ACCESS_KEY"]和 os.environ["QIANFAN_SECRET_KEY"]的值。调用文心大语言模型的实例如图 14-15 所示，其中"qa"为向大模型提问或交互的问题，resp 为返回的结果集，通过"body"和"result"关键字返回具体的结果。

图 14-15

调用文心大语言模型的示例代码如下：

```python
import os
import qianfan
os.environ["QIANFAN_ACCESS_KEY"] = "..."
os.environ["QIANFAN_SECRET_KEY"] = "..."
chat_comp = qianfan.ChatCompletion()
'''
目前免费使用的文心系列模型：ERNIE-Speed、ERNIE-Lite、ERNIE-Tiny
比如：ERNIE-Speed-8K、ERNIE-Lite-8k、ERNIE-Tiny-8K
'''
qa='介绍一下百度千帆大模型'
resp = chat_comp.do(model="ERNIE-Speed-8K", messages=[{
    "role": "user",
    "content": qa
}])

ans=resp['body']['result']
print(ans)
```

14.6.4　千帆平台接入的 Fuyu-8B 模型应用实例：图生文

Fuyu-8B 是一个免费使用的开源图像理解多模态大模型，它根据输入的文本提示，对图像进行理解并返回结果，如图 14-16 所示。

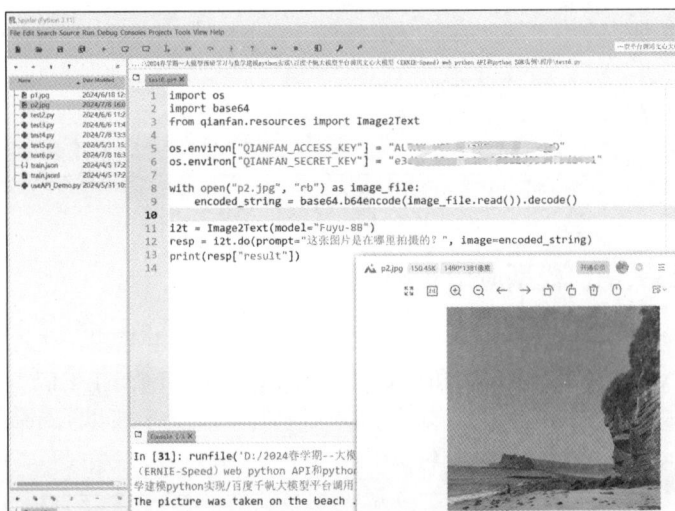

图 14-16

Fuyu-8B 模型应用的示例代码如下：

```python
import os
import base64
from qianfan.resources import Image2Text

os.environ["QIANFAN_ACCESS_KEY"] = "..."
os.environ["QIANFAN_SECRET_KEY"] = "..."

with open("p2.jpg", "rb") as image_file:
    encoded_string = base64.b64encode(image_file.read()).decode()

i2t = Image2Text(model="Fuyu-8B")
resp = i2t.do(prompt="这张图片是在哪里拍摄的？", image=encoded_string)
print(resp["result"])
```

14.6.5　千帆平台接入的 Stable-Diffusion-XL 模型应用实例：文生图

Stable-Diffusion-XL 是一种开源的文生图多模态大模型，它能够根据输入的文本提示，生成含义相近的图片。针对该模型，平台会收取少量费用。应用示例如图 14-17 所示。

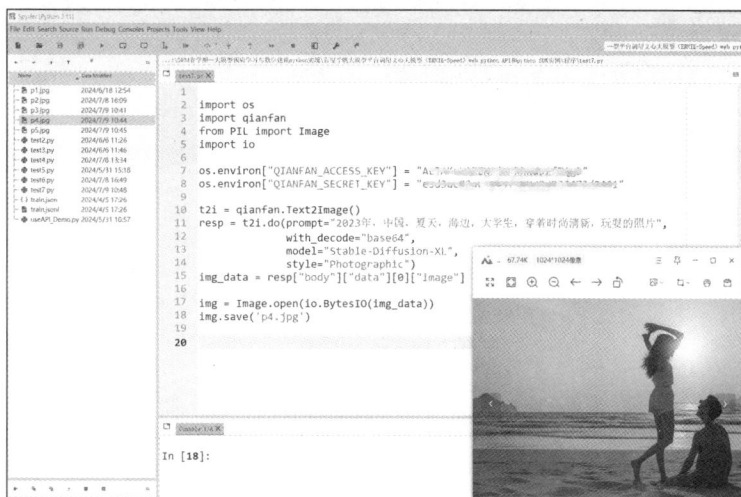

图 14-17

Stable-Diffusion-XL 模型应用示例代码如下：

```python
import os
import qianfan
from PIL import Image
import io

os.environ["QIANFAN_ACCESS_KEY"] = "…"
os.environ["QIANFAN_SECRET_KEY"] = "…"

t2i = qianfan.Text2Image()
resp = t2i.do(prompt="2023 年，中国，夏天，海边，大学生，穿着时尚清新，玩耍的照片",
        with_decode="base64",
        model="Stable-Diffusion-XL",
        style="Photographic")
img_data = resp["body"]["data"][0]["image"]

img = Image.open(io.BytesIO(img_data))
img.save('p4.jpg')
```

14.7　应用案例 4：基于大模型的 AI 作画与 Streamlit Web 可视化应用开发

本节基于百度千帆平台接入的 Stable-Diffusion-XL 多模态大模型和 Streamlit 框架，开发一个 AI 在线作画的 Web 可视化应用。

应用案例 4

14.7.1　Streamlit 开发环境搭建

Streamlit 是一个基于 Python 的开源 Web 工具库，专注于数据科学和机器学习模型的原型 Web 应用高效开发。它不需要了解 HTML、CSS 和 JavaScript 等前端知识，可通过 pip install

工具来安装，如图 14-18 所示。

由于 Streamlit 是使用 Anaconda Prompt 命令行运行的，需要设置该应用的环境变量，系统才能识别 Streamlit 执行的命令，如图 14-19～图 14-21 所示。

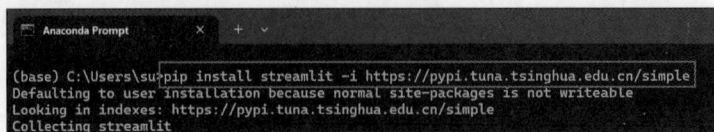

图 14-18

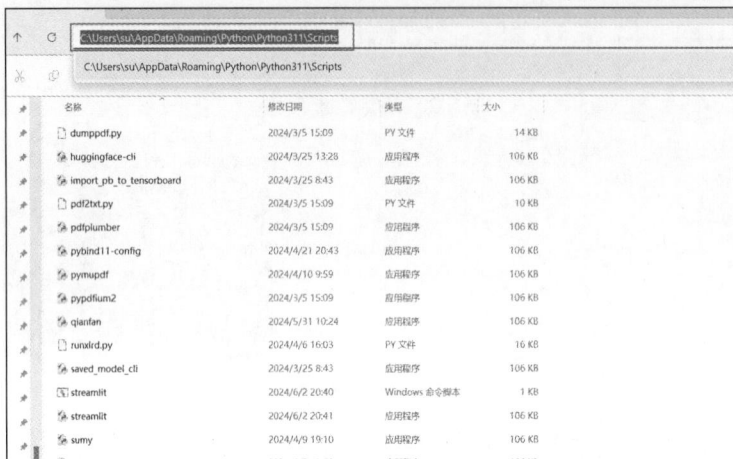

图 14-19

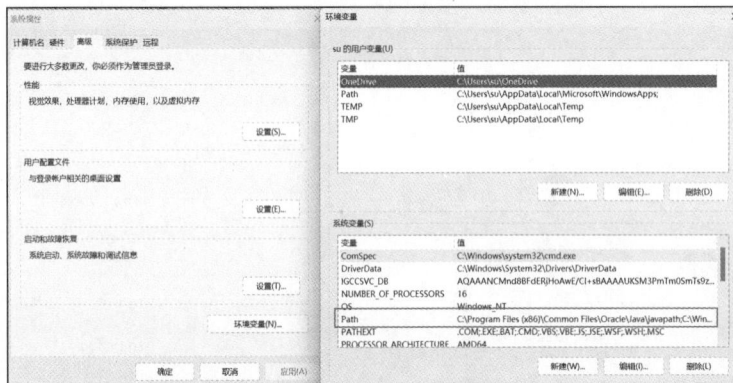

图 14-20

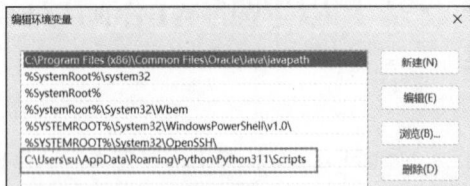

图 14-21

14.7.2 主体页面设计

主体页面包括两个页面，分别为"应用简介"和"AI 绘画"。其中，"应用简介"页面主要介绍总体技术点和功能，"AI 绘画"页面主要介绍 AI 作画的具体细节。同时在"请选择页面"上方设置一个图片 Logo。两个页面的演示效果如图 14-22 和图 14-23 所示。

图 14-22

图 14-23

14.7.3 主体页面程序实现

基于页面设计，首先配置两个页面的标题均为"AI 绘画"，布局方式均为"水平布局"；其次通过下拉选择框的方式，实现两个页面的选择；最后，对每个选择的页面，分别设置相应的布局元素，即第一个页面（应用简介）设置标题、章节名称和标记文本，第二个页面（AI 绘画）设置章节名称、标记文本、用户文本输入框、用户下拉选择框和一个用户单击按钮。当用户单击这个按钮时，即会触发绘画事件。这个事件中，我们单独定义了一个函数 AI_drawing，通过执行这个函数返回绘图结果，并设置一个图像展示元素。示例代码如下：

```
import streamlit as st
# 设置页面的标题、图标和布局
st.set_page_config(
    page_title="AI 绘画",  # 页面标题
    layout='wide',
)
# 使用侧边栏实现多页面效果
with st.sidebar:
```

```
        st.image('images\logo.jpg', width=100)
        st.title('请选择页面')
        page = st.selectbox("请选择页面", ["应用简介", "AI 绘画"],
                            label_visibility='collapsed')

if page == "应用简介":
    st.title("AI 绘画应用:shark:")
    st.header('技术介绍')
    st.markdown("""基于百度千帆大模型平台接入的开源多模态大模型 Stable-Diffusion-XL,
                通过文生图实现 AI 绘画。""")

elif page == "AI 绘画":
    st.header("AI 绘画")
    st.markdown("""输入提示词文本和选择样式,
                即可利用多模态大模型 Stable-Diffusion-XL 文生图技术实现 AI 绘画,
                请开始您的 AI 绘画之旅吧。""")
    text=st.text_input("用一段文字描述您的绘画需求:")
    style_dict={'基础风格':'Base',
                '3D 模型':'3D Model',
                '模拟胶片':'Analog Film',
                '动漫':'Anime',
                '电影':'Cinematic',
                '漫画':'Comic Book',
                '工艺黏土':'Craft Clay',
                '数字艺术':'Digital Art',
                '增强':'Enhance',
                '幻想艺术':'Fantasy Art',
                '等距风格':'Isometric',
                '线条艺术':'Line Art',
                '低多边形':'Lowpoly',
                '霓虹朋克':'Neonpunk',
                '折纸':'Origami',
                '摄影':'Photographic',
                '像素艺术':'Pixel Art',
                '纹理':'Texture'}
    style_key = st.selectbox('选择样式: ', list(style_dict.keys()))
    style=style_dict[style_key]
    if st.button('点击绘图'):
        img=AI_darwing(text,style)
        st.image(img, width=300)
```

14.7.4 绘图事件函数定义

上一节介绍了一个绘图事件函数 AI_drawing,这个函数是用于调用百度千帆大模型平台的多模态大模型 Stable-Diffusion-XL 通过文本生成图像实现绘画。在 14.5.5 小节,通过指定的 prompt 和 style,实现了 AI 作图。这里将 prompt 和 style 设置为参数,分别通过用户输入和用户下拉选择获取其参数值,其函数定义如下:

```
def AI_darwing(text,sty):
    import os
    import qianfan
    from PIL import Image
    import io
    os.environ["QIANFAN_ACCESS_KEY"] = "..."
```

```
os.environ["QIANFAN_SECRET_KEY"] = "..."
if len(text)>0:
    t2i = qianfan.Text2Image()
    resp = t2i.do(prompt=text,
                with_decode="base64",
                model="Stable-Diffusion-XL",
                style=sty)
    img_data = resp["body"]["data"][0]["image"]
    img = Image.open(io.BytesIO(img_data))
return img
```

14.7.5 本地开发

在计算机本地项目文件夹中有一个 test.py 文件和一个文件夹 images，其中 test.py 文件为主程序文件，images 文件夹下有一张 Logo 图片。通过 Spyder 集成开发环境打开，主程序和文件夹详情等信息如图 14-24 所示。

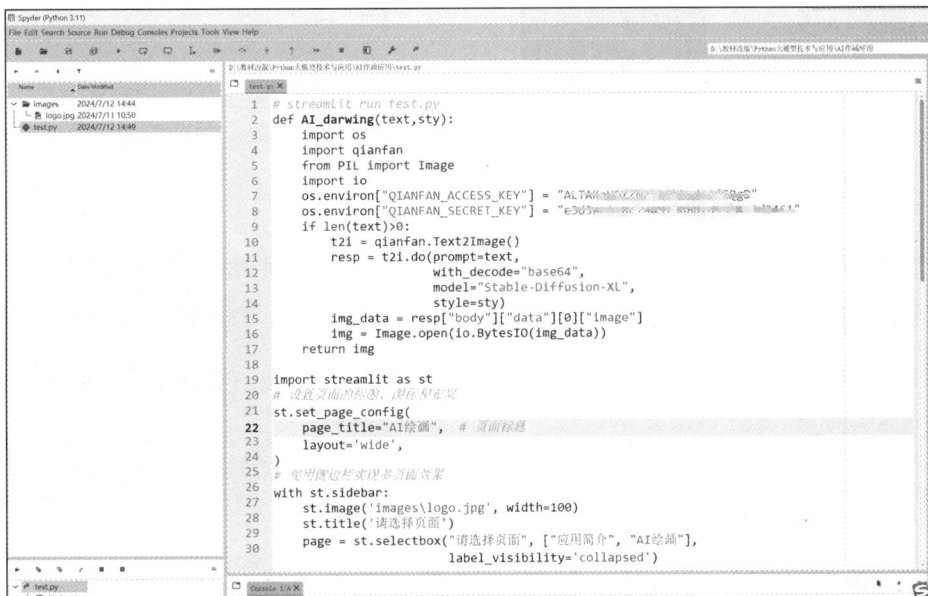

图 14-24

通过 Anaconda Prompt 命令执行该应用。由于涉及读取本地 Logo 图片相关文件，建议切换到当前项目文件目录下再执行，如图 14-25 所示。

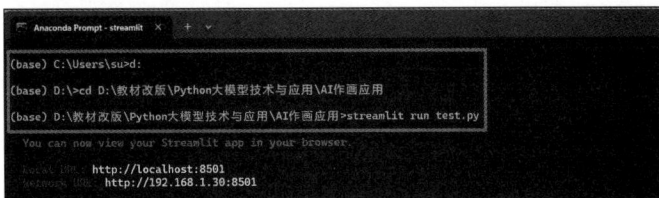

图 14-25

执行完成后，会弹出一个本地网页，这时就可以实现 AI 作画了。如图 14-26 所示。从"请选择页面"中选择"应用简介"，可以了解本应用的基本技术要求和功能。从"请选择页面"中选择"AI 作画"页面，输入需求描述和绘图风格，单击"点击绘图"按钮，即可查看 AI 作画的效果。

图 14-26

14.7.6　Streamlit Web 应用部署

这里介绍基于百度飞桨 AI Studio 星河社区在线实例进行部署。部署之前需要登录社区并完成注册。通过搜索"百度飞桨 AI Studio 星河社区"进入官网，按照提示完成注册即可。下面介绍在线实例部署的详细步骤。

登录百度飞桨 AI Studio 星河社区官网，选择左侧的"项目"选项，然后单击"创建项目"按钮，选择"在线实例"，如图 14-27 所示。

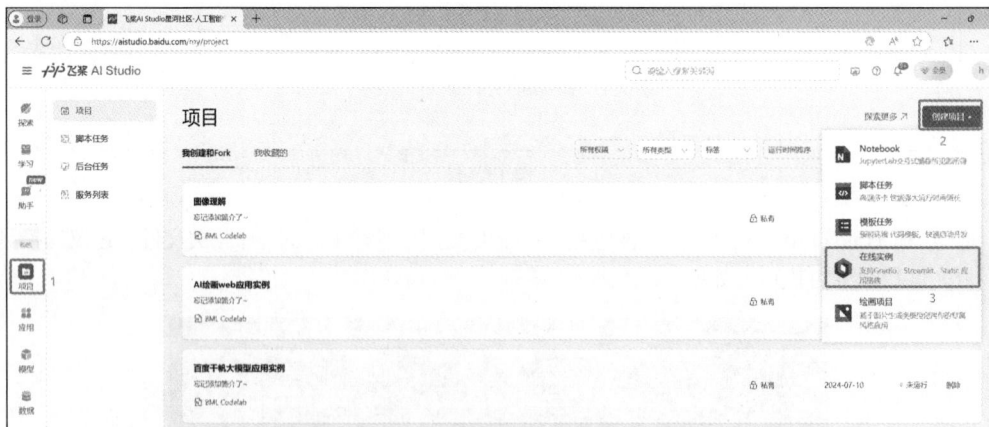

图 14-27

开发方式选择 Streamlit 和对应版本，并对应用进行命名。按照如图 14-28 所示的 4 个步骤完成后，点击"创建"，即可进入项目的云文件空间。

云文件空间相当于一个云项目文件夹，需要将本地开发所需的程序文件和项目相关的其他文件上传到这里。如图 14-29 所示，通过上传本地文件，可以将本地开发的所有文件全部上传到了云项目文件夹中。需要注意的是，上传的本地文件大小不能超过 1MB。如果文件超过限定大小，则需要通过专业的文件传输工具（如 Git）实现，这里不再赘述。

图 14-28

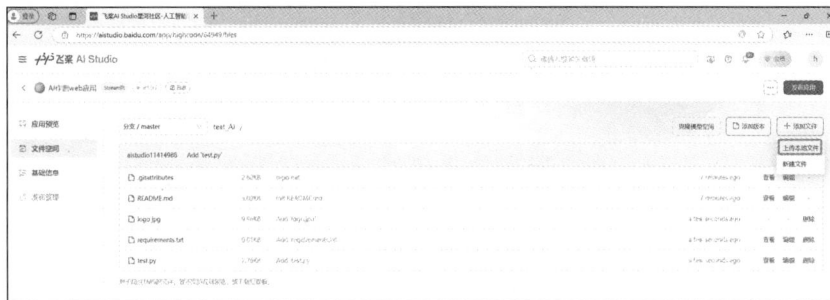
图 14-29

云项目文件夹中有一个 requirements 文件，它是用来指定当前环境以外的 Python 依赖项。一般来说，云环境只安装了基本的工具，一些特殊用途的 Python 包没有安装，例如这里的千帆 Python SDK。因此，需要在 requirements 文件中进行指定，其文件内容如图 14-30 所示。

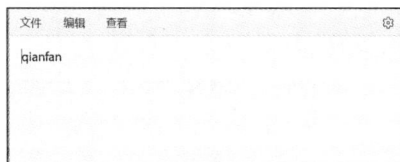
图 14-30

另外需要注意云文件空间中的".py"程序文件涉及文件路径读取，一律使用绝对路径。可通过系统命令来获取文件的绝对路径。本例中的"test.py"涉及读取"logo.jpg"，其路径修改如图 14-31 所示。

图 14-31

项目所需文件全部上传，并且所有文件都编辑完成之后，单击右上角的"发布应用"按钮，按照提示要求完成配置，即可完成 Streamlit Web 应用的发布。在发布过程中，有两个步骤需要注意，第一个是"添加版本"，在页面中添加好版本即可；第二个是"执行文件"，选择"test.py"文件。发布完成之后，可以在"应用预览"中运行该应用，也可以将该应用设置为公开，以便更多的用户可以体验您的应用，如图 14-32 所示。

图 14-32

本章练习

1. 百度 AI 开放平台上提供了上万个开放数据集，覆盖计算机视觉、自然语言处理、推荐系统、机器学习等领域。如图 14-33 所示为其官方网站截图，请从中选择一个与文本分类相关的数据集，构建基于 BERT 的分类模型。

图 14-33

2. 调用百度千帆大模型平台的文心大语言模型，开发一个对话聊天的 Web 应用，并基于百度飞桨 AI Studio 星河社区的在线实例开发平台进行 Web 部署。

附录　线上实验指导

线上实验是基于头歌实践教学平台开发的在线实践课程，在官网注册后，可使用该课程资源。课程集电子教材、视频、实验、在线编程环境、教学与实验管理于一体，游戏式实验闯关设计，支持手机、电脑等终端，可用于混合式或 SPOC 课堂等多种形式教学。

下面主要介绍如何利用该课程的实验资源开展教学。

首先将鼠标放在课程首页右上方头像右侧的向下箭头位置，选择"我的教学课堂"，在弹出的页面中选择"新建教学课堂"，即可创建自己的 SPOC 教学课堂，如附图 1 所示。

附图 1　新建教学课堂

其次是如何将本课程资源发送至创建好的课堂，以创建好的课堂"大数据分析实践--信本 191"为例。在课程首页右上角的位置，单击"发送至"，即可弹出可选课堂列表，如图附 2 所示。附图 2 显示，将第 9 章的课程视频和实训内容（在线实验闯关）发送至该课堂。

附图 2　发送课程资源至教学课堂

最后是基于 SPOC 课堂的"实验驱动、精准施教"，即可以随时随地通过手机或电脑将视频或实训（在线实验关卡）发送给学生。学生可随时随地在有网络的地方，使用手机或电脑开展在线实验闯关。附图 3 所示为本课堂首页。

附图 3　SPOC 课堂首页

单击实验关卡名称，即可进入实验详情页面，其中包括实验设置、代码查重、学生作品的重复率及具体与哪些同学重复的情况、学生成绩及相关数据的导出（如实验是否通关、实验耗时、实验开始时间、实验完成时间、测评次数等）。基于这些实验行为数据，可以较为客观、全面地评价学生的实验执行情况。同时，实验行为数据均为实时反馈，能够较准确地掌握每位同学的实验情况，从而开展精准帮扶，如图附图 4～附图 7 所示。

附图 4　实验实时反馈页面

通关时间	最新完成关卡	最后完成时间	本实训总耗时	总评测次数	第1关开始时间	第1关完成时间	第1关状态	第1关评测次数
2022-04-07 23:14	4/4	2022-04-07 23:14	1小时 59分钟 57秒	20	2022-04-07 21:12	2022-04-07 22:46	通过评测	9
--	2/4	--	36分钟 26秒	5	2022-04-07 19:26	2022-04-07 19:49	通过评测	2
--	2/4	--	16分钟 1秒	7	2022-04-07 19:10	2022-04-07 19:28	通过评测	3
--	1/4	--	45分钟 31秒	10	2022-04-07 18:49	2022-04-07 19:36	通过评测	10
--	0/4	--	--	5	2022-04-07 23:17	--	已开启	5
--	2/4	--	27分钟 7秒	7	2022-04-07 21:28	2022-04-07 22:21	通过评测	6
--	1/4	--	2小时 1分钟 1秒	2	2022-04-07 18:56	2022-04-07 20:57	通过评测	2
--	2/4	--	21分钟 15秒	5	2022-04-07 18:56	2022-04-08 08:40	通过评测	2
--	0/4	--	--	0	2022-04-07 19:01	--	已开启	0
--	2/4	--	21小时 34分钟 14秒	2	2022-04-07 19:02	2022-04-08 16:23	通过评测	1

附图 5　实验行为数据导出部分关键字段

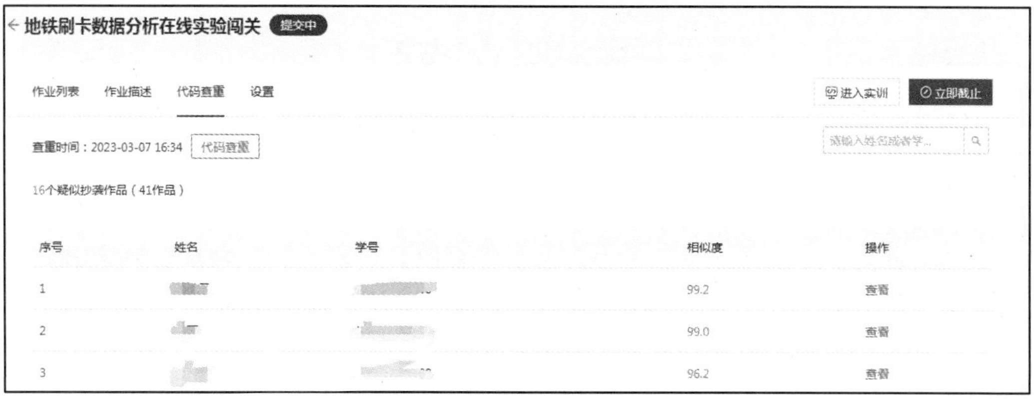

附图 6　代码查重总体情况

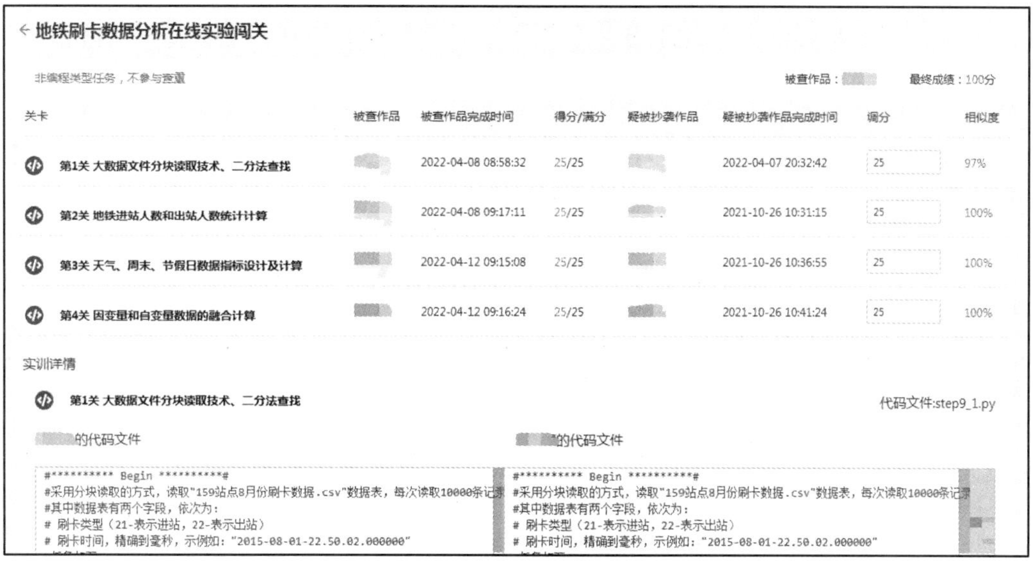

附图 7　代码查重详细情况

　　本课程提供了若干在线实验关卡，基本上对教材内容进行了实验化重构，可开展基于实验驱动的实践教学。基于线上平台开展实验教学，能够收集完整、详细的实验行为数据，实现实验教学过程的数字化管理。同时基于这些实验行为数据，可以较好地开展教学研究，获得高质量的教学创新成果。

参考文献

[1] Jiawei Han, Micheline Kamber. 数据挖掘：概念与技术［M］. 范明，孟小峰，译. 2 版. 北京：机械工业出版社，2017.

[2] 吴礼斌，李柏年，张孔生，等. MATLAB 数据分析方法［M］. 北京：机械工业出版社，2012.

[3] 黑马程序员. Python 快速编程入门［M］. 北京：人民邮电出版社，2017.

[4] 张良均，王路，谭立云，等. Python 数据分析与挖掘实战［M］. 北京：机械工业出版社，2015.

[5] Fabio Nelliz. Python 数据分析实践［M］. 杜春晓，译. 北京：人民邮电出版社，2016.

[6] 丁鹏. 量化投资：策略与技术［M］. 北京：电子工业出版社，2012.

[7] 司守奎，孙兆亮. 数学建模算法与应用［M］. 2 版. 北京：国防工业出版社，2016.

[8] 卓金武，李必文，魏永生，等. MATLAB 在数学建模中的应用［M］. 2 版. 北京：北京航空航天大学出版社，2011.

[9] Wes McKinney. 利用 Python 进行数据分析［M］. 唐学韬，等译. 北京：机械工业出版社，2013.

[10] 刘宇宙. Python 3.5 从零开始学［M］. 北京：清华大学出版社，2017.

[11] 田波平，王勇，郭文明，等. 主成分分析在中国上市公司综合评价中的作用［J］. 数学的实践与认识，2004，34(4):74-80.

[12] 张玉川，张作泉. 支持向量机在股票价格预测中的应用［J］. 北京：北京交通大学学报，2007，31(6):73-76.

[13] Tom M. Mitchell. 机器学习［M］. 曾华军，张银，等译. 北京：机械工业出版社，2008.

[14] 高惠璇. 应用多元统计分析［M］. 北京：北京大学出版社，2005.

[15] Vladimir N.Vapnik. 统计学习理论的本质［M］. 张学工，译. 北京:清华大学出版社，2000.

[16] 张伟林. 基于深度学习的地铁短时客流预测方法研究[D]. 北京:中国科学院大学，2019.

[17] 黄小龙. 基于改进 BP 神经网络的市际客运班线客流预测研究[D]. 哈尔滨: 哈尔滨工业大学，2019.

[18] Devlin, J., Chang, M.-W., Lee, K., & Toutanova, K. (2019). BERT: Pre-training of deep bidirectional transformers for language understanding. NAACL-HLT 2019 (pp. 4171-4186). Minneapolis, MN: Association for Computational Linguistics..